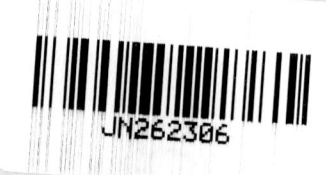

木質資源とことん活用読本

薪、チップ、ペレットで燃料、冷暖房、発電

熊崎 実／沢辺 攻 編著

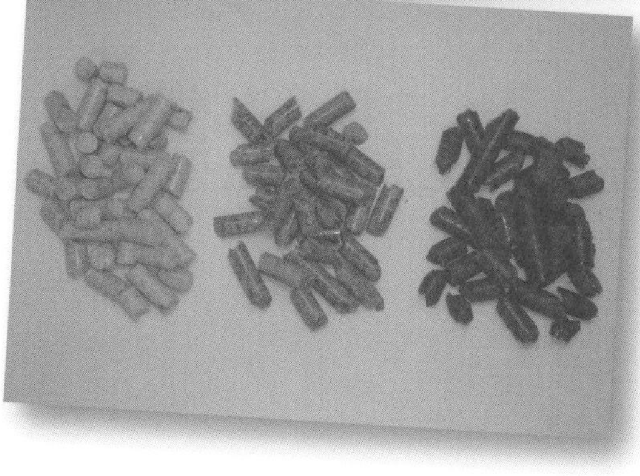

農文協

はじめに

木質燃料は人類にとって最もなじみ深いエネルギー源である。太古の昔から人びとは粗朶（そだ）や薪、木炭で暖をとり、調理を行なってきた。化石燃料時代の幕開けとともに、エネルギー源としての木質燃料の重要性は次第に低下していくが、近年では持続可能な社会の構築をめざす世界的な風潮に加えて、石油価格の高騰が続くなかで、木質エネルギーの復権が始まっている。

それを先導してきたのが、北欧のスウェーデンやフィンランド、さらには中欧のドイツやオーストリアなどである。これらの国ぐにでは、木質燃料が再生可能エネルギーの重要な構成要素として国の政策のなかにしっかりと位置付けられ、地域のレベルでは木質バイオマスを介して雇用の増加とエネルギー自立を果たす自治体が増えている。

木質燃料の復権とはいえ、むろん過去への単純な回帰ではない。昔ながらの薪ストーブやかまどは、木材の持っているエネルギーの10～20％くらいしか有効な熱に変えられず、健康によくないススや煙もかなり出ていた。木材を完全に燃焼させて、その熱を効率的に利用する技術が確立されたのはこの10年か20年のことである。最新のペレットストーブやチップボイラであれば、エネルギーの変換効率は85～90％になり、環境汚染物質の排出もきわめて少ない。利便性、経済性においても化石燃料焚きの機器と十分対抗できるまでになっている。

残念なことに、わが国ではこうした事実があまり知られていない。いま国内の森林を見渡すと、かつて薪炭材を採取していた広葉樹林は放置されたまま伸び放題になっている。また針葉樹の人工林においても低質材の出口がないために除伐・間伐が進まず、林分の過密化が著しい。比較的質の低い木質バイオマスがエネルギー源として広く使われるようになれば、こうした林分にも整理伐や除間伐の手が入れられるようになるであろう。これによって木材の生産量が増えるだけでなく、残された森林の健康度と生産力も高められる。木質エネルギーの振興は、国内の森林と林業の再生にそのまま直結していると見てよい。

本書が狙っているのは、諸外国での経験をも参考にしながら、木質エネルギーを軸に中山間地の経済振興とエネルギー自立を図るには、どうしたらよいかを考えることである。基礎的な事項の解説と並んで、実務に役立つ事項の説明にも留意した。ビジネスの第一線で活躍しておられる何人もの方がたに執筆をお願いしたのはそのためである。

2013年3月

執筆者を代表して　熊崎　実

沢辺　攻

数値表現をする含水率の呼び方と使用方法について

標記について、本書ではJISによる呼称を採用し以下のように統一した。詳細は35ページを参照していただきたい。

1. 木質バイオマスエネルギー利用における表現では、原則として湿量基準含水率を使用する。
2. 湿量基準含水率の呼び方と記号
「水分、M」またはとくに区別するときは「湿量基準含水率」を使用し、単に「含水率」とは呼ばないようにする。
3. 乾量基準含水率の呼び方と記号
「含水率、U」またはとくに区別するときは「乾量基準含水率」を使用する。
4. 湿量および乾量基準含水率間の換算

●換算式

水分M→含水率U　$$U = \frac{M}{(100 - M)} \times 100 \quad (\%)$$

含水率U→水分M　$$M = \frac{U}{(100 + U)} \times 100 \quad (\%)$$

●換算表

種類	呼び名	含水率値（%）							
湿量基準含水率	水分　M	0	5	10	15	20	25	30	35
乾量基準含水率	含水率　U	0	5	11	18	25	33	43	54

種類	呼び名	含水率値（%）						
湿量基準含水率	水分　M	40	45	50	55	60	65	70
乾量基準含水率	含水率　U	67	82	100	122	150	186	233

熱量単位の換算表

	kJ	kcal	kWh	toe
kJ	1	0.239	0.278×10^{-3}	23.88×10^{-9}
kcal	4.1868	1	1.163×10^{-3}	0.1×10^{-6}
kWh	3,600	860	1	86×10^{-6}
toe	41.87×10^{6}	10×10^{6}	11.63×10^{3}	1

注　toe：石油換算トン

目次

I　なぜ今木質バイオマスか

Ⅲ 森林バイオマスの収穫と搬出

Ⅳ 木質燃料の生産

V　ストーブ、ボイラの活用法

Ⅵ 木質燃料で地域の冷暖房

Ⅶ 木質バイオマスによる発電

I

なぜ今
木質バイオマスか

1 木質バイオマスの２つの顔

(1) 時代遅れのイメージがあったが

バイオマスというのは、動植物に由来する有機物であって、エネルギー源として利用できるものを指す。ただし化石燃料は含まれない。その違いを強調して生物燃料と呼ばれることもある。

国際エネルギー機関（IEA）の統計によると、2010年における世界の一次エネルギー総供給は石油換算で127億トン、このうちの10％が廃棄物を含むバイオマスであった[注1]。再生可能なエネルギー源としてこれに次いで大きいのは水力だが、その比率は2.3％に過ぎず、風力、地熱、太陽光などは全部合わせても0.9％にしかならない。

このようにグローバルにみると、現在のところバイオマスは再生可能エネルギーの中核的な位置を占めている。その重要性は今後さらに高まっていくことは間違いない。IEAは、温室効果ガスの排出量を2050年までに半減させる新しいエネルギーシナリオ（ETP2DS）を公表しているが、それによるとバイオマスの比率は現在の10％から24％にまで高まると予測している。

ところが、どうしたことか、わが国ではバイオマスへの関心が薄い。再生可能なエネルギーとして一般に取り上げられるのは、もっぱら太陽光や風力、地熱などで、バイオマスはほとんど話題にならない。むしろバイオマスには「時代遅れの燃料」というイメージがいまだにつきまとっている。

事実、世界のバイオマスの供給量を先進国（OECD加盟国）と途上国（非加盟国）に分けてみると、後者が全体の8割を占める。

途上国の多くの地域では、今日なお一昔前の日本と同様に、伝統的なかまどで木が燃やされている。しかし、熱効率が悪く、バイオマスの持っているエネルギーの10～20％くらいしか有効な熱に換えられない。そのうえ、不完全燃焼のために大量の煙やススが出て、人びとの健康をも損なってきた。また周辺の樹林地で無秩序な燃材採取が繰り返された地域では、森林消失や土地の荒廃が進んでいる。バイオマスを燃やすのをやめるべきだという論議が出てくるのも当然だろう。

(2) 燃料として復権してきた木質バイオマス

20世紀の半ばあたりまで世界中で木質燃料が広く使われていた。それが化石燃料の普及で、いったんは駆逐されるのだが、70年代以降新しい展開が見られ始める。世界全体の一次エネルギーの総供給に占めるバイオマスの比率は、1973年が10.6％、2010年は10％で大きな変化はない。ところが途上国では24％弱から14％弱へと大幅に低下している（表1-1）。絶対量では約1.5倍になっているのだが、大量の化石燃料が入ってきて、相対的なシェアが低下したということであろう。

他方、1973年の先進国では、バイオマスの比率が2.3％にまで下がっていた。安価な石油などに押されてバイオマス燃料があらかた市場から姿を消していたのである。やがてその直後に最初の石油ショックが起こり、化石燃料価格の全般的な上昇が始まる。それにつれてバイオマス燃料の供給が増え、2010年までに絶対量で3倍、一次エネルギーでのシェアでは4.9％にまで高まった。

それと同時に、木質バイオマスを燃やすストーブやボイラなどの燃焼機器が大きく改善されたことも見逃せない。クリーンな完全燃焼が可能になり、最新の機器は効率性、利便性、経済性のいずれをとっても石油やガスを使う機器と比べてほとんど遜色がなくなった。これが木質燃料の復権に大きな役割を果たしている。

以上のように、エネルギー源としてのバイオマスには、「伝統的」側面と「近代的」側面という2つの顔がある。現在は伝統的な燃料から近代的な燃料に脱皮する途上にあるとみてよいであろう。この転換の過程でバイオマスの給源や使い方に無視できない変化が生じている。IEAのエネルギー統計を使って、この点を確かめておきたい。

（3）林地残材や残廃材利用という新しい流れ

IEA統計でいう廃棄物を含むバイオマスには、一次固形生物燃料、都市廃棄物、産業廃棄物、バイオガス、液体生物燃料の5つが含まれている。一次固形生物燃料は一部農産系の稲わらやもみ殻のようなものが入っているが、大部分は木質系で、林業・林産業から出てくる副産物や残廃材もすべてここに含まれる。一次というのは未加工の燃料と言うほどの意味であり、ペレットや木炭などは除かれる。

途上国では一次固形生物燃料が全体の97％を占め、薪のような形で燃やされるものが圧倒的に多い（表1-2）。これが先進国になると、一次固形生物燃料は65％弱にまでシェアを落としている。さらに、この固形燃料のうち薪のような形で森林から伐り出される量は以前に比べてずっと少なくなった。むしろ建築用材などを伐採した後に残される林地残材、あるいは製材工場や紙パルプ工場から出てくる残廃材やパルプ廃液（黒液）がエネルギー利用の中心になっている。

また従来であれば、埋立てや焼却処分されていた都市廃棄物・産業廃棄物も熱供給や発電に向けられるようになった。これに加えて、先進国では家畜糞尿などを利用したバイオガスの生産や、トウモロコシなどを原料とする液体輸送燃料の生産も急速に増えている。

木質燃料に限って言えば、比較的細い丸太でも、建築用や紙パルプ製造用のマテリアル利用がまず優先され、その残廃材がエネルギー利用に向けられるようになった。さらには都市廃棄物として出

表1-1　一次エネルギー総供給に占める全バイオマスの比率（単位：％）

	1973年	2010年
先進国	2.3	4.9
途上国	23.6	13.9
世界計	10.6	10.0

注　全バイオマスには廃棄物を含む
出典：IEAエネルギー統計から（http://www.iea.org/stats/index.asp）

表1-2　バイオマスの内訳（2009年、一次エネルギーで見た構成比、単位：％）

	先進国	途上国	世界計
一次固形生物燃料	64.6	97.1	90.8
都市廃棄物	10.4	0.1	2.1
産業廃棄物	3.6	0.4	1.0
バイオガス	6.0	0.8	1.8
液体生物燃料計	15.4	1.6	4.3
合　計	100.0	100.0	100.0

注　全バイオマスには廃棄物を含む
出典：IEAエネルギー統計から（http://www.iea.org/stats/index.asp）

てくる建築解体材や剪定枝のようなものが優先して使われている。この20年ほどの間に先進国で定着したのは、こうした流れである。

2 変化する木質バイオマスの給源

(1) 残廃材利用から補間伐採、エネルギー植林へ

先進国では一般に賃金が高い。それに比べて熱や電気の生産に向けられるバイオマスの価格は相対的に低いので、エネルギー利用だけのために山から木を伐り出すのは経済的に難しくなっている。また林業・林産業の残廃材や木質系の都市廃棄物がエネルギー源として活用されるのは環境面からも好ましいことであり、持続可能なやり方でもある。少なくとも、燃料用樹木の過剰伐採で森林荒廃が引き起こされるという事態は想像しにくい。

ただ、こうした廃棄物だけに頼っていたのでは、木質バイオマスの供給量を大幅に増やすことは難しい。前に触れたIEAの長期シナリオ(ETP2DS)ではバイオマスで一次エネルギーの24%を賄うことになっているが、これを実現するためには、新しい供給源をどこかに見出さなければならない。

その対応策の1つとして提案されているのが、補間伐採(complimentary felling)である(注2)。現在のところ、温帯域にある先進国では、毎年の森林伐採量が森林の成長量を相当に下回っているケースが多い。これはとりもなおさず、持続可能な形で伐採量を増やすことができるということであり、この部分をエネルギー源として活用しようということである。とくに近年のわが国では、木材の伐採量が森林の連年成長量を大幅に下回っているだけに、この種の補間伐採に期待するところが大きい。

もとよりこれも成長量を超えられないという厳しい限界がある。最後の決め手は「エネルギー植林(energy plantations)」、つまりヤナギやポプラ、ユーカリのような成長の早い樹木を植えて、集約的に管理し、短い伐期で回転させる方式である。木質系バイオマスの長期的な供給予測でいつも問題になるのは、エネルギー植林に向けられる土地がどれだけあるかということと、単位面積当たりの物質生産量をどこまで引き上げられるかである。

(2) 上昇するバイオマスの調達コスト

以上の論議を踏まえて、少し整理してみよう。エネルギー利用に向けられる木質バイオマスを優先度の高い順に並べると次のようになる。

1) 廃棄物：通常は埋立て処分や焼却処分を必要とするもので、バイオマスの調達コストは最も低い(時に逆有償、つまりマイナスになることもある)。

2) 林業・林産業の残廃材や黒液：木材の伐採・搬出コストを主産物である製材原木やパルプ原木などのマテリアル利用に一部負担させることができ、その分調達コストは低くなる。

3) 補間伐採：マテリアル利用があまりあてにできないため、伐採・搬出コストの多くをエネルギー生産でカバーしなければならい。また毎年の伐採量を成長量の範囲内にとどまるよう絶えずコントロールしていないと、生産の持続性が損なわれる。

4) エネルギー植林：伐採・搬出の費用はもとより、植林費用までエネルギー利用で負担しなければならず、コストは上昇する。伐期が短くなるうえに、施肥、耕耘、灌水などが加わり、機械化が進むことから環境への負荷が大きくなるだろう。

今日の先進国の状況は、おおむね廃棄物・残廃材利用のレベルにとどまっている。エネルギー利用の盛んな一部の欧州諸国では、これだけでは足らなくなり、補間伐採、さらにはエネルギー植林が真剣に検討されるようになった。バイオマスの調達コストは急カーブで上昇するだろう。それとともに、生産の持続性確保や環境への配慮が欠か

せなくなり、それもいずれコストに反映される。

将来、木質バイオマスの供給がどこまで拡大するかは、化石燃料価格の動向と各国のエネルギー政策に左右されるところが大きいと思う。シェールガスなどの登場で、化石燃料の価格が今後とも一本調子で上昇していくという予測は揺らぎ始めている。しかし世界のエネルギー需要が増加していくなかで、温室効果ガスの大幅削減が社会的に強く要請されるとすれば、化石燃料に高い炭素税を賦課することになるであろう。IEAのエネルギーシナリオはその前提に立っている。

（3）変換効率の改善が欠かせない

さて、バイオマスの調達コストが高くなれば、無駄のない効率的な利用が求められる。表1-1や表1-2に出ているのは一次エネルギーの数字であることに注意してほしい。つまり熱や電気を生産するために使われた石炭や木材、石油などの供給量をトンやキロリットルで押さえ、それぞれの燃料が内包する化学エネルギー（発熱量）で集計したものである。こうした燃料に内在するエネルギーのうち、どれほどが有益な熱や電気に変換されたかは、まったく考慮されていない。

木質燃料の伝統的な熱利用では、変換効率が10～20%にとどまっていると言われる。手近なところに薪になるような雑木がいくらでもあれば、効率などあまり問題にならないかもしれない。しかし木質燃料が簡単に手に入らなくなり、価格が上昇すれば状況は明らかに違ってくる。

最近では化石燃料との激しい競争もあって、木質焚きのストーブやボイラでも80%以上の熱効率を確保するようになった。20%の熱効率が80%になったとすれば、1m^3の木材で4倍の熱が生産されることになる。また熱の使用量が同じなら1/4の燃料で足りることになるだろう。こうした効率改善の動きが、この20年ほどの間に世界中で着々と進んできた。この流れは、バイオマス供給源の多様化と歩調を合わせて、当分続くことになると思う。

3. 木質エネルギーを先導する欧州

（1）国によって差が出てきた木質エネルギーの生産動向

先進国では、1970年代に始まった石油ショックを契機に、バイオマスのエネルギー利用が増勢に転じ、一部で木質燃料の見直しも始まった。しかしその後の木質エネルギーの生産動向を見ていると、国によってまちまちであることに気づく。常識的には森林資源に恵まれた諸国で順調に伸びているように思えるが、必ずしもそうではない。

大まかに言えば、石油や天然ガスなどが比較的安く入手できる地域や、電気料金が比較的低く設定されている国ぐにではバイオマスエネルギーの利用が概して低調である。バイオマス燃料に切り替える経済的なインセンティブに欠けているということであろう。森林大国のロシアやカナダがその一例である。

最近、よく聞かれるようになったことだが、アメリカでは天然ガスの年平均価格が2008年から2010年にかけて40%以上も低下し、バイオマスの熱利用への関心が急速に薄らいでいるとも言われている。

また木質燃料の主たる給源が林業・林産業の残廃材だとすれば、木材産業の動向も無視できない。1980年代のアメリカは木質バイオマスのエネルギー利用で世界の先端を走っていた。それが1990年代に入ると、木材産業の市場競争力に陰りが見え始め、とくに近年では住宅建設の大幅な落ち込みで、不振の底に喘いでいる。木質エネルギーの供給量が以前に比べてかなり落ちてきた。

カナダの最近の状況も悲惨なものである。紙パルプ市場の縮小に加えて、アメリカへの製材品の輸出が激減し、この国の木材の伐採量は2007年から2009年にかけて40%減少した。このため一次エネルギーに占める木質エネルギーの比率は4%から2%に減ったとされている(注3)。

(2) 脱原発、脱化石燃料を旗印にした北欧と中欧

世界最強を誇っていた北米の木材産業に代わって台頭してきたのが、北欧（フィンランド、スウェーデン）と中欧（ドイツ、オーストリア）である。これらの国ぐにでは比較的早い時期に天然林から人工林への切り替えが進み、その植林地から大径の木材が安定して伐り出されるようになった。かつて製材品は北米から欧州に輸出されていたが、その流れが逆転するのである。活発な木材生産が木質バイオマスのエネルギー利用も押し上げる一因となった。

上記の4カ国は自国では石油や天然ガスの産出がない。早くから「脱化石燃料」や「脱原発」を旗印にして、再生可能エネルギーの推進に力を入れてきた。スウェーデンとフィンランドは1990年代初頭に炭素税を導入している。そのお陰で石炭や重油の実質価格が上昇し、木質燃料は最も安価な燃料になった。地域熱供給のプラントなどでは木質への燃料転換が急速に進んでいる。

北欧の2国に続いたのがオーストリアとドイツである。炭素税は入っていないが、再生可能電力の固定価格全量買取りが実現しているし、ドイツの新築住宅では暖房・給湯の一部をバイオマスや太陽熱などの再生可能エネルギーでカバーすることが法律で義務づけられている。その結果、木質燃料の消費量は今世紀に入って着実に伸びてきた。

(3) 立ち遅れが目立つ日本の木質エネルギー利用

北米や欧州でのこうした動きに対して、日本はどうであったか。『エネルギー・経済統計要覧』の最新版で一次エネルギー総供給の構成比を見ると[注4]、「新エネルギー他」は1980年以降、1.3%前後でずっと停滞している。この項目の中に水力を除くすべての再生可能エネルギーが入っているが、その軸となっている一次固形生物燃料だけ取り出してみると、おおむね1%前後のごく低いレベルで推移してきたことが分かる。これは先進国

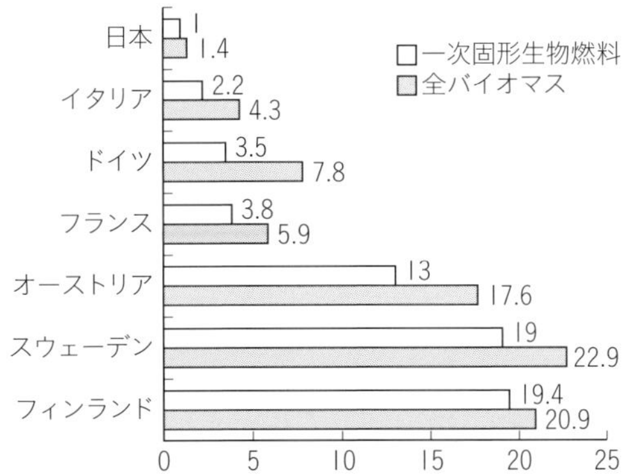

図1-1　各国の一次エネルギー総供給に占める全バイオマスと一次固形生物燃料の比率（2009年、単位：%）

全バイオマスには廃棄物を含む
出典：IEAエネルギー統計から（http://www.iea.org/stats/index.asp）

の中では異例のことである。

この固形燃料にも奇異に映る点が2つある。1つは、どこの国でも木質燃料の多くは暖房・給湯用の熱の生産に向けられているのに、日本ではそれがきわめて少ない。つまり木質燃料がこの分野から駆逐されたままになっていて、近代化した形での復権がみられないのである。2つ目は、一次固形生物燃料の圧倒的な割合が、紙パルプ工場から排出される黒液・木屑のエネルギー変換で占められていることである。ここで使われている紙パルプの原料は外国から入ってくるものが多く、日本の山から出るバイオマスはあまり使われていない。この2点がわが国の木質バイオマス利用の大きな特徴と言えるだろう。

図1-1は欧州のいくつかの諸国と日本について、一次エネルギーに占める全バイオマス（廃棄物を含む）と一次固形生物燃料の比率をみたものである。ヨーロッパの場合は農産系のバイオマスの割合がかなり高くなっているが、それでも中核を担うのは木質系の固形燃料である。一次固形生物燃料に限って言えば、最大はフィンランドの19.3%、最低はイタリアの2.2%である。このような大差が生じた理由の一つは、各国の森林資源の状況に大きな違いがあるからである。例えば、人口1人当たりの森林面積をとってみると、フィ

ンランドは4.2haもあるのに、イタリアは0.15haしかない。

オーストリアは比較的少ない森林面積（0.47ha/人）で、全エネルギーの13%を一次固形生物燃料で稼いでいる。またドイツも森林に恵まれているとは言えないが（0.13ha/人）、固形燃料だけで3.5%を賄っているのはすごいと思う。オーストリアとドイツは周辺の諸国から製材原木が入ってきており、それも多少効いているであろう。ただこの両国で感心するのは、自国の森林を最大限に利用して大量の木材を伐り出し、その木材を一つの無駄もなく全部利用していることである。残念ながら日本はその逆をいっている。

日本の人口当たりの森林面積は0.19haで、フランスよりも少ないが、ドイツに比べて相当恵まれている。ところが一次固形生物燃料のシェアはわずか1%である。森林面積に比例すると言うなら、フランスとドイツの中間、つまり3%台の後半に落ち着いても不思議ではない。

日本の数値がこのように低くなるのは、国のエネルギー統計の不備にも原因がある。固形燃料できちんと計上されているのは、紙パルプ工場での黒液・木屑のエネルギー変換と解体材などを使った発電に限られていると言っても過言ではない。近年では、薪、チップ、ペレットを燃やすストーブやボイラがかなり導入されているのだが、それが統計に反映されていないのである。木質燃料の生産と消費の実態をしっかり洗い直せば、固形燃料の数字はもう少し大きくなるだろう。

とはいえ、国産の木質バイオマスで生産されるエネルギー量が欧州の諸国に比べて著しく少ないのは事実である。国内における木材生産の不振と木質エネルギー部門の近代化の遅れがこのような結果を招いている。

4 萎縮する日本の木材生産と増え続ける森林蓄積

（1）人工林が全森林面積の40%に達したものの

図1-2は日本の森林から毎年伐り出される立木の量を用材と薪炭材に分けて示したものである。あまり信頼できる統計ではないが、過去80年間の大まかな傾向を読みとることはできる。1960年代までの前半の40年は、木材需要の増加に対応して伐採量が増えていた。戦前期には薪炭材の伐採量が非常に多く、森林の主たる役目はエネルギー需要の充足にあったと言っていいほどである。

ところが、戦争が終わってしばらくすると、石油などの化石燃料が海外からどんどん輸入されるようになり、薪と木炭は徹底的に駆逐されていく。

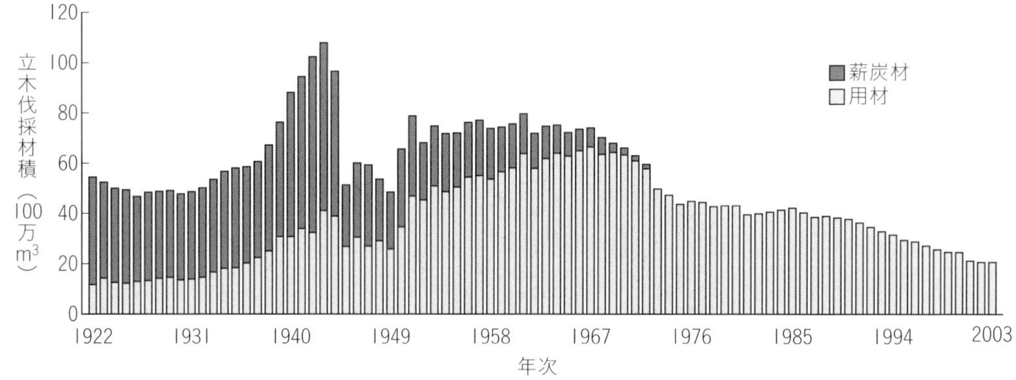

図1-2　立木伐採材積に見る日本林業80年の軌跡（拡大の前半40年と縮小の後半40年）

立木伐採材積は森林で伐り倒されて搬出された幹の材積

2004年以降は伐り倒された量が計上されるようになり、ここでは2003年までにとどめた

出典：林野庁『林業統計要覧』各年版

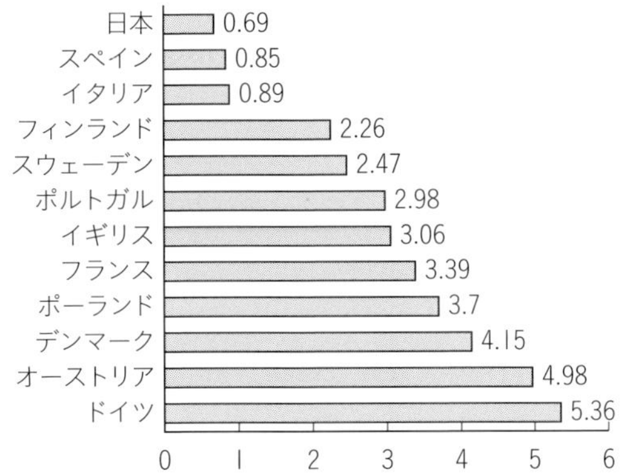

図1-3　森林1ha当たりの木材生産量（2006～2010年平均、単位：m^3/ha/年）
木材は用材と燃材の合計で丸太の材積で示す
出典：各国の木材生産量と森林面積はFAOの林業データベースによった

その一方で、構造用木材の需要は速い勢いで伸びていたため、将来の需要増加に備えて、それまで薪炭材をとっていた広葉樹林がスギやヒノキ、カラマツなどの人工林に切り替えられことになった。そうした人工林は全森林面積の40%に達しているのだが、1970年代以降の伐採量は下落の一途を辿っている。外国産の木材が大量に入ってくるようになって、木材の価格が下落し、山の木を伐り出すことができなくなった。戦後苦労して造成した折角の人工林も十分に活用されないまま「塩漬け」にされてしまったのである。

それにしても木材の生産量を日本ほど低いレベルに落としてしまった国は国際的にも珍しい。森林1ha当たりの木材生産量（2006～2010年の平均）で欧州の主要国と比べると、日本はわずかに0.7m^3と欧州のどの国よりも低い（図1-3）。地中海沿岸のスペインやイタリアで木材生産が振るわないのは、雨が少なく樹木の伸びが悪いからであろう。気温の低い北欧の2国がこれに続くのも理解できる。木材生産が高いレベルにあるのは、地中海と北欧に挟まれた中間の国ぐにだが、気候的な条件から言えば、日本はこのグループ中にあって然るべきである。ところが日本の0.7m^3というのはドイツ、オーストリアの1/7、フランスやポーランドの1/5でしかない。この日本も1960年代には3m^3/haのレベルを確保していた。

伐採の落ち込みがこれほど長く続けば、膨大な量の木材が森林に貯め込まれるのは当然のことである。戦後植えられたスギやヒノキの林は40年生、50年生になり、今伸び盛りである。また人工林以外の雑木山なども放置されたまま伸び放題になっている。

(2) 日本の森林の巨大なポテンシャル

1999年に始まった林野庁の森林資源モニタリング調査の結果から推定すると、国内の森林の蓄積量は60億m^3を超え、連年成長量も2億m^3近くになっている。国内の木材消費量が立木材積でせいぜい1億m^3/年程度であることを考えれば、これは大変な数字である。もちろんこれらの森林の多くは除伐や間伐の手が入っていないために過密化していることは間違いない。樹木の肥大成長は阻まれ、林の活力低下が目立っている。しかし除間伐を励行しながら木材の生産量を大幅に増やす余地は十分に残されていると思う。

表1-3　森林の林木成長量/伐採量と木質燃料（オーストリア・ドイツ・日本の比較、2007～2008年）

	森林面積（百万ha）	森林人口当たり（ha）	林木成長量（百万m^3/年）	木材伐採量（百万m^3/年）	木質燃料（百万m^3/年）
オーストリア	3.9	(0.46)	31	20～25	17
ドイツ	11.1	(0.13)	120	70～80	50
日本・現状	24.9	(0.19)	170	20～25	15
日本・可能性	24.9		170	(100)	(50～60)

注　伐採量は切り倒された立木の量ではなく、森林から引き出された量
　日本の林木成長量は林野庁「森林資源モニタリング調査」の暫定推計値、同じくカッコ内の伐採量の数値は成長量の6割を伐採した場合のもの

欧州諸国は1990年代以降木材生産を順調に伸ばしてきたが、今では「成長量の天井」が見えてきて、生産増加の余地がかなり小さくなっている。スウェーデンからの報告によると、この国の成長量は1億m^3で、伐採量は0.9億m^3に達するという。生産量を増やすには生産性の高い短伐期林業に切り替えるしかないという結論になっていた。ドイツやオーストリアでも成長量の60～70%を伐採しており（表1-3)、木質燃料の供給をこれまでのように増やせないという認識が広がっている。

幸いなことに日本の場合は成長量の天井が高い。国内の森林がどれほどのスピードで成長しているのか、いくつかの数字が飛び交っている。最近では0.8億m^3/年という数字がよく出てくるが、しっかりとした根拠があるわけではない。一番信頼できるのは、やはりモニタリング調査の数字であって、全部の森林を平均した連年成長量はha当たり7.4m^3と推定されている。ドイツの10.8m^3、オーストリアの9.3m^3、イギリスの8.7m^3などと比べて妥当なところではないかと思う。モニタリング調査では利用可能な森林面積を2,300万haとしており、これに先の平均成長量を乗じると、国内の森林成長量は1.7億m^3になる(注5)。

そこでこの成長量の60%が伐採できると仮定すると、総伐採量は約1億m^3になる。これだけの伐採量があれば、エネルギー用として5,000万m^3くらいは確保できるだろう。この試算で注意すべきは製材用丸太などでは二重計算になっていることである。つまり、丸太材積というのは製材で発生する木屑類（背板、おが屑など）をも含んだ体積であるが、この木屑がエネルギーとして利用されると、それが丸太材積に換算されて再度計上される。

5 鍵を握る 木材のカスケード利用

(1) 山から下りてくる木材を無駄なくすべて使い尽くす

1970年代以降、外国産の安価な木材がどんどん入るようになり、一般の「並材」生産は経済的に成り立たなくなった。その結果出てきたのが、スギ、ヒノキの「良質材」生産である。高度経済成長のさなか、年輪の詰んだ無節の小角材などに驚くほど高い値段がついていた。多少余計に手間をかけても高く売れるもので勝負しよう、大量需要の規格品は外材にまかせればよい、という戦略である。森林から木を伐り出すときも、市場に出るのは単価の張る一部の材だけで、金にならないものは山に捨ててくる、そのような習慣が身についてしまった。

残念なことに、その後、伝統的な和風建築が少なくなり、生活様式も洋風に変わっていく。外材が何の抵抗もなく受け入れられるようになった。スギ、ヒノキの「良質材」は特権的な位置を失い、価格的にも「並の商品」になるのである。

ドイツやオーストリアの伝統的な林業地でも、木材市場の国際化の流れの中で、木材価格の低落に苦しめられることになるが、林業・林産業の生産性を引き上げることで、その苦境を乗り切ってきた。80～100年生の太い針葉樹丸太でも、山元ではm^3当たり1万円に届かない。日本のスギ以下である。しかし山から下りてくる木材はすべて無駄なく使い尽されるようになった。

(2) 欧州の大型製材工場に見る残廃材のエネルギー利用

山で伐り倒された1本の樹木がどのように使われているか簡単に見ておこう（図1-4)。幹の太い部分は製材工場にいくが、製材に向かない細い幹や梢端枝条もこれと同時に下ろされることが多い。

欧州の製材工場はこの20年ほどの間に大型化が進み、1年間に数十万m^3の原木を扱う工場がざらにあって、大量の木材を集めている。図1-4もそうした工場を想定しているが、工場に丸太が入ってくると最初に樹皮がはぎ取られる。この樹皮はボイラで燃やされて工場の重要なエネルギー源となっている。規模の大きいところでは、これで発電し、その排熱が製材品の乾燥に向けられる。また製材の副産物であるおが屑は今やペレット製

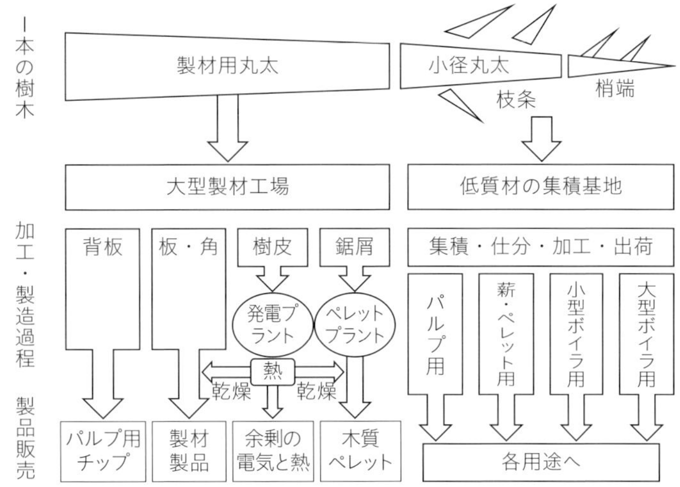

図1-4　森林から伐り出される樹木のカスケード利用

造の貴重な原料である。発電の廃熱はペレット用おが屑の乾燥にも使われている。おが屑と並ぶ、もう一つの製材副産物「背板」はパルプチップになるのが定番だが、最近はペレット原料としても使われている。

つい十数年前まで樹皮は埋立てで処分するしかなかったし、大量に出るおが屑の処分に苦労したこともあった。それがきわめて有用なエネルギー源に変わり、木材製品やペレットの乾燥を支え、余った電気や熱は外部に販売されている。燃料用のペレットやチップなどの売り上げも相当なものである。木材を素材のまま使う「マテリアル利用」と燃やして電気や熱をとる「エネルギー利用」とが相互に補完し合って、製材工場の経営基盤を強化していると言えるであろう。

木材利用で肝心なのは、木材を段階的に使い尽す「カスケード」利用である。日本ではこのシステムができていない。どのような製材工場でも、樹皮、おが屑、背板などの副産品は必ず出ているのだが、工場の規模が小さすぎてボイラが導入できず、有効利用ができないのである。樹皮は廃棄物としてお金を払って処分してもらい、木材の乾燥には高価な重油を使うという、信じられないようなちぐはぐが生じている。

エネルギー利用の観点からすると、大型の製材工場だから発電がビジネスとして成り立つのである。樹皮のような低質の燃料が安いコストで大量に集められることと、発電の廃熱も有効に利用できることが大きい。また木質ペレットの生産にしても、製材工場に併設されていておが屑が使えれば、破砕する費用が省けるし、木屑ボイラの熱が使えれば乾燥のエネルギーも自前で賄える。破砕と乾燥のコストはペレット製造の主要な費用項目であるだけに、軽視できないことである。わが国の場合は、木質バイオマスによる発電事業にしても、ペレット製造のビジネスにしても、林業・林産業と切り離して構想されることが多い。採算をとるのが難しくなるのは当然のことである。

（3）集積基地での低質材の分別

もう一度図1-4を見ていただきたい。製材用の丸太が取られたあとに残る小丸太や枝条などは「林地残材」などと呼ばれ、以前は山に放置されることが多かった。しかし近年では、これを製材原木と一緒に運び出して利用するのが通例になっている。林地残材の中にはパルプ原木として使えるものもあれば、枝葉を含むごく低質のバイオマスまである。これらを「中間土場」のようなところに集めて適当に分別し、必要な前処理を加えたうえで、それぞれの用途に仕向けなければならない。構造材に向かない林地残材を一括して買い取って分別処理・販売する「集積基地」が整備されてくると、林地残材の価格付けが可能になり、マーケットとして機能することになろう。

いずれにせよ、木質バイオマスのエネルギー利用を支える第1の要件は木材加工場でのカスケード利用であり、第2に集積基地における低質材の分別機能である。比較的長い伐期で構造用材を生産する欧州の林業地では、現在までのところマテリアル利用が先導して、エネルギー利用がそれに

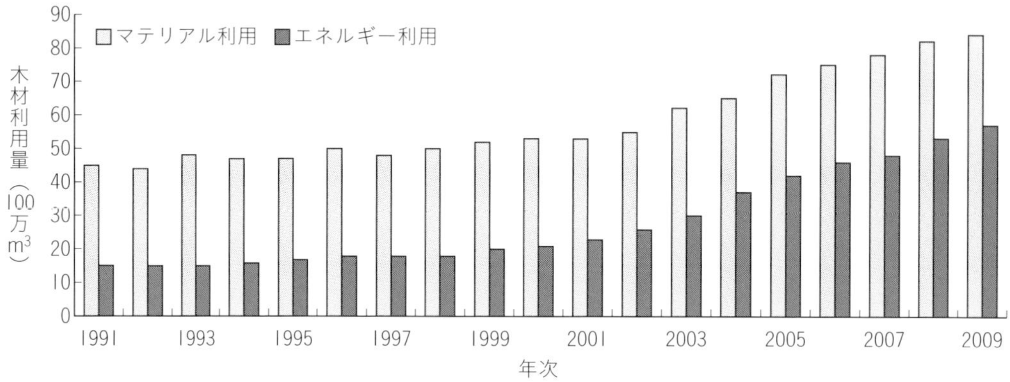

図1-5　活況を呈するドイツの林業・林産業　木材利用量の推移（1991～2009年）
出典：Holzenergie. Renews Spezial, Ausgabe 43/Oktober 2010 をもとに作成

追随する形をとっている。ドイツの場合、木材のマテリアル利用は2000年から2009年までの10年間に5,300万m^3から8,300万m^3へと1.6倍になっているが、エネルギー利用もこれにしっかりと寄り添って2,100万m^3から5,700万m^3に増えている(図1-5)。倍率では2.7倍にもなり、マテリアル利用を大きく上回る。低質の構造用材やパルプ材を蚕食している面もあるが、木質バイオマスの一層の有効活用が進展しているのも否めない。多少の競合があるにせよ、マテリアル利用とエネルギー利用が相互に補完し合うのが本来の姿であろう。

6 林業の再建と木質エネルギー

(1)「環境」も加わる三本立ての戦略で乗り切ろうとするアメリカ

欧州ではこの十数年来木質燃料の価格がじりじりと上昇している。これは化石燃料価格の上昇に負うところが大きい。発熱量からすると、1m^3の木材は1バレルの原油とほぼ等価で、ともに6ギガジュール（GJ）である。原油がバレル90ドルすれば、木材1m^3のエネルギー価値も90ドルということになる。円に換算すると8,000円を超えるだろう。樹種や形状を問わず全部の木材がこれほどの価値を持つわけだから、低質の木材を使う紙パルプ工場や木質ボード工場が強い危機感を抱くのも無理はない。原油がバレル20～30ドルの時代には、このような競合は起こらなかった。

そのうえ、バイオマスのエネルギー利用には電力の固定価格全量買取りや炭素税のような政策的な支援がある。そうなるとエネルギーを軸にして森林・林業・林産業の立て直しを図ろうとする動きが出てくるのは当然のことである。そうした期待は日本でも聞かれ始めたが、ここではアメリカでの最近の動きを紹介しよう。

アメリカの木材産業はこの十数年来市場競争力を失い、林業経営への投資もほとんど行なわれていない。また連邦有・州有の森林では伐採量の減少や予算不足のために保育の手が入らなくなり過密化が進んでいる。こうした問題に直面して浮かび上がってきたのが木質バイオマスのエネルギー利用である。ところが森林から木を伐り出して発電などに使うことには、一部の環境保護団体が強く反対しているし、林産業界からもマテリアル利用を阻害するとして異論が出されている。

そのような状況の中で、バランスのとれた木材のエネルギー利用を目指す、国家レベルの戦略的ロードマップが公表された[注6]。これは再生可能エネルギーを支援する全米的な連合体と連邦政府の関係機関が共同して作成したもので、次のようなスタンスが明記されている。すなわち、「森林での木材生産というのは、マテリアル利用とエネルギー利用、それに『環境』の3本の脚で支えられた椅子（スツール）のようなものである。1本の脚だけが突出すると、バランスが崩れ椅子は倒れてしまう。エネルギー利用を促進するにしても、それは同時にマテリアル利用を強化し、環境の改善にも寄与するものでなければならない」と。まさにその通りであろう。

(2) 適正な森林施業と木質バイオマスのエネルギー利用

わが国に即して考えると、今後、収穫の対象となる森林は次の3つに大別される。

1) 比較的高齢で主伐（小面積皆伐と択伐）の可能な人工林
2) 年齢が比較的若く間伐が中心となる人工林
3) 適切な施業が望まれる天然生の広葉樹林

1）と2）はおおむね地域の森林経営計画などに組み込まれている。すでに動き出している国の「森林・林業再生プラン」では今後の10年間に木材の生産量を5,000万m^3にまで増やすことになっているが、その対象となるのは主として1）と2）の森林であろう。3）には里山の広葉樹林などが多数含まれていて、木材生産の対象から外れていた。前述の「補間伐採」はこれらの森林が主体になる。

1）の主伐可能な人工林から、2）の要間伐の人工林、さらには3）の手の入っていない広葉樹林へと移るにつれて、収穫した木材の構成が変わってくる。早く言えば、製材に向く木材の比率が低下し、エネルギー向けの低質材の割合が増えていく。これまで、わが国では、要間伐の人工林はもとより、主伐対象林でも採算が合わず伐り出せないことが多かった。エネルギー仕向けの低質材にしても、コストの負担能力は小さく、伐採や搬出に要するコストの大部分を製材用材などに負担してもらうことが条件になっていた。

この場合に、木質燃料で生産される熱や電気が比較的有利な価格で販売できるようになれば、低質材のコスト負担力が高まっていくはずである。その分、製材用材の伐採・搬出コストが軽減され、山から出しやすくなるだろう。森林にどれほど資源があったとしても、エネルギー利用だけを目的にして伐り出してくるという状況は、現在のところ考えにくい。木質エネルギーの価格はそれほど高くはないのである。また、多くの場合、マテリアル利用とうまく組み合わせたほうが経済的にも有利になるだろう。

乱雑に混み合っている天然生の広葉樹林を整理するとなると、大量のバイオマスが出てくるが、構造用材として使えるものはごくわずかである。しかし、それでもパルプ原木やシイタケ原木は取れる。薪の生産も結構なビジネスになってきた。こうしたものまで全てチップにして燃やしてしまうのはやはり問題がある。地域熱供給のプラントに送って熱や電気をとるにしても、その燃料になるのは他に使い道のない低質のバイオマスに限るべきである。おそらくそうしないと木質バイオマスによる地域熱供給は経済的に成り立たないだろう。

7 木質バイオマスのエネルギー変換

(1) 効率的な発電と熱供給

原油価格を基準にして木材のエネルギー価値を試算すると、1m^3当たり90ドル、日本円で8,000円を超えるという話をした。ただし、この話には木材を使っても原油と同じくらい効率的に熱や電気に変換できるという前提がある。むろんそれは

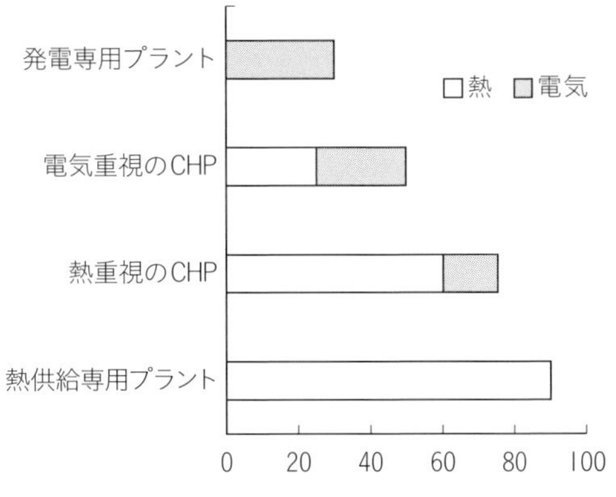

図I-6 バイオマス発電におけるエネルギー変換効率（発電専用、熱供給専用、熱電併給プラントの効率比較、単位：%）

CHPとは熱電併給（コージェネレーション）の略

実際には難しい。木の持っている化学エネルギー（1m^{3}当たり約6GJ）のうち、本当に有効な熱や電気に換えられるのはどれくらいなのか。

バイオマスの教科書でよくお目にかかるのが図1-6である。最新鋭の機器を使った熱の供給であれば、木質燃料の持つエネルギーの約90％を暖房用の有効な熱に換えられる。他方、同じ燃料で電気をつくろうとすると、変換効率はせいぜい25％くらいにしかならない。熱にした方がずっと有利である。しかし電気というのは使い道の広い、きわめて有用なエネルギー形態である。暖房用の熱と同列に扱うわけにはいかない。また、木材をボイラで燃やせば、高温・高圧の蒸気をつくることもでき、この部分で発電することもできる。それを全部低温の熱に落として使うのはもったいないという見方もあるだろう。

理想的なのは、発電に伴って発生する排熱を上手に利用することである。電気と熱を同時に生産するコジェネレーション（CHP）、つまり熱電併給がそれである。これにも熱重視の小規模なCHPから電力重視の大規模なCHPまでさまざまなタイプがある。熱と電気を合わせた総合効率も50～80％の比較的広い範囲に散らばっている。

バイオマス発電の場合には、燃料の大量集荷が困難なことからプラントの出力規模がどうしても小さくなる。燃料を燃やして高温・高圧の蒸気をつくり、蒸気タービンを回して発電する通常の方式では、出力が小さいと発電効率が低下し、発電のコストが跳ね上がってしまう。規模が小さい場合は、熱もうまく利用しないと採算がとれない。この点についてもう少し説明しておこう。

（2）バイオマス発電と熱供給の市場競争力

IEAは2050年に向けた新しいエネルギーシナリオを作成しているが、最近、それを実現するための「テクノロジーロードマップ」を公表した。2010年時点で、グローバルな視点からバイオマス発電の平均的な姿を描いてみると、表1-4のようになるらしい。一口にバイオマス発電と言っても、電気出力が1万kW以下の小規模プラントから数十万kWの火力発電所での混焼までさまざまだが、IEAのロードマップで興味深いのは、小規模発電では地域で集められる単価の安い木質チップを使い、大規模発電では海外から輸入される単価の高いペレットを予定していることである。

表1-4から明らかなように、出力当たりの設備費、発電効率、発電コストのいずれをとっても「規模による経済」が強く効いている。発電効率で言えば、小規模プラントでは20％にも届かないが、大規模プラントでは40％に近くなる。また発電コストで見ると、石炭火力での混焼は6～13円/kWhで、石炭専焼とほとんど変わらない。ところが1～5万kWのバイオマスプラントの発電コストはこの2倍、1万kW以下では3倍にもなってしまう。

次に熱供給プラントに目を転じよう（表1-5）。表1-5には熱出力12kWの家庭用ストーブから5,000kWの産業用プラントまで並んでいるが、発

表1-4　バイオマス発電の出力規模別発電コスト

	バイオマス発電				石炭火力
電気出力（万kW）	<1	1～5	5～10	石炭との混焼	
資本費用（万円/定格kW）	54～88	35～52	22～34	3～6	
発電効率（％）	14～18	18～33	28～40	35～39	
燃料の種類(単価：千円/トン)	チップ　5～9	チップ　5～9	ペレット　12～19	ペレット　12～19	石炭
発電コスト（円/kWh）	18～36	15～25	9～22	6～13	5～13

注　混焼の投資コストに含まれるのはバイオマスの投入で必要となる付加的施設のみ
燃料コストはUSドル表示のものを1ドル＝90円として邦貨に換算した
燃料コストはUSドル/GJで表示されていたものを、ペレットとチップ（水分30％）の発熱量をそれぞれ17.3GJ/トン、12.6GJ/トンとし、USドル＝90円のレートで千円/トンに換算
出典：IEA Renewable Energy Division. (2012). Technolpgy Road Map, Bioenergy for Heat and Powerをもとに作成

表1–5　バイオマスによる熱供給のコスト

	家庭用	商業用小	商業用大	産業用小	産業用大
熱容量（kW）	12	100～200	350～1,500	100～1,000	350～5,000
年稼働時間	700～1,500	1,400～1,750	1,800～4,000	4,000～8,000	4,000～8,000
資本コスト（千円/定格kW）	86～122	50～108	50～72	54～63	50～54
燃料の種類（単価千円/トン）	ペレット　16～31	ペレット　12～23	チップ　5～13	チップ　5～13	チップ　5～13
熱生産コスト（円/kWh）	7～26	6～15	4～12	3～7	3～7
コスト比較					
石油（円/kWh）	6～16	6～14	6～13	6～13	6～13
ガス（円/kWh）	4～10	4～7	4～7	4～7	4～7

注　出力のkWは熱での数値である。有効な熱への変換効率は出力規模による差はほとんどなく新鋭の機種ならいずれも85～90%になっている
資本費用と燃料コストについては表1-4と同様の処理をした
出典：IEA Renewable Energy Division. (2012). Technolpgy Road Map, Bioenergy for Heat and Powerをもとに作成

電とは逆に小型のものは質の高いペレットを使い、大型のものは普通のチップを使用することになっている。ただペレットもチップも発電用のものよりは単価が高い。燃焼装置が小さくなると、形状が揃っていて含水率の比較的低い燃料が求められるからである。出力の大きいバイオマス発電所なら、技術的には広い範囲の燃料を受け入れることができるが、海外で生産される産業用ペレットに頼らないと、必要な燃料が集まらないということであろう。ペレットは容積当たりのエネルギー密度が高く、生チップのように腐敗しないから遠距離輸送に向いている。

熱供給プラントで特徴的なのは、発電プラントほど「規模の経済」が働かないことである。表1-5に注記したように、有効な熱への変換効率は出力の大小を問わず、最新の機種ならいずれも85～90%のレベルに達している。そして定格熱出力当たりの資本費用でも規模による差が非常に小さい。これはバイオマス熱供給の大きな強みであって、熱の生産コストにも反映する。家庭用のペレットストーブや商業用のペレットボイラでのコストは、前者が7～26円/kWh、後者が6～15円/kWhで、石油やガスと十分競争できる位置にある。他方、産業用のチップ焚きボイラでは熱の生産コストが3～7円/kWhのレベルにまで下がっている。石油焚きボイラに比べて半分のコストで済むことになり、天然ガス焚きの機器ともいい勝負である。

（3）木質エネルギーの本命は熱供給

いずれにしても木質エネルギーの本命は発電ではなく、熱供給である。発電するにも熱電併給にしないと採算がとれない。ところが日本ではその熱供給が一般に軽視されている。ふたたびIEAのエネルギー統計で、木質を中心とした一次固形燃料の仕向け先を見てみよう（表1-6)。欧州連合（27カ国）の場合は、この固形生物燃料が一次エネルギー総供給の5%を占めているが、その仕向け先では個別熱供給が半分近くに達しており、多

表1–6　固形生物燃料の仕向け先（2009年、欧州連合（EU-27）と日本）

		EU27	日　本
一次エネルギーの総供給で固形生物燃料の比率（%）		5.0	1.0
固形生物燃料の仕向先（%）	木材産業	24.9	44.7
	発電専用	10.4	54.5
	熱電併給	13.4	0.0
	地域熱供給	3.2	0.0
	個別熱供給	47.6	0.2
	計	100.0	100.0

注　出典：IEAエネルギー統計から（http://www.iea.org/stats/index.asp）

くの住宅や事務所がバイオマスストーブやボイラを導入して暖房・給湯に供していることが分かる。このほか地域熱供給に向けられるのが約3%。熱電併給用の13%からも相当な熱が生産されているであろう。木材産業にいく約25%は、製材品乾燥などの熱源になっている。結局のところ発電専用というのは10%しかない。

ところが日本を見ると、固形生物燃料は一次エネルギーの1%でしかないが、その中身の構成も欧州とは全く異なる。紙パルプ工場での黒液利用と、廃材などによる発電が圧倒的なウェイトを占め、熱供給の部分がひどく小さくなっている。こうなった一因がエネルギー統計の不備にあることはすでに指摘した。木質燃料が化石燃料によって駆逐されると、薪炭材の伐採量が公式の統計から消えてしまった。自給部分の多い薪については生産量も消費量も系統だった調査が行なわれていないし、林地残材・工場残廃材についても同様である。日本でも近年になって「木質燃料の復権」現象が起きつつあるのは事実だが、それが統計数字にあらわれていない。

とはいえ、欧州諸国と比べてその復権は10年以上の遅れをとっている。わが国では木質燃料が完全に見捨てられて、効率的な燃焼機器の開発や普及が進まなかった。燃料となる木質チップやペレットにしても、きちんとしたサプライチェーンが整備されず、今でもコストと安定供給の両面で大きな課題を抱えている。再生可能な熱供給を推進するための有効な政策プログラムがなかったことも指摘しておくべきだろう。

8 固定価格買取制度をうまく活かすには

(1) 日本でも始まった電力の全量買取制度

バイオマス発電は、混焼を除くと、化石燃料焚きの火力発電とコストの面で競争にならない。このハンディキャップを埋めるのが、バイオマスの電気を一定の固定価格で全量買い取る制度である。ドイツでは2000年から、日本では2012年からスタートした。前出のIEAの発電コストと対比する形で、日独の買取価格を表1-7にまとめてみた。日本の買取価格には出力規模による区分はなく、もっぱら燃料コストの差にもとづいている。特定の燃料を使う代表的な出力のプラントを想定して調達価格が決められたのであろう。

一方、IEAの発電コストは出力規模による区分しかない。したがって日本の買取価格との厳密な比較は難しいが、価格ないしはコストの範囲としては大体同じようなところに落ちている。ただしはっきりとした違いが出ているのが石炭との混焼である。IEAの報告では6～13円/kWhのコストで済んでいるのに、日本では混焼・専焼の区別がないため、未利用木材や一般木材を原料とするチップやペレットが混焼されれば、32円ないし24円が支払われる。ただし混焼用の輸入バイオマスに対しては一律24円。

(2) ドイツは熱電併給で地域分散型CHPを推進

次にドイツの買取価格を見てみよう。ユーロと円の交換比率はこの数年来動きが激しく不安定だが、1ユーロ＝120円で換算してみると、日本よりも全般的に低くなっている。このような差が出てくる最大の理由は熱電併給を前提にして発電コストが計算されているからであろう。CHPの運用にかかわるすべてのコストを電気と熱でシェアすることになれば、発電コストが下がり、買取価格も低くなる。

この国の買取価格から明確に読み取れるのは、地域分散型のCHPを普及させるという政策意図である。そもそも熱電併給でないと固定価格買取りの対象とならない。この十数年来、ドイツでは森林からの伐採量を順調に増やしてきたが、その上限が見えてきている。何よりも求められるのは木材の有効利用である。まず優先されるのは、構造用木材の生産で、次に民生用、産業用の熱の生産である。電気は風力や太陽光で賄えるが、熱はバイオマスでカバーするしかない。マテリアル利用や熱利用を犠牲にした発電はご法度である。

表1−7　バイオマス発電のコストと買取価格（単価：円/kWh）

発電コスト（IEAロードマップ） 発電専用 出力規模のみで区分	日　本 発電専用 燃料種類のみで区分	ドイツ 熱電併給が前提 出力、燃料、熱利用に配慮
・1万kW以下のプラント　18～36 ・1～5万kWのプラント　15～25 ・5～10万kW　9～22 ・石炭火力（混焼）　6～13	・未利用木材　32 ・一般木材　24 ・リサイクル木材　13 ・混焼　バイオマス専焼と同じ扱い（13～32）	・5百～5千kWのプラント 基本レート　13.2 林地残材　＋3.0 未利用資源　＋9.6 ・5千～2万kWのプラント 基本レート　7.2 ・発電専用、混焼、2万kW以上のプラントは対象外

注　IEAロードマップの数値は表1−4からの引用。またドイツの買取価格はユーロセントを1ユーロ＝120円で円に換算した

一般的な原則として発電に使われるのは、樹皮や枝条を含む低質バイオマスである（前出図1-4を参照）。電力の買取価格を不当に高くすると、マテリアル利用や小型燃焼器用の良質の木質燃料まで発電に流れてしまうかもしれない。500～5,000kWのプラントでつくられる電気に対しては基本レートは13.2円/kWhという、かなり低いレベルに抑えられている。ただし、マテリアル利用と競合しない未利用バイオマスについては、9.6円もの割増し（ボーナス）が加算される。5,000kWから2万kWのバイオマスプラントから出る電気の基本レートはわずか7.2円で、材料割増しもつかない。それ以上の出力規模は買取りの対象外である。石炭火力との混焼も、熱電併給の義務や発電所の出力規模から考えて、固定価格買取りの対象にはなりにくい。大量の木材を発電に振り向けるのは好ましくないという判断があるのではないか。

（3）発電するなら排熱も活用

わが国で現在稼働している木質バイオマスの発電プラントをみると、比較的規模の大きい製材工場や合板工場、紙パルプ工場などに設置されているケースが多い。もともとは工場内で発生する残廃材や残滓をボイラで燃やして、木材乾燥などに必要な蒸気を得ることに主眼があった。それと同時に廃棄物の焼却という側面も伝統的に重視され、効率への関心は希薄であったと言われる。その延長線上で発電が導入されたわけだが、当初はいわば「付け足し」にとどまり、形の上では熱と電気をとるCHPになっていても、効率重視の本来のCHPとは多少ニュアンスが違っていた。電気が高く売れるようになって、これから新しい動きが出てくると思う。

この10年ほどの間に建築廃材などを使った発電専用のプラントがいくつかつくられた。電気出力で言うと5,000kWから1万kW前後のもので、少なくともこれくらいの規模がないと採算がとれない。このクラスのプラントがこれからどんどん増えていくのであろうか。

ネックになるのは燃料の収集である。発電専用プラントを1年間安定して稼働させるには数万トンから十数万トンの燃料が求められるが、これを確保するのは容易なことではない。既存の発電プラントも当初予定していた建築廃材などが思うように集まらず、苦労するケースが多かった。

大量の燃料を集めて出力規模を拡大するという戦略には無理があると思う。多少規模が小さくても、木材のカスケード利用の仕組みの中で安価な燃料を確保し、電気と並んで熱からも収益をあげるようにすることだろう。出力規模をあまり大きくすると、排熱の量が膨大になり、CHPができなくなってしまう。

わが国で特異なのは、発電プラントを設計する段階から排熱の利用がほとんど考えられていないことである。ドイツやオーストリアでよく耳にし

たのは、「バイオマス発電所をつくりたいが排熱の使い道がないから断念した」とか「CHPをやるために熱を使う事業所や工場を誘致した」という話であった。彼らが理想とするのは、効率的な発電プラントを設置して、そこから出てくる排熱を徹底的に使い尽すことである。

わが国にはまだこのような発想がない。バイオマス発電の買取価格にしても、熱の利用を考えずに電気だけで採算がとれるようになっている。ドイツの買取価格に比べて高くなるのは当然のことだ。しかし、今回決まった価格で電気が買い取られるにしても、発電だけで簡単に収支が合うとは思えない。リサイクル木材、一般木材、未利用木材のいずれを問わず、カスケード利用の枠組みで使わないと燃料コストが嵩んでしまう。また出力規模の小さいプラントでは、発電効率が低いだけでなく、設備費と運転費が割高になっていて、CHPでないと経済的に成り立たないとされている。もちろん今回の固定価格で採算が取れるケースもあるだろうが、そのような場合でも、カスケード利用の工夫と熱の有効利用で、より大きな利益を上げることができる。誰もがそのような行動をとるようになれば、電力の買取価格をドイツのレベルまで引き下げることができよう。

9 木質燃料市場の国際化と日本の対応

(1) 石炭混焼がもたらした木質ペレット、チップ市場の変貌

もともと木質ペレットの主な仕向け先は小型の燃焼機器であり、大型のボイラでは木質チップを燃やすのが定番になっていた。ところが近年、そのペレットを石炭と混焼する火力発電所が増え、オランダ、デンマーク、スウェーデン、イギリスなど欧州諸国が大量のペレットを海外から輸入するようになった。この市場をねらって世界各地でペレットの生産能力が増強されており、木質燃料市場の国際化が一挙に進み始めた観がある。

エネルギー用の木屑類は形状がさまざまで、含水率も概して高いので、そのままではあまり遠くへ運べない。そうした木質材料を細かく粉砕して圧縮成型したのがペレットである。水分は10%以下に抑えられて、容積当たりのエネルギー密度がかなり高くなった。長距離輸送にも十分耐えられるし、何よりも石炭混焼との相性がよく、既存の発電施設に大きな変更を加える必要がない。

欧州で発電用ペレットの需要が増えたのは、再生可能エネルギーの割合を2020年までに20%に増やすというEU指令があるからである。加盟各国はこれに応えてバイオマス発電を支援する政策措置を講じてきた。ドイツは混焼発電を固定価格買取りの対象にしていないが、多くの国が採用しているクォータ制（一定の再生可能エネルギーの導入を電力会社に義務づける制度）やプレミアムタリフ（上乗せ価格）などでは混焼にも同等の優遇措置が適用され、海外産のペレットが比較的高い価格で買い取られることになった。世界中のペレットがヨーロッパの市場に殺到するのはそのためである。

現在のところ主な輸出国はアメリカ、カナダ、ロシアと一部の東欧諸国などである。これらの国ぐにでは、紙パルプ市場の縮小や構造用材市場の低迷が続き、木質エネルギーへの傾斜を強めている。大型のペレット工場が続々と建設されているようだ。やがてブラジル、オーストリア、ニュージランドなどがこれに加わると言われている。2010年にEUがこれらの国から輸入したペレットの量は50ペタジュール（PJ）ほどだが、10年後にはこの5倍の250PJに増えるという[(注7)]。

これまでは各国から輸出されるペレットの大半はEU向けであった。日本で固定買取制度がスタートすると、わが国が新たな輸入国としてこれに加わることになろう。輸入ペレットやチップで生産された電気が、専焼・混焼を問わず24円/kWhで売れるというのは、かなり有利な条件である。北米西海岸や極東ロシア、オセアニアにとってはEUよりもずっと魅力的な市場かもしれない。木材と同じ海路を通って、今度は大量のペレットが日本に入ってくる。

(2) 国産ペレット、チップにとっても ビジネスチャンス

ようやく定着し始めた国内のペレット生産がこれからどうなるか、関係者から不安が出てくるのは当然であろう。ただ、室内暖房で使われるペレットと発電用のペレットは品質に大きな違いがある。前者は樹皮を含まず、製材工場のおが屑やプレナ屑でつくられることが多い。これに対して発電用のものは、大量の低質丸太を効率的に破砕・成型したもので、単価は安いが灰や不純物の含有量が若干高くなる。したがって国内で良質ペレットを生産し、発電用は海外から入れるという棲み分けもあるだろう。

しかし、ペレット工場として理想的なのは、家庭用と産業用の2つの製造ラインを持つことである。家庭用ペレットだけだと、需要がおおむね冬場に限定されるが、発電用ペレットなら1年を通してまとまった量の需要が期待できる。両者を組み合わせることで、生産規模を拡大して24時間操業の体制をとることもできよう。小径材や林地残材が一括して集められていれば、ペレットに向かない低質のバイオマスで発電して32円で売電し、その排熱をペレット原料の乾燥に向ければよい。これも24時間操業と並んでペレットの生産コストを引き下げる必須の条件である。

国内のペレット工場はがいして規模が小さい。そのため製品のコストが高く、安定供給にも不安がある。このような状況だから需要が伸びず、生産規模の拡大に踏み切れなかった。火力発電所にも売り込めるようになれば、状況は大きく変わってくると思う。外国産のペレットはおそらくキログラム当たり20円以下で入ってくる。国産ペレットがこの市場に参入するには、少なくとも25円程度までコストを引き下げなければならない。

1kgのペレットの発熱量は4.8kWhである。発熱量の35%が電気に換わり、それが24円で売れたとすると、1kgのペレットから約40円の収入が得られる。これなら30円/kgのペレットを使っても引き合うはずである。

(3) 国際化への対応

木質ペレットは今やれっきとした国際商品である。これからは大量のペレットが日本に入ってくることを覚悟しなければならない。そこで大切なのは、外国産を排除するのではなく、国内のペレット産業が今回の固定価格買取制度をうまく活用して輸入ペレットと対抗できるまでに市場競争力を高めることだと思う。

木質燃料の国際貿易が盛んになると、石炭火力の発電所のみならず、バイオマス専焼の発電プラントや、化石燃料と混焼する紙パルプ工場・セメント工場の発電プラントでも、海外からの輸入燃料に頼るところが出てくると思う。これまで木質燃料と言えば「地産地消」が原則であった。バイオマス資源は石油と違って地球上に広く分布しているし、かさばるなどして遠くまで運べないからである。しかし、国ごとに見ていくと、木質燃料の過不足が著しい。再生可能な木質エネルギーへの期待大きくなればなるほど、この過不足を調整しようとする動きが強まり、国際貿易の比重は否応なしに高まっていく。

IEAの出版物としては初めてのことだが、前出の「テクノロジーロードマップ」において、都市廃棄物や工場残材以外のバイオマスが「ローカルに集められる燃料」と「国際的に取引される燃料」に大別された。想定されている調達コストはローカル燃料がGJ当たり4～8ドルであるのに対し、国際燃料のほうは8～12ドルとかなり高い。このように高くなるのは形質の雑多な木質バイオマスをペレット化したり、将来的にはトレファクション（軽い熱分解：p.45、p.87参照）などを加えて燃料としてのグレードアップを図っているからである[注8]。こうして均質化された低含水率の木質燃料は、大量に収集されて大型のエネルギー変換プラントに投入され、効率よく電気や熱、あるいは輸送燃料に変換される。燃料コストが多少高くても引き合うのである。

10 中山間地での木質バイオマスの利用

（1）ローカルに集められる材料をそのまま活用

国内の資源利用で重要なのはむろん「ローカルに集められる燃料」のほうである。このカテゴリーに含まれるのは山から下りてくる林地残材、小丸太、間伐材などである。都市の木質系廃棄物や木材工場の残廃材に比べて、燃料の調達コストはどうしても高くなる。調達コストをできるだけ低く保つには、第1にバイオマスの集荷範囲を比較的狭い地域に限定して輸送距離を短くすること、第2に地域内から集まってくる雑多な木質燃料を前処理などにはあまり手をかけないで、なるべくそのまま使うことである（ただし燃料の自然乾燥だけは欠かせない）。

地域の森林資源を利用して地域のエネルギーを賄っている事例はオーストリアにたくさんある[注9]。この国の人口当たりの森林面積は0.5ha足らずで、決して豊かとは言えないが、木質系を中心とした固形生物燃料が一次エネルギー総供給の13％を稼ぎ出している。最近の統計によると、暖房・給湯用に薪、ペレット、チップなどの木質燃料を使っている世帯は全体の20％に達するという。このほかに地域熱供給のネットワークに加入している世帯が23％あるが、そうした施設の多くが地場のバイオマスを利用している。

（2）薪とチップを活用した個別暖房

大都市は別としても、農村地帯を中心に木質燃料がこれほど使われているのは、化石燃料との競争力が強いからである。暖房・給湯など熱供給の分野では規模の経済があまり働かない。家庭用の薪ストーブや薪ボイラでも、十分に乾いた燃料を使えば、熱効率は85％以上になり、煤煙などの排出もごく低いレベルに抑えられるようになった。

その薪の大部分は自家製である。自分の持ち山から広葉樹を伐り出して、一定の長さに切り揃え、荒割りして、薪小屋に1～2年保管する。十分乾いたころに、近くの誰かが来て必要な量だけ買っていく。もう一つの薪の給源は、針葉樹人工林の伐採跡地に残る端材や小径木である。近隣の農家や退職者などが、こうした残材を$1m^3$につき5ユーロ前後を支払って所有者から買い取り、薪を自分でつくっている。薪の一部は自家用であり、余れば近隣に販売する。この場合も薪の取引は表にはあらわれない。地域の人たちの顔の見える関係に支えられているのである。

薪ストーブの難点は燃料の自動補給ができないことである。薪を1本ずつ手で投入しなければならない。最近では農家世帯などで貯湯タンク付きの薪ボイラを入れて集中暖房する例を見かけるようになった。この場合は朝一回まとめて燃やすだけで1日分の熱が賄えるという。いずれにしても良質の薪が入手できれば、薪暖房は一番お金がかからない。ただ燃料の貯蔵にある程度のスペースが要るし、点火や機器の掃除にも手間がかかる。

これが木質ペレットになると、ストーブでもボイラでも燃料の自動補給が可能となり、つまみ一つで点火、消火、温度調節ができる。効率の良い燃焼機器の普及に加えて、燃料の配送、機器の適切な設置とメンテナンスなどの周辺サービスが充実して、ペレット暖房が広く普及するようになった。

（3）小規模な地域熱供給システム

オーストリアで興味深いのは、バイオマスを利用した小規模な地域熱供給のネットワークがあちこちにできていることである。人家がある程度集まっている地域に、熱出力で数百kWから数千kWのボイラを設置し、近隣の住宅や事業所に暖房・給湯用の温水を送っている。地域の森林所有者が何人かで有限会社や組合をつくり、施設の運営にあたっているケースが多い。

必要な燃料チップのかなりの部分はメンバーによる自家生産で賄われている。かつては製材に向かない小径材をパルプ材として出していたが、これが有利に売れなくなって、地域熱供給に向かったと言われる。木質チップの生産にとどまらず、熱エネルギーの供給まで取り込む発想がすごい。価格の安いチップの生産だけでは儲けが薄いが、これにエネルギーサービスをくっつけて売ることでビジネスになっている。

地域熱供給の施設に入っているボイラは、樹皮のようなものでも問題なく燃やしてくれる。人がそばについている必要もない。多少のトラブルは機械が自分で処理してくれるし、重大な事故の場合は管理者の携帯電話にアラームが入る。当番の農民がプラントに来て点検するのは、せいぜい1日に1回、1時間程度とのことであった。

欧州連合のバイオマス政策でよく見かけるのは、「個別的な熱供給から地域熱供給へ」のスローガンである。なぜ地域熱供給なのか。まず顧客にとっては次のようなメリットがある。

・暖（冷）房・給湯用の熱をいつでも必要なだけ使うことができる
・長期間（15年程度）熱の供給が保証される
・熱生産のための機器を各自で持つ必要がなく、燃料の調達や機器の維持管理も不要になる
・化石燃料ベースの熱供給よりも安上がり

また地域としてもメリットが大きく、以下のようなことがある。

・地域の森林資源を活用することができ、雇用が増える
・個別暖房に比べて全体としてのエネルギー変換効率が高まる
・比較的規模の大きいボイラが導入された場合は、高性能の除塵装置がつけられるため、ごく質の低いバイオマスを燃やすことができ、そのうえ発電も可能になる

（4）日本の中山間地での地域熱供給の方向

わが国でも木質バイオマスによる地域熱供給の導入はこれからの重要な課題になると思う。地域のバイオマス資源を無駄なく利用するという観点からも、個別的な熱供給とともに地域熱供給のシステムがないと都合が悪い。その理由を簡単に説明しよう。

各家庭や事務所などに設置される木質焚きのストーブや小型ボイラでは低質のバイオマスは燃やせない。実際に使えるのは、丸太を割ってつくった乾燥薪とか、樹皮のない木部でつくる「ホワイトペレット」、形の揃った低水分の木質チップである。こうした燃料はおおむね小径丸太や欠陥丸太を原料にしているが、それは地域に存在する多種多様なバイオマスのごく一部であろう。また薪やペレット、チップを製作する過程でもさまざまな木屑が出てくる。地域熱供給の施設に大型のボイラが入っていれば、こうした未利用バイオマスや木屑から熱や電気を生産することができる。

わが国の中山間地で地域熱供給システムを入れるとしたら、どのようなタイプのものになるであろうか。筆者の脳裏にあるのは次のようなものである。

対象となる地域と施設

中山間地の中でも比較的人家や施設が密集した地域が対象になる。北海道や東北の寒冷地であれば、暖房専用の施設が中心になるだろうが、温暖な地域では何とか冷房も加えたい。ただし温水や冷水をパイプで運べる距離は通常数kmの範囲であり、冷暖房を必要とする施設がコンパクトにまとまっているのが望ましい。典型的なケースとしては、市町村役場を中心として、周辺の公民館、保養・体育施設、学校、病院、事業所、集合住宅などを組み入れる例である。個人の住宅も対象になるが、温水・冷水を使うとなると、冷暖房のシステムと機器を取り換えなければならない。当面は大型の建物が対象になる。

太陽熱の利用

冷房を組み込むなら、太陽熱も利用したい。地域冷暖房のプラントには、バイオマスボイラと並んで「貯湯タンク」が必ず入っている。これは温水の形で熱を貯める装置で、熱供給の安定に欠かせない。貯湯タンクがあれば、太陽熱の収集パネルから取り込んだ熱をここに貯められる。冷房が必要なのは太陽がガンガン照る真夏の時期だが、うまくいけば冷房に必要なエネルギーの大半を太

陽熱で賄えるかもしれない。

木質以外の多様なバイオマスも燃料にしたい

地域で集められるバイオマス燃料としては、木質系の枝条や樹皮のほか、竹や農作物の茎、畜糞なども含まれよう。単独では燃えにくいものでも、乾いた木質チップと混ぜることで、何とか使えるようになる。ボイラとして好ましいのは、燃料のサイズや含水率にあまりうるさくなく、何でも燃やしてくれるタイプのものである。階段式ストーカやトラベリングストーカが選ばれることが多い。

可能なら発電も

間伐材や林地残材を使って生産された電気が、かなり高い価格で販売できるようになった。地域熱供給のプラントでも可能な限り熱電併給にするのが有利になるだろう。オーガニックサイクル（Ⅶ. 木質バイオマスによる発電の項（p.147）を参照）で発電するのであれば、熱出力で5,000kW程度のボイラであっても1,000kW前後の発電ができる。

11 地域の自立はエネルギーの自立から

（1）自然エネルギー100%を達成したギュッシング

オーストリアのバイオマスブームはギュッシングという小さな町から始まったと言われる。今でこそ「自然エネルギー100%」を達成した地域として国際的に知られているが、以前はハンガリーとの国境にあって開発が遅れ、最も貧しい地域に数えられていた。

自然エネルギーを軸にした地域興しのプロジェクトがこの地でスタートするのは1990年のことである。当時、めぼしい資源と言えば森林しかなく、このバイオマスを利用して地域熱供給の事業が始まった。その後、太陽エネルギーの利用やナタネを使ったバイオディーゼルの生産にも着手。さらに2001年に熱電併給のバイオマスプラントが完成して、電気が得られるようになり、悲願のエネルギー自給が達成された。1991年の時点で電気やガス、ガソリンの購入で外部に支払われた額は8.7億円、それが2005年にはゼロになる。その一方で域内の雇用が大幅に増え、地域の所得は12.6億円増加したという。

（2）かつて中山間地はエネルギーの重要な供給源だった

世界のどこに行っても、農林業の卓越した中山間地は自然エネルギーの宝庫である。バイオマスはもとより、水力、風力、地熱など利用可能なポテンシャルはきわめて大きい。事実、わが国では半世紀前まで中山間地はエネルギーの重要な供給源であった。最盛期には木炭の生産量が200万トンを超えている。それが地域経済を支えになっていた。木炭や薪が化石燃料によって駆逐されたあと、構造用材やパルプ材の生産増加に期待がかけられていたが、これも外国産の木材に押されっぱなしになっている。中山間地は大変な苦境にあえいでいるが、豊かなエネルギー資源を抱えながら、必要なエネルギーのほとんどを、ますます高価になる化石燃料や原子力に頼っていたのでは、地域の経済は疲弊するばかりである。「地域の自立はエネルギーの自立から」。これがこれからの基本的な方向である。

計画的な除間伐の推進と低質材のエネルギー利用を上手に組み合わせることで、日本の中山間地にも自然エネルギーである程度自立できる地域があちこちで出てくるのではないか。従来の木質エネルギーへの政策支援は施設に対する助成が中心で、補助金でつくられた高価な施設が思うように稼働せず、赤字を抱え込んで四苦八苦する例が多かった。生産された熱や電気の安定した出口が準備されていなかったのである。今回発足した電力の買取制度は疑いもなく一つの突破口になるであろう。

（3）国内クレジットを活用

ただ、木質バイオマスの本命は熱生産である。その意味からすると、電力の買取りよりも、スウェーデンの「炭素税」のほうが効果的だとされている。1トンの木質チップ（熱量4,000kWh）で発電すると、化石燃料との対比で約0.5トンのCO_2が削減されるが、同じ量のチップで熱を生産すれば、その倍の1トン強の節約になる。わが国でも、このようにして節約されたCO_2は「国内クレジット」の制度を通して販売することができる。

京都議定書では、各国がその削減目標を達成するさい、外国から購入した「クレジット」を充てることができるとされた。わが国も旧ソ連圏などから買い入れた実績があるが、国内クレジットの制度は外国に向けられていた資金を国内の中小企業、農林業、民生部門での排出削減・投資に振り向けようというものである。つまり中小企業・農林業などで節約されたCO_2を大企業などが購入して、自主行動計画や排出量取引スキームの目標達成に役立てる仕組みに他ならない。

木質エネルギーの分野でクレジットの申請が多いのは、重油焚きからバイオマス焚きに変更する「ボイラの更新」と「バイオマスを燃料とするボイラの新設」の2つで、認証された件数もかなりの数に達している。木質焚きのストーブや小型のボイラでも、「バンドリング」というやり方で、地域などでまとめて申請することができるようになった。CO_2の値段のほうは当初期待されていたより低いレベルで推移しているが、国の補助による上積みもなされている。国内クレジットの制度がさらに強化されれば、バイオマスによる熱供給にとって好ましい追い風となるであろう。

(4) 放置天然林も施業の対象に

固定価格買取りと国内クレジットをうまく組み合わせることで、森林の使い方にも新しい展望が開けてくる。そのひとつが天然林、わけても広葉樹林の活用である。過去半世紀にわたって、天然林にはほとんど手が入れられず、自然のままの伸び放題になっている。これを木材生産の戦列に組み入れていかねばならない。たとえば、将来性のある樹木が順調に育つように除伐や整理伐採を繰り返していくことで、いずれ構造用材や家具材が収穫できるようになるだろう。すでに50年生、60年生の林になっているのだから、それほど遠い先のことではない。

一部には15年から20年程度の伐期で回転する萌芽林施業も考えられよう。各地で厄介者になっている竹林でも一定の周期で伐採するようにすれば、安定したエネルギーの供給源になるはずである。広葉樹林や竹林の施業も地域の森林計画の中にしっかりと組み込んで、放置されている森林を計画的に整序していきたい。それは同時に低質バイオマスを持続的に供給することでもある。マテリアル利用、エネルギー利用、森林環境保全の3つが支え合う理想的な姿と言って良い。

広葉樹林を整理して市場に出せるのは、現在のところパルプ原木とシイタケ原木、それに薪などに限られてくる。これに向かない小径木や林地残材を地域熱供給プラントに全部持ち込んで熱とエネルギーに変えることになるだろう。電力の買取りと熱供給のCO_2クレジットを利用したとしても、簡単に採算が取れるとは思えないが、重要なのは地元での雇用の拡大である。広葉樹林での除伐やシイタケ原木・薪の製作は、チェンソーと簡単な材の引き出し用具、それに軽トラック程度の軽い装備で済む。また低質バイオマスの運び出し、破砕、地域熱供給プラントの運営、それに付随するエネルギーサービスなども、やる気さえあればすべて地元のマンパワーで十分である。

(5) 地域で仕事と雇用が増やせる

製材用材や合板用材の伐出では、高能率の大型機械を入れて高い賃金の熟練オペレータを雇わないと、コスト削減につながりにくい。しかし木質バイオマスのエネルギー利用では高度な装備や熟練したオペレータは入れられない。ドイツやオーストリアでは地元の森林所有者や農民、退職者などが重要な担い手になっている。

中山間地におけるエネルギーの自給は、エネルギーの購入に充てられていた外部への支出を減らし、雇用を増やす効果が大きい。再生可能な熱がリーズナブルな価格で安定して利用できるとすれば、食品工場や植物工場、施設園芸などの誘致にも役立つはずである。地域振興の新たな展望も開けてこよう。

（熊崎　実）

注

1）一次エネルギーというのは自然界に存在する形のままでエネルギー源として利用されるもので、IEAのエネルギーバランス表では石油、石炭、天然ガス、原子力、水力、再生可能な可燃物と廃棄物、その他に区分されている。このうち「再生可能な可燃物」は「生物燃料」とも呼ばれ、本来のバイオマスに相当するのはこの部分である。なお一次エネルギーは電気、ガソリン、都市ガス、木質ペレットなどに変換されて二次エネルギーになる。

2）European Environment Agency. (2008). Maximizing the environmental benefits of Europe's bioenergy potential, EEA Report No.10.

3）UNECE/FAO. (2012). Forest Products Market Review 2011-12, chap.9.

4）日本エネルギー経済研究所編『エネルギー・経済統計要覧2011』省エネルギーセンター.

5）熊崎　実「混迷を深めるわが国の森林資源統計」『山林』2012年9月号.

6）25x'25 America's Energy Future. (2011). A National Wood-to-Energy Roadmap - A guide for developing sustainable woody biomass energy solutions.

7）Cocchi, M. eds. (2011). Global Wood Pellet Industry Market and Trade Study. IEA Bioenergy.

8）石炭火力でのバイオマス混焼とトレファイド・ペレットについては熊崎　実『木質エネルギービジネスの展望』全国林業改良普及協会（2011）、p.147-153を参照のこと。

9）熊崎　実「オーストリアに学ぶ眠れる森の資源を生かす道」『週刊エコノミスト』2011年5月12日号.

II

木の
エネルギーの基本

1 木質燃料とは

薪や炭、チップやペレットなどの木質燃料は、その多くが地域の森林資源に由来するもので、その使用は化石燃料に比べて①エネルギー自給の推進、②化石燃料依存度の減少、③地球温暖化ガス（CO_2）の減少、④地域における空気汚染の低減、⑤土壌や地下水の保全、⑥健康被害の軽減など、清浄な環境や豊かな人間生活を推進する効果がある。ここでは木質燃料の特性を理解する上で必要となる基本事項について述べる。

（1）木質バイオマスの燃料特性

各種燃料の燃焼性能を特徴づける因子として①元素組成、②揮発成分、③含有水分量、④発熱量、⑤エネルギー密度、⑥灰分量などを挙げることができる。

①元素組成に依存する発熱量と環境負荷

表2-1は木質および草本バイオマスと化石燃料の元素組成である。

木質バイオマスは主として炭素（C）と水素（H）、酸素（O）からなる。組成割合はC：50％前後、H：6％、O：40％前後で、そのほかに微量の窒素（N）やイオウ（S）などを含んでいる。この組成内容は樹種あるいは木部と樹皮に関係なくほぼ一定している。

これと比べて草本バイオマスは、炭素の比率が若干少なく、窒素、カリウム（K）、イオウ、塩素（Cl）を比較的多く含んでいる。また化石燃料は、Cが65～85％と高率で酸素が極端に少ない。石炭は窒素やイオウを高い割合で含むが、石油や天然ガスでは精製過程でそれら元素は取り除かれている。

これら元素のうち燃焼に大きく関係するのはCとHで、それらがOと酸化反応することによって燃焼が起こる。反応式は式2.1と2.2で示され、CはOと結合して二酸化炭素に、HはOと結合して水になる。このときの反応生成熱が燃焼熱である。

$$C + O_2 \longrightarrow CO_2 + 407\ \mathrm{kJ/mol} \qquad (式2.1)$$

$$H_2 + 1/2\ O_2 \longrightarrow H_2O + 286\ \mathrm{kJ/mol} \qquad (式2.2)$$

ただバイオマスは酸素を多く含む炭水化物であり、上記した炭化水素の場合よりも複雑な反応プロセスをとる。加熱による高温雰囲気下で種々の物質に分解され、生成された熱分解物質が酸化されて最終的にCO_2とH_2Oになる。この燃焼プロセスは炭水化物を【CH_2O】で表わすと次のように示される。

表2-1　固形バイオマスおよび化石燃料の元素組成

原　料		元素分析（重量%、無水無灰基準）						
		C	H	O	N	K	S	Cl
木質系	スギ木部	52.1	6.2	41.6	＜0.1		0.0	
	スギ樹皮	51.2	5.6	42.8	0.5		0.0	
	ヒノキ木部	51.4	6.0	42.5	＜0.1		0.0	
	アカマツ木部	51.6	6.3	42.0	0.1		0.0	
	クヌギ木部	51.4	5.5	43.0	0.1		0.0	
	針葉樹木部	47～54	5.6～7.0	40～44	＜0.1～0.5		＜0.01～0.05	＜0.01～0.03
	広葉樹木部	48～52	5.9～6.5	41～45	＜0.1～0.5		＜0.01～0.05	＜0.01～0.03
	樹　皮	47～51	5.9～6.5	36～43	0.3～1.2		0.02～0.20	＜0.01～0.05
草本系	ミスキャンタス	47.5	6.2	41.7	0.73	0.70	0.150	0.220
	麦わら	45.6	5.8	42.4	0.48	1.00	0.082	0.190
	ライコムギ	43.5	6.4	46.4	1.68	0.60	0.110	0.070
	ナタネ絞りかす	51.5	7.4	30.1	4.97	1.60	0.550	0.019
化石系	石炭（瀝青炭）	84	5.9	7.9	2.01	—	0.460	
	灯　油	85～86	11～13	1～4	—	—	—	—
	天然ガス	75	25	—	—	—	—	—

注　出典：Europian Biomass Association:Wood Fuels Handbook, 2009、吉田貴紘：第55回日本木材学会発表要旨、2006

【CH_2O】＋O_2 ⟶ CO_2＋H_2O＋熱エネルギー

（式2.3）

したがって燃焼熱の大きさは燃料に含まれる炭素、水素、酸素の量と密接に関係し、単位重量の燃料が発する燃焼熱（＝発熱量Q（kcal/kg）は概略式2.4で示され、炭素と水素の含む割合が多いほど高くなる。

$$Q = 81\,P_C + 345\,P_H - 30\,P_O \ (\mathrm{kcal/kg})$$

（式2.4）

写真2-1　炉壁に融着したクリンカー

ここでP_C、P_H、P_Oはそれぞれ炭素、水素および酸素の含有率（%）を表わす。

ちなみにP_C：P_H：P_Oを、木材で52：6：42、草本で45：6：42、石炭で84：6：8とすると、式2.4から求められる発熱量は大まかに見てそれぞれ5,000、4,500および8,600kcal/kgと計算でき、発熱量順位は化石燃料≫木質バイオマス＞草本バイオマスとなる。

他方、各種燃料に含まれる微量元素のうちN、SおよびClは、それぞれ燃焼によってNOx、SOxおよびHClやダイオキシンなどの大気汚染物質の発生源となる。大気環境保全の観点からはこれら元素の含有率が低い燃料が好ましい。木質バイオマスの場合、これら元素は草本系バイオマスや石炭に比べて極めて少なく、環境負荷の小さな燃料といえる。

またKは燃焼灰の融点を下げる作用を持つ。燃焼灰が融点以上の燃焼温度に曝されると、溶融して周辺の土砂や未燃の無機物質をも巻き込んで焼き固まり、一般にクリンカーと称される不定形の魂状物（写真2-1）を形成することがある。クリ

表2-2　固形燃料の工業分析値

原　料	工業分析（重量%、無水基準）			
	灰　分	揮発分	固定炭素	燃料比
スギ木部	0.7	77.5	21.8	0.28
スギ樹皮	3.0	70.7	26.3	0.37
ヒノキ木部	0.3	82.6	17.2	0.21
アカマツ木部	0.4	85.6	14.0	0.16
クヌギ木部	0.3	82.0	17.7	0.22
パームヤシ空果房	2.7	70.7	26.6	0.38
もみ殻	21.0	66.4	12.6	0.19
石炭（瀝青炭）	15.5	32.9	51.6	1.57

注　出典：吉田貴紘：第55回日本木材学会発表要旨、2006、出光興産：石炭の品質ほか

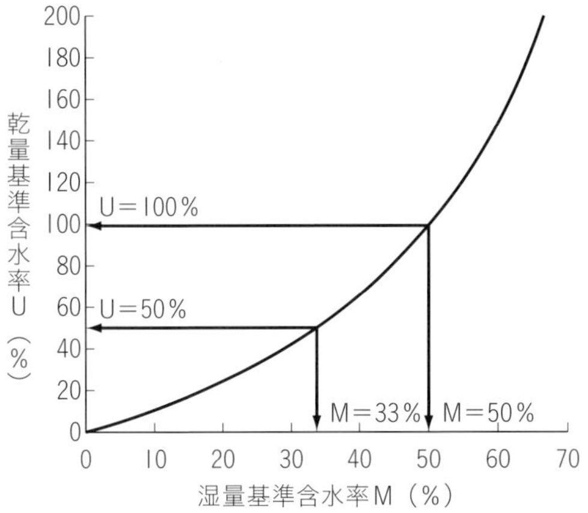

図2-1　湿量基準含水率と乾量基準含水率との関係

ンカーは火床や炉壁に融着して火炉の熱伝低下や開口部の閉鎖などのトラブルを発生する。クリンカーの形成を抑えるためには燃焼灰の融点が高いことが有利で、K含有率の低い燃料が好ましい。例えばKの多い草本灰の融点は730～1,000℃であるのに対して、Kをほとんど含まない木質灰のそれは1,300～1,450℃と500℃近くも高く、元素組成からして木質燃料はクリンカーを形成しにくい性質を有している。

②揮発成分が多く燃えやすい木質燃料

石炭などに関する工業分析では、燃料を灰分と水分および可燃成分に区分し、可燃成分をさらに空気接触を避け900℃、7分間加熱で気化する「揮発分」と残留する「固定炭素」とに分け、固定炭素／揮発成分＝燃料比として燃料の燃焼性を判断する指標としている。揮発分が多い燃料は着火性や燃焼性が高いことを、逆に固定炭素が多いものは燃焼性が劣ることを意味する。

表2-2は各種燃料について求めた工業分析値（無水基準）である。木質燃料の揮発分は80%前後と石炭の30数%に比べて著しく高く、さらに灰分も少なく、着火が容易で燃焼しやすい特性を有している。

③含水率によって変化する木質燃料の品質

固形燃料の含水率は、着火性や燃焼性および発熱量に直接関係する重要な影響因子である。元素組成と異なり人為的にコントロールが可能で、含水量を低くするほど燃焼性は高まり発熱量が増大するなど、燃料品質の改善に果たす役割は大きい。

A.　含水率の種類

含水率の表示法には、全乾重量（Wo）に対する水分重量（Ww）の比で示す乾量基準含水率U＝Ww/Wo×100（%）と、水を含めた燃料全体の重量に対する水分重量の比で示す湿量基準含水率M＝Ww/(Ww＋Wo)×100（%）とがある。全乾重量と水分重量が等しい木材の含水率は、乾量基準ではU＝100%、湿量基準ではM＝50%となる。図2-1はこれらMとUの関係を示したものである。

木材の場合、形状や寸法を重視する材料利用分野では乾量基準が、形状よりも量を重視する原料利用分野で湿量基準が世界的規律として用いられている。しかし困ったことに両分野ともそれらを「含水率」と呼び慣わしていることで、数値だけが一人歩きするととんでもない間違いを起こす。そのため乾量基準（dry base）、湿量基準（wet base）といちいち指示することも行なわれているが、ドイツ語圏では乾量基準と湿量基準をそれぞれ「Feuchtigkeit」および「Wassergehalt」と区別し、英語表示でも最近ではそれぞれを「Moisture content」および「Water content」と区別しているものをよく見かける。

わが国でも日本工業規格（JIS）では、水分量の表わし方と呼称を対象物質および用途によって

使い分け、土（JIS A1203）、骨材（JIS A1125）、木材（JIS Z2101）に対しては乾量基準を適用し、呼称を「含水率」としている。それに対して化学製品（JIS K0068）、廃棄物固形燃料（JIS Z7302-3）、石炭およびコークス（JIS M8812）、紙および板紙（JIS P8127）等では湿量基準を適用し、呼称を「水分」に統一している。

そこで本書ではJISによる呼称を採用し、数値表現をする含水率の呼び方と使用方法を以下のように統一することとした。

A）木質バイオマスエネルギー利用における表現では、原則として湿量基準含水率を使用する。
B）湿量基準含水率の呼び方
　「水分」またはとくに区別するときは「湿量基準含水率」を使用し、単に「含水率」とは呼ばないようにする。
C）乾量基準含水率の呼び方
　「含水率」またはとくに区別するときは「乾量基準含水率」を使用する。

B. 木材中の水分存在状態

木材は紡錘状の中空細胞が三次元的に集合した多孔体で、細胞壁を構成する木材実質、細胞壁に囲まれた空隙（細胞内腔など）および水からなる。木材中の水分は細胞壁内に存在して木材実質と結合関係を持つ「結合水」と、細胞内腔などの空隙内に存在する液状の「自由水」とに区分される（図2-2）。

伐倒直後の木材を生材と呼ぶ。生材状態では細胞壁は結合水で飽和され、空隙の一部容積を自由水が占めている。このときの生材含水率は、表2-3に示すように針葉樹ではほとんどがM = 50～60%（U = 100～150%）で、生材重量の約半分またはそれ以上が水分の重量となっている。それに対し広葉樹の生材含水率はM = 40～47%（U = 70～90%）と若干低い値をとるものが多い。また同表における辺材は丸太の輪切り断面で外周部に見られる淡色部分で、心材は中央部の濃色部である。これら辺・心材の生材含水率を比較すると例外はあるものの、針葉樹では辺材＞心材の法則性があり、辺材はM≧60%の高含水率、心材はM≦35%の低含水率と明確な差が見られる。したがって針葉樹の小径丸太や丸太外側部から採

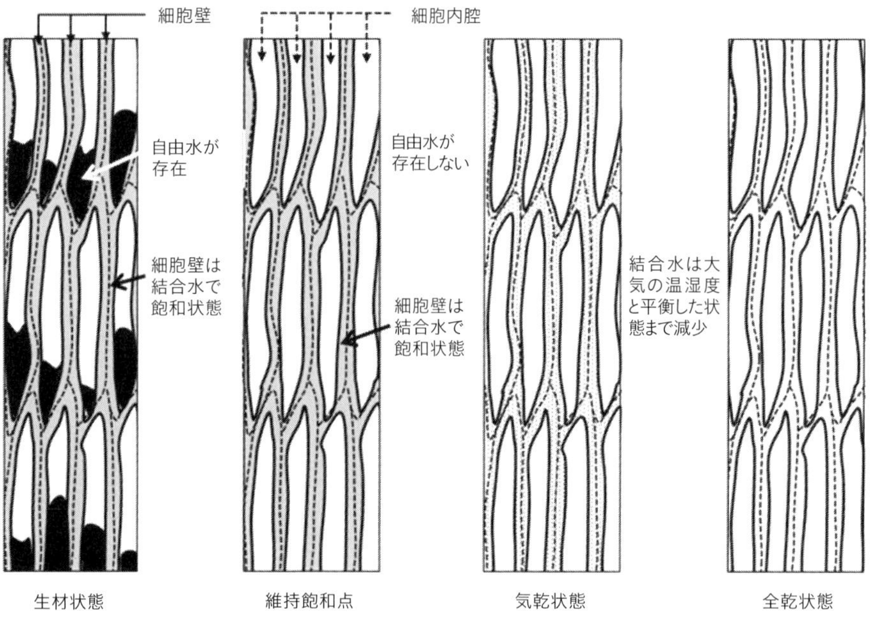

図2-2　木材の含水状態模式図

表2-3　国産材の生材含水率

樹　種 （針葉樹）	生材の水分（%、w.b.）			樹　種 （広葉樹）	生材の水分（%、w.b.）		
	木部全体	辺材部	心材部		木部全体	辺材部	心材部
ス　ギ	50 ～ 59	57 ～ 70	35 ～ 70	ブ　ナ	42 ～ 47	42 ～ 47	44 ～ 49
ヒノキ	50	60 ～ 73	25 ～ 30	ミズナラ	42 ～ 46	44 ～ 46	41 ～ 46
アカマツ	54	57 ～ 59	26 ～ 35	ドロノキ	58	44 ～ 46	62 ～ 67
カラマツ	34 ～ 36	44 ～ 60	29 ～ 30	ヤチダモ	37	34 ～ 35	45 ～ 50
トドマツ	57	64 ～ 69	37 ～ 45	ケヤキ	45	47	44
エゾマツ	55	63 ～ 66	29 ～ 34	アカガシ	41	37	50

られた背板などは辺材割合が大きく、高含水率状態にあると言える。ただスギとトドマツは心材含水率が異常に高い固体が現われることが多く、針葉樹の中では特異な樹種といえる。それに対して広葉樹ではその様な法則性は見られず、樹種によって異なる関係を示している。

以上のように生材は含水率が高く、そのままでは着火することすら困難となり、燃料利用に際しては事前の乾燥が不可欠となる。

生材を大気中に放置すると乾燥が進行する。当初は細胞内腔にある自由水のみが減少し、自由水が完全になくなって初めて細胞壁の結合水が減少し始める。このときの状態を「繊維飽和点」と呼び、含水率は樹種に関係なくM＝22％（U＝28％）程度である。結合水の減少は木材の収縮を伴いながら継続し、木材中の湿度が外周大気のそれと等しくなった時点で見かけ上水分減少を停止する。この状態を「気乾状態」（気乾材）と呼ぶ。このときの含水率はM＝13％（U＝15％）程度である。これ以上乾燥するためには加熱などの人為処理を必要とし、含水率M＝0％の木材を全乾あるいは「絶乾状態」（全（絶）乾材）と呼んでいる。

C. 木質燃料の目標含水率と乾燥方法

燃料材の乾燥に際しての含水率の目標値は、燃料の種類や使用される燃焼機の仕様でほぼ決められる。

木質ペレットでは成型に際して木質粉砕原料の含水率をM＝15～20％に調整する必要があり、乾燥機を用いて含水率が調整される。続く成型過程での水分蒸発によってのペレット含水率はM≦10％になる。

薪の場合は着火性、燃焼性、発煙性などの観点から概ね気乾状態近くまで乾燥される。民家の軒先などで雨が掛からないように風通しを良くして堆積し、長期間自然乾燥される。乾燥期間は薪の樹種、長さ、太さ、天候、風通しなどに左右されるが、通常1～2年乾燥される。

燃料用チップの場合は利用するボイラの仕様によって目標含水率が異なる。出力の小さなボイラではM≦30％（U≦43％）の比較的低含水率のものが要求される。出力が大きくなるほど含水率に対する要求度は小さくなる。中には生材（45％＜M＜55％）でも燃やせるボイラも存在する。

わが国ではチップボイラの歴史は浅く、乾燥チップの生産意識も乏しい状態にあり、現在はM≦25％の建築解体材チップや生材に近い製紙用チップの使用が一般的である。

木質チップの乾燥方法には、①チップを露場で堆積暴露して天然乾燥、②チップを雨のかからない屋内に堆積し、熱気送風などで人工的に乾燥、③丸太を露場で1～2年暴露し、天然乾燥後チップにする方法がある。このうち①は乾燥効果が乏しく、微生物による発酵熱で自然火災の危険性などから、具体的には採用されていない。②についてはヨーロッパで採用事例があり、短期間で乾燥できると言われている。わが国へも導入する動きが見られる。③はヨーロッパで普遍的に見られる方法で、丸太で1～2夏暴露した後チップにするもので、チップ含水率はM≦30％程度になると報告されている。わが国でもこの方法を採用する事例が見られるようになってきた。

④発熱量

A. 高位発熱量と低位発熱量

発熱量は単位重量の燃料を完全燃焼したときに発生する熱量で、MJ/kg、kcal/kg、kWh/kg、時にはtoe（石油換算トン）で表わされる（p.2の熱量単位の換算表を参照)。

燃料は通常水分を含むため､発生した燃焼熱（総発熱量）の一部は、燃料中の水分と水素が燃焼して生成する水分の蒸発に費やされる。費やされた熱量を蒸発潜熱と呼び、われわれが実際に利用できる熱量は総熱量から蒸発潜熱を差し引いた値となる。

総熱量を高（位）発熱量Q_H（HHV：High Heating Value）または総発熱量（GCV：Gross Calorific Value)､実際に利用できる熱量を低（位）発熱量Q_L（LHV：Low Heating Value）または真発熱量（NCV：Net Calorific Value）と呼び区別している。

このうち高発熱量は熱量計から直接測定できる。低発熱量は水素1kgから9kgの水が生成すること、1kgの水を蒸発するのに2.512MJあるいは600kcalの熱エネルギーを必要とすることを根拠に、高発熱量を用いて次式から求めることができる。

$$Q_L = Q_H - (2.512 \times (9h + M))/100 \quad \text{(MJ/kg)} \qquad \text{(式2.5)}$$

$$Q_L = Q_H - (0.600 \times (9h + M))/100 \quad \text{(kcal/kg)} \qquad \text{(式2.6)}$$

ここで、Q_L：低発熱量、Q_H：高発熱量、M：燃料中に含まれる水素含有率（%）および水分（%）を表わす。ただし、hが未知の場合、燃料中に含まれる木材実質重量に対して6%を適用する。

なお、わが国では高発熱量を、欧米では低発熱量を慣例的に多用しているため、熱量比較に当たってはそれぞれの熱量が、高位か低位かの確認が必要となる。

B. 木材の発熱量と含水率

表2-4は木材の発熱量に関するこれまでの研究成果を、無水状態での発熱量に整理し直したものである。木部の高発熱量は19.3～22.4MJ/kgの比較的狭い範囲に分布し、石炭の2/3、石油の1/2程度の発熱量を有している。その中で針葉樹の平均は広葉樹のそれより約6%高く、両者間に明らかな差が認められる。これは針葉樹が発熱

表2-4 各種燃料の無水状態での発熱量

原　料	樹種数（データ数）	高発熱量（MJ/kg）			低発熱量（MJ/kg）		
		最　小	平　均	最　大	最　小	平　均	最　大
針葉樹木部	34（45）	20.0	20.9	22.4	18.7	19.5	21.0
広葉樹木部	69（95）	19.3	19.8	20.8	18.0	18.4	19.5
針葉樹樹皮	12（15）	20.1	20.9	21.8	18.8	19.5	20.4
広葉樹樹皮	48（55）	16.7	20.1	23.4	15.4	18.7	22.0
石炭（瀝青炭）	—		30.0			28.7	
灯　油	—		46.5MJ/ℓ			43.5MJ/ℓ	
A重油	—		45.2MJ/ℓ			42.7MJ/ℓ	

注　主な引用文献：Alakangas,E.:Properties of wood fuels used in Finland-BIOSOUTH-project
http://www.bio-south com/pdf/Biosouth-wood-fuel-properties-Oct2005
阿部房子：森林バイオマスの熱化学的研究、林試研報、No.352, p.1-95. 1988
Abe,F.：Bull.For. Prod. Res. Inst., No.338, 1986
里中聖一：木材炭化の基礎的研究、北大演習林報、22、p.609-814、1963
重松義則：昭和14年度日本林学会講演集、p.427、1938
沢辺　攻：住田町エネルギー調査報告書、p.51-54、2002、p.36、2004
吉田貴紘：木質ペレット供給安定化事業報告書、日本ペレット協会、p.17-20、2010.3
AEBIOM:Wood Fuels Handbook, 2009

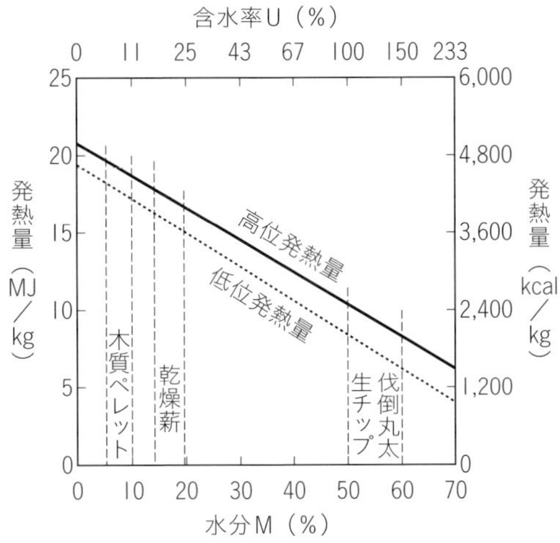

図2-3　針葉樹木部の含水率と発熱量との関係

量の高いリグニンや樹脂、油脂を多く含むことに起因している。ちなみに木材成分の低発熱量は、リグニン26～27MJ/kg、セルロース17.2～17.5MJ/kgおよびヘミセルロース16MJ/kgでリグニンが格段に高く、またリグニン含量は、針葉樹28～36%、広葉樹18～29%となっている。

他方、樹皮の発熱量も木部のそれにほぼ等しい。樹皮は不燃物である灰分を多く含み、しかも樹種間、固体間でのバラツキが大きいことを反映して、発熱量のバラツキも大きい。同じ樹種でも木部の発熱量より高いもの、低いもの、同等のものなど、一概に木部と樹皮との発熱量順位を定めることはできない。この観点からは樹皮も木部と並んで有用な燃料資質を有していると言える。

すでに述べてきたように含水率は発熱量に大きな影響を及ぼす。図2-3は針葉樹木部について両者の関係を示したもので、発熱量は水分Mの減少によって直線的に増大する。生材はその重量の半分近くが水分で、着火・燃焼が困難とされるM＝60%に極めて近く、例え燃焼しても高発熱量は8～10MJ/kgと低レベルにある。しかし1～2夏経過した薪（M＝15～20%）では倍近くの17～18MJ/kgに、木質ペレット（M＝6～10%）でも19MJ/kg近くまで増大している。このように発熱量は水分調節によってある程度任意に設定することが可能である。

⑤エネルギー密度の低い木質燃料

一定容積内に含まれる熱量をエネルギー密度と呼んでいる。エネルギー密度の高い燃料ほど一定容積に貯留できる熱量が多く、運搬や貯留効率が高くなるばかりでなく燃焼機の寸法も小さく押さえることができる。このことからエネルギー密度は燃料性能の重要な評価項目となっている。

エネルギー密度は燃料のかさ密度に発熱量を乗じて求める。かさ密度は含水率の増加と共に高くなるが発熱量は逆に低下するため、かさ密度の低い燃料ほど、また含水率が高い燃料ほどエネルギー密度は低くなる。

木質燃料のエネルギー密度は、プレーナー屑（カンナ屑）の2GJ/m^3から木質ペレットの12GJ/m^3

表2-5　木質燃料のエネルギー密度

燃　料	高発熱量（GJ/トン）	かさ密度（トン/m^3）	エネルギー密度（GJ/m^3）	石油1m^3と等価な熱量を貯蔵できる容積（m^3）
プレーナー屑（M＝10%）	19	0.10	1.9	19.5
製材鋸屑（M＝50%）	10	0.23	2.3	16.1
針葉樹チップ（生）（M＝50%）	10	0.25	2.5	14.9
針葉樹チップ（M＝30%）	15	0.18	2.7	13.8
建築廃材チップ（M＝25%）	16	0.20	3.2	11.6
薪（M＝15%）	18	0.35	6.3	5.9
木質ペレット（M＝8）	19	0.65	12.4	3.0
石　炭	27	1.00	27.0	1.4
石　油	47	0.79	37.1	1.0

まで6倍もの大きな差がみられる（表2-5）。また石油$1m^3$の熱量と等しい熱量を貯蔵できる容積は、エネルギー密度の高い木質ペレットが$3m^3$、薪が$6m^3$と一桁に留まるが、それ以外のものは$10 \sim 20m^3$もの貯蔵スペースが必要となる。

⑥燃焼灰の利用と処分の考え方

樹木に含まれる灰分は木部で0.5％程度と少なく、樹皮は一桁多く2～10％で樹種間の差が大きい（表2-6）。実際の木質燃料では、樹皮への土砂の付着、皮付き燃料、加工や利用過程で付着した異物や汚染物質などにより若干高い灰分量を示

表2-6　各種燃料の灰分量

燃　料	灰分量（重量％）
針葉樹木部	0.4（0.2～0.8）
広葉樹木部	0.6（0.2～1.1）
針葉樹樹皮	3.1（2.5～4.3）
広葉樹樹皮	7.0（3.4～10.8）
ミスキャンタス	3.9
麦わら	5.7
ライ麦	2.1
ナタネ油かす	6.2
石　炭	8～15

表2-7　各種バイオマス燃焼灰の化学組成（単位：重量％）

	要　素	樹　皮	木材チップ	おが粉	麦わら
植物栄養素（重量%、db）	P_2O_5	1.7	3.6	2.5	2.7
	K_2O	5.1	6.7	7.1	11.5
	CaO	42.2	44.7	35.5	7.4
	MgO	6.5	4.8	5.7	3.8
	SO_3	0.6	1.9	2.4	1.2
重金属（mg/kg、db）	Cu	87.7	126.8	177.8	23.2
	Zn	618.6	375.7	1,429.8	234.6
	Co	23.9	15.3	16.7	1.5
	Mo	4.8	1.7	3.4	7.1
	As	11.4	8.2	7.8	5.4
	Ni	94.1	61.5	71.9	3.9
	Cr	132.6	54.1	137.2	12.3
	Pb	25.3	25.4	35.6	7.7
	Cd	3.9	4.8	16.8	0.7
	V	58.4	42.0	26.7	5.5

注　出展：AEBIOM；Wood Fuels Handbook, 2009

すことがある。また草本系バイオマスの灰分量は樹皮のそれと同程度、石炭はさらに多く10％台を示している。木質バイオマスは灰分量が総体的に少ない燃料と言えよう。

しかし、木質燃料の利用には必ず灰分が発生するため、その利用あるいは処分の方法を開拓する必要がある。毎年1,000万トン近く発生する石炭灰については、そのほとんどがセメントの原料・混合材・混和材や土木分野の地盤改良材等に有効利用されている。しかし、少量地域分散発生の木質燃焼灰については、現在産業廃棄物としてコストを掛けて処分しているのが実情である。一方では、建材ボード資材や土壌改良材としての利用、育苗・育林用肥料としての利用など、多くの試みも実施されておりその成果が期待される。

木質燃焼灰の化学組成は表2-7の通りで、強アルカリ性で環境汚染に関係する重金属（Zn、Pb、Cd）を含むこと、肥料の三大要素のうちNは燃焼中に気化して欠乏していること、植物栄養成分として必須のCa、P、K、Mg、Sなどが含まれていること、などを考慮して、環境汚染リスクを伴わない有効利用法の確立が望まれる。

（2）木質燃料の種類と用途適性

木質燃料としては薪、炭、チップ、ペレット等があるが、それぞれの燃料としての長短がある（表2-8）。これからも分かるように、木質燃料の選定は、用途や出力規模、利用する場所に応じて、また燃料の供給安定性と経済性も考慮した上で行なう必要がある。

表2-9はその適性を示したもので、薪は自動供給と熱量管理が難しいこと、適用燃焼機の出力規模が小さいことを、チップはエネルギー密度が小さいが、燃料コストは比較的安価であり、大量消費と採算性重視の産業用に適することを、またペレットは燃料コストは高いが、エネルギー密度が大きく品質が安定し取り扱いが容易なことを条件に、それぞれ判断した。

木質燃料の利用でもう一つ重要なことは燃焼効率を重視した利用の推進である。暖房、冷房、給

湯、加温、加熱などの熱利用でのエネルギー変換効率はかなり高く70～90%にも達している。それに対して木質専焼発電のエネルギー変換効率は最大でも30%、通常は10～20%で過半のエネルギーは利用されないまま捨てられている。地域資源の有効活用の観点からは、木質エネルギー利用の本筋は熱利用にあるといえる。たとえ熱電併給を企画する場合も、熱を主に、電気を従にすることが望ましい。

(3) 木質バイオマスの計測

①木質バイオマスの材積

丸太（薪炭材）、薪、チップなどの量的評価は体積（材積）あるいは重量でなされる。

表2-8　各種木質燃料の特徴

	長　所	短　所
薪	・製造が最も容易 ・個人でも原料の採取から薪の製造が可能	・火力の調整が難しく、煙が多い ・高出力を期待する用途には向かない ・燃料供給の自動化はしにくい
炭	・製炭技術が確立されている ・発熱量が高く、火持ちがよい ・煙が出ない ・エネルギー以外の土壌改良剤や水質浄化剤としての多様な用途が開発されている	・製炭歩留まりは40%程度と低く、発熱量当たりの生産コストが割高になる ・用途が煮炊きや火鉢などに限定される
チップ	・製造は比較的容易 ・原料としては葉付枝条や末木なども利用可能 ・100kW（中規模）～数十MW（大規模）までの熱利用施設のエネルギーとして利用できる ・建築廃材についてはチップ化技術と用途（主として木質発電あるいは石炭との混焼発電）が確立している	・燃料チップのサプライチェーンが未整備である ・製紙チップを代替せざるを得ないため、燃料チップとしては高含水率でコストが高い ・燃焼機の仕様・規模に対応したチップ品質規格が整理されていない ・エネルギー密度が低い
ペレット	・品質が安定し、取り扱いも容易 ・燃料の自動供給、火力の調整・管理が容易 ・発熱量が高く、エネルギー密度も高いため、燃焼装置も小型化が可能 ・ストーブから発電混焼用の燃料として幅広く利用できる	・製造工程がやや複雑で、製造技術の修熟を要する ・製造コストが比較的高い ・水湿に弱い ・流通ルートが未成熟

表2-9　各種燃焼機と木質燃料との適合性

燃焼機	エネルギー変換設備			利用目的	適合燃料			燃焼効率（%）
	出力規模		利用施設		薪	チップ	ペレット	
ストーブ	数kW		個室暖房	暖房	○	×	○	70～90
温風発生器	数十～150kW		温室暖房	暖房	×	×	○	70～90
ボイラ	小規模	(20～100kW)	家庭	暖房・給湯	○	×	○	70～90
		(100～200kW)	小施設	暖房・給湯・加温・冷房	×	○		
	中規模 (200～1,000kW)		事業所・工場	冷暖房・給湯・熱処理 熱電併給	×	○	△	70～90 40～70
	大規模 (1～30MW)		工場・発電所	石炭混焼発電	×	○	△	30～40
				熱電併給	×	○	×	40～70
				木質専焼発電	×	○	×	10～30

注　○：適、△：ペレットコストが高い場合、採算割れが懸念、×：不適

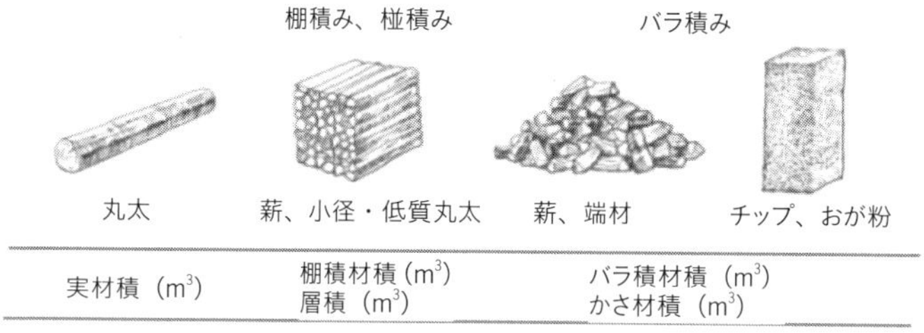

図2-4　木質燃料で用いられる各種材積

材積の計測法には図2-4に示すように、丸太などに適用される実材積、薪や薪炭材など一定の長さに切り揃えて積み上げた棚積や椪（はい）積みの場合に適用される「棚積材積」（層積）、チップやバークなどを単に堆積した場合に適用される「バラ積み材積」（かさ材積）とがある。棚積やバラ積み材積は「実材積＋すき間容積」で与えられる。

木質バイオマスの取引や加工・利用の現場では実材積を基準とするため、棚積材積から実材積を求めるために、前者に含まれる後者の割合を示す「実積係数」（実材積＝実積係数×棚積材積）が用いられる。この係数は樹種、木材の寸法・形状、積み方などによって変化し、径3～30cm、長さ60cmの薪炭材に対し0.55～0.78の値が報告されている。また国有林ではチップ用の2m長低質丸太などに対して一律の0.625が、地方によっては針葉樹0.508、広葉樹0.442が用いられている。

他方オーストリアでは、実材積1m^3に相当する小径丸太、薪あるいはチップなどを棚積あるいはバラ積みした時の棚積材積およびバラ積み材積m^3を「材積換算係数」（実積係数の逆数）とし、各事例について単一の係数値を与えたものを木質燃料製造規格（Austrian standards ÖNORM M7132 and 7133）に付表として公表している。実際の取引もこれに従って行なわれているようである。

このような試みは木質バイオマス利用の取組を簡素化する上で重要だが、わが国ではまだその例をみることはできない。そこでこれまで報告書などに単発的に散見された実証資料を収集し、わが国の実情に即した材積換算係数表を試案として表2-10にまとめた。ここで、薪やチップについての実測例はかなり収集できたが、低質丸太の係数値は国有林からの一例（商取引用数値）のみで、さらに多くの事例を収集して実用に耐える妥当な係数にする必要がある。

②木質バイオマスの重量/材積換算係数

木質燃料は重量で取引されることも多い。重量測定は材積測定よりも簡単でしかも正確に測れるため、燃料用やパルプ用低質丸太に対してはごく普通に実施されている。しかし、含水率変化に対して敏感に反応するため、重量から材積への換算には通常煩わしい含水率測定が不可欠となる。

ただ伐倒直後の生材丸太は、含水率が高く乾燥速度が遅いために重量変化が少ないため、重量当たりの材積m^3/トン（以後、重量/材積換算係数と呼ぶ）が分かれば重量から簡単に材積を計算することができる。

表2-11は生材の重量/材積換算係数である。キリを除くと樹種による差異は少なく、針葉樹およ

表2-10　各種木質燃料の材積換算係数（試案）

区　分	丸　太（実材積m^3）	2m長低質丸太（棚積（椪積み）材積m^3）		割薪（30cm長）（棚積材積m^3）	木質チップ（バラ積み材積m^3）
		針葉樹	広葉樹		
丸太（実材積1m^3）	1	1.90[1]	2.20[1]	2.0（1.4～2.2）[2]	2.8（2.6～3.0）[2]
2m長低質丸太（棚積1m^3）　針葉樹	0.53	1	—	1.06	1.48
2m長低質丸太（棚積1m^3）　広葉樹	0.45	—	1	0.9	1.26
30cm長割丸太（棚積1m^3）	0.5	0.95	1.1	1	1.4
木質チップ（バラ積み材積1m^3）	0.35	0.67	0.77	0.7	1

注　1）国有林よりの聞き取り調査、2）既往の各種実測報告値からのまとめ

表2-11　生材丸太の重量/材積換算係数

樹　種 （針葉樹）	重量/材積 換算係数 （m^3/トン）	樹　種 （広葉樹）	重量/材積 換算係数 （m^3/トン）
ス　ギ	1.1	ナ　ラ	1.0
アカマツ	1.1	カ　バ	1.0
ヒノキ	1.0	セ　ン	1.2
サワラ	1.3	タ　モ	1.1
ヒ　バ	1.0	ブ　ナ	0.9
モ　ミ	1.0	ク　リ	1.0
ツ　ガ	1.0	シ　ナ	1.2
ヒメコマツ	1.3	ケヤキ	0.9
トドマツ	1.2	キ　リ	1.8
エゾマツ	1.4	シラカシ	0.9
平　均	1.1	平　均	1.1

注　梅田ほか2名：標準功程表と立木評価、日本林業調査会、p.49、1982

表2-12　針葉樹生材低質材の重量/材積換算係数

樹　種	重量/材積換算係数 （m^3/トン）
アカマツ（40年生）	1.15
カラマツ（50年生） カラマツ（45年生）	1.23 1.26
スギ（37年生） スギ（26年生） スギ（18年生） スギ スギ・ヒノキ込み	1.18 1.06 1.17 1.19 1.23 1.35 1.01
スギ・アカマツ	1.21 1.23
スギ・カラマツ・アカマツ	1.35 1.15
平　均	1.20

び広葉樹とも1.1m^3/トン近くの値を採っている。これらは製材用素材を対象にしたものと考えられるが、それよりも形質の劣る燃料用やパルプ用の針葉樹皮付き丸太について、最近報告されたものをまとめたのが表2-12である、樹種、林齢さらには樹種込みの如何を問わずいずれも1.2m^3/トン近くの値を示している。

以上から、針葉樹生材丸太の重量/材積換算係数は1.2m^3/トンで代表できること、および広葉樹についても1.1m^3/トンでほぼ代表できると思われる。

③各含水率での主要樹種の密度

木材の密度は、木質燃料の取り扱いや熱量評価において重要な要素となるが、全乾および気乾密度以外はほとんど知られていない。とくに木質燃料を取り扱う場合には、生材から乾燥途上での密度を必要とすることが多い。

木材の密度は各含水率での重量と体積から計算できる。重量は含水率変化に比例して増減する。一方、体積は、生材から繊維飽和点（M＝23%、U＝28%）までは水分が減少しても変化せず、それ以下になると細胞壁中の結合水が失われ、離脱水分とほぼ同じ容積だけ収縮する。これらの関係と実験的根拠を利用して、各全乾密度レベルでの含水率と密度との関係を求めたのが表2-13である。

（沢辺　攻）

2 木質燃料をエネルギーに変える

（1）バイオマスはどのようなエネルギーに変わるか

①木質バイオマスのエネルギー変換プロセス

バイオマスは、数ある再生可能なエネルギー源のなかでも石炭、石油、天然ガスなどの化石燃料に最も近いエネルギー源である。端的に言えば、化石燃料にできることは何でもできる。石炭や石油も元をただせば、大昔に生きていた生物の遺体であり、死んで間もない生物の遺体であるバイオマスと共通点が多いのは当然かもしれない。

再生可能エネルギー源として脚光を浴びているのは風力や太陽光だが、これによって生み出されるのは現在のところ電力だけである。水力や地熱、

表2-13　各含水率での木材の密度

含水率U（%）	水分M（%）	対応する樹種					
		スギ ネズコ	トド・エゾマツ モミ ヒノキ ヒバ ヒメコマツ ヤチダモ[1)]	カラマツ ツガ ホオノキ[1)] カツラ[1)]	イチイ アカマツ クロマツ セン[1)] オニグルミ[1)] ヤチダモ[1)]	ハルニレ[1)] イタヤカエデ[1)] ブナ[1)] マカンバ[1)]	ミズナラ[1)] ケヤキ[1)] ミズメ[1)]
		全乾密度					
		0.35	0.40	0.45	0.50	0.60	0.65
		木材1m^{3}当たりの重量（容積重）（kg/m^3）					
0	0	350	400	450	500	550	600
15	13	390	440	490	540	640	690
25	20	410	460	510	570	670	710
43	30	460	510	570	630	730	790
67	40	530	600	670	730	860	920
100	50	640	720	800	880	1,030	1,100
150	60	800	900	1,000	1,100	1,280	1,370

注　1）広葉樹
　　M＝13%は気乾状態

潮力、太陽熱にしても、高温の熱や輸送用の液体燃料までは生産できない。それができるのはバイオマスだけであり、バイオマスの際立った特徴がここにある。

木質バイオマスを例にとって、エネルギー変換のプロセスを追ってみよう。模式的に描くと図2-5のようになるだろう。さまざまな給源から出てくる多種多様な形質のバイオマスは、切断、破砕、成型化などの前処理を経てエネルギー変換プロセスに投入される。これには直接燃焼、熱化学的変換、および生化学的変換の3つのコースがあるが、最終的には熱、電気、輸送用燃料のいずれかに行き着く。ただし終着に行くまでの経路はかなり錯綜していて、バイオマスの種類や形質ごとにコースが決まっているわけではない。この点について若干の説明を加えておこう。

②木質燃料の多様な供給源

日本を含む世界の先進工業国で現在、エネルギー生産に向けられるバイオマスの多くは、農林産物の生産、加工、消費の過程で発生する副産物や残滓である。木質系のバイオマスの場合も、木材生産や木材加工で発生する残材や木屑類と、建築解体材などのリサイクル材が主たる給源になっている。かつての薪炭材生産は、最初からエネルギー生産を目的として造成された萌芽仕立ての広葉樹林から伐り出されていたが、近年ではこのようなケースは少なくなっている。

しかし、バイオマスのエネルギー利用が増加するにつれて、林業・林産業の副産物や残滓だけでは足らなくなった。現にある森林が、通常の伐採量を超えて成長しているのであれば、その余剰分をエネルギー利用に回してもよいのではないか、という考え方が出てきた。それが、Ⅰ章でも触れた「補間伐採」（p.13）である。ただこの場合も、やみくもに伐るというわけではない。手入れの遅れた人工林の除間伐、伸び放題になっている天然生林の整理伐、景観維持のための伐り透かしのような形で伐採量を増やすことになろう。木材生産の保続が保証されるなら、広葉樹の薪炭林施業も当然あり得る。

木質バイオマスの供給をさらに増やすには、廃棄農地や条件に恵まれた一部の森林に成長の速いエネルギー樹種（ヤナギやポプラなど）を植え付けて、短い伐期でまわしていくことになる。燃料の調達コストはかなり高くなるだろう。調達コストで言えば、リサイクル材、工場残材、林地残材、補間伐採、エネルギー植林の順で高くなるのが普通であり、どこまで利用できるかは、熱や電気、輸送用燃料の販売価格に左右される。

③前処理による形質の均一化

エネルギー利用に向けられる木質バイオマスの主流は、工場残廃材や解体材であり、森林から出てくるものでも小径丸太や枝条、樹皮などである。いずれにしても形質のバラツキが大きく、一定の前処理を加えて、形質を整えないとエネルギー変換装置に入れられない。

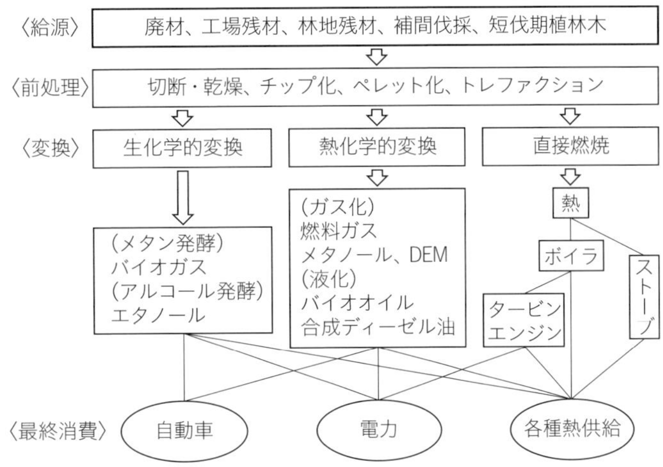

図2-5　木質バイオマスのエネルギー変換経路

〈薪〉

昔から行なわれていたのは薪の直接燃焼だが、この場合でも丸太を一定の長さに切り揃えて「割り」を入れ、一定期間自然に乾燥させるという前処理があった。これだけの処理がしてあれば、今日の先端的な薪ストーブや薪ボイラで燃やしても80%近い熱効率が十分得られるだろう。木材はそれ自体がきわめて優れた燃料なのである。

ただ薪の場合は人手で燃料を補給しなければならない。長めの薪を何本かまとめて入れておけるボイラも出ているが、それでも最低限1日に1回は薪を補給しなければならない。

〈チップ〉

エネルギー変換装置を長時間日夜連続して動かすには、燃料の自動補給が不可欠である。そこで木質燃料のチップ化が登場した。雑多な形のバイオマスを長さ数センチのチップに切り刻めば、ベルトコンベアやスクリューでボイラなどの燃焼機器に自動的に送り込める。燃料を小片化することで、ボイラでの火付きがよくなり、反応面積も大きくなって燃焼条件が一段と改善される。

しかし、チップの難点は形状や水分にバラツキがあることである。チップの中に長いものや絡みやすいものが含まれていると、燃料の搬送がスムーズにできなくなる。また水分の多い燃料を燃やすと、水分の蒸発にエネルギーを取られたり、不完全燃焼が起こったりして有効な熱への変換効率がその分引き下げられてしまう。

〈ペレット〉

木質チップのこうした欠点はペレットの登場で大幅に改められた。これは木材を細かく粉砕して乾燥・圧縮し、直径6～10mm、長さ10～40mmの円筒形に成型したもので、水分は10%以下に抑えられている。これくらいの大きさで揃えられていれば、家庭用の小型のボイラやストーブで燃やす場合も、自動補給ができ細かい温度調節も可能になる。小規模燃焼には最適の燃料だ。ところが近年は、このペレットが石炭火力発電所でも大量に使われるようになった。微粉炭ミルに石炭と一緒に投入することができ、追加的な設備費がごくわずかで済むからである。またバイオマスが圧縮・成型されたことで、燃料としてのエネルギー密度が高まり、遠くから運んできても引き合うようになった。

〈トレファクション〉

最近注目されているのがトレファクションである。これは常圧・無酸素のもと280～300℃の温度範囲で行なわれる熱化学的処理の一つで、ペレット以上にエネルギー密度が高くなり、水分も5%以下になる。屋外で野積みしておいても、吸湿は起こらないし、腐敗もしない。生物燃料の域を脱して石炭に近づいたともいえる。またどんな種類のバイオマスでも、いったんトレファクションをかけると、物理的・化学的な特性があまり違わない燃料に変化する。これは雑多な低質バイオマスの均一化にとってきわめて重要なことである。

もちろんペレット化やトレファクションにはそれなりのコストがかかる。その一方で、燃料としての質が改善され、運賃負担力が大きくなるというメリットがある。均一な燃料の大量処理で変換効率が大きく引き上げられる大型装置であれば、ペレット化や、さらにはトレファクションまでやっても引き合うかもしれない。

④多様なエネルギー変換経路

バイオマスのエネルギー変換技術は非常に多様である。完全に商用化されている技術や方式はそれほど多くないが、実証段階のものや研究開発の途上にあるものも含めるとかなりの数になるであろう。

図2-5に例示した直接燃焼というのは、前処理されたバイオマスをストーブやボイラでそのまま燃やして熱をとるやり方である。熱の仕向け先は冷暖房や給湯などの民生用であったり、あるいはプロセス蒸気などの産業用であったりする。バイオマスによる発電も現在のところ直接燃焼方式が主流である。比較的出力の大きいボイラでバイオマスを直接燃焼させて高温高圧の蒸気をつくり、蒸気タービンや蒸気エンジンにつなげて発電する。発電と同時にその排熱も有効に利用するケースも増えてきた。石炭火力でのバイオマス混焼も直接燃焼発電の一つである。

現在のところ、木質系バイオマスのエネルギー利用と言えば、おおむね直接燃焼による熱生産と発電に限られている。本書で取り上げているのもこの変換経路だけだが、もっと長い目で見ると熱化学的な変換や生化学的な変換が重要になる可能性がある。

この2つの変換方式のいずれでもバイオマスを気体状、液体状の燃料に変えることができ、用途がまた一段と広がってくる。図2-5に例示されているのは、燃料ガスや合成ディーゼル油、エタノールなど代表的なものに限られているが、これらの気体状、液体状の燃料は、固形燃料に比べてずっと均質で扱いやすく、各種の熱供給や発電はもとより、航空機や船舶、自動車を動かす燃料にもなり得る。水力や風力、太陽光発電など数ある自然エネルギーの中でこうした領域までカバーできるのはバイオマスだけである。

期待される新しい変換技術のうち、実用化の域に近づいているのは一部だけで、多くはまだ化石燃料と太刀打ちできる段階には至っていない。ただ熱帯・亜熱帯でエネルギー植林が拡大し、均質なバイオマスが量産されるようになれば、状況が大きく変わる可能性もある。

（2）木質燃料の燃焼

①木が燃えるプロセス

直接燃焼という変換方式で何よりも重要なのは、木のような固形バイオマスを上手に燃やして、木の持っている化学エネルギーを最大限に引き出すことである。これは一見単純なことのようにみえるが、実際にはかなり難しい。木が燃えるという現象自体が、一連の複雑な熱化学的変換から成り立っているからである。

固形燃料の燃焼は、一般に6つの局面に分けられる[注1]。①加温、②乾燥、③熱分解、④燃料のガス化、⑤固定炭素の燃焼、⑥燃焼ガスの酸化がそれである。以下各項目について簡単に説明しよう。なお、木材の燃焼プロセスと温度との関係は図2-6に示されている。

［1］燃料の加温（100℃以下）

燃焼のスタートは常温で貯蔵されていた固形燃料を温めること。

↓

［2］燃料の乾燥（100～150℃）

100℃以上の熱が加わると燃料に付着ないし

含まれていた水分が水蒸気として蒸発。

↓

［3］木材成分の熱分解（150～230℃）

150℃前後で熱分解が始まり、長鎖化合物は短鎖化合物に分解される。この結果出てくるのは液体状のタール化合物とガス状の一酸化炭素やその他の炭化水素。熱分解のプロセスは酸素なしで進む。この局面までは吸熱反応で、熱を外から加えねばならない。

↓

［4］燃料のガス化（230～500℃）

木質燃料の引火点は約230℃で、300～400℃で発火し、ここからは自らの熱で進展する発熱反応になるが、一次空気として供給される酸素の助けをかりて、液体状のタールやガス状の炭化水素が分解されていく。

↓

［5］固定炭素のガス化（500～700℃）

この局面では、二酸化炭素、水蒸気、酸素の存在下で、可燃性の一酸化炭素が生成される。固定炭素のガス化は発熱反応で、光線や熱線を発して炎をつくる。

↓

［6］可燃ガスの酸化（700～約1,400℃）

以上のプロセスから出てくるすべての可燃ガスが酸化され、固形燃料の燃焼は完了する。クリーンで完全な燃焼を実現するには二次空気の供給が欠かせない。

上記の例は、いわばストーブに数本の薪を入れて火を付け、燃え尽きるまでの1回限りのものだが、実際には連続して燃料が投入され、燃焼が継続する。毎回人為的に着火する必要はない。それというのも吸熱反応と発熱反応がうまくバランスしているからである。

②クリーンで完全な燃焼を実現するためには

二段階燃焼

理想的には木質バイオマスに含まれている炭素がすべて酸化されてCO_2に変わることである。しかし現実には不完全燃焼になって、COのような

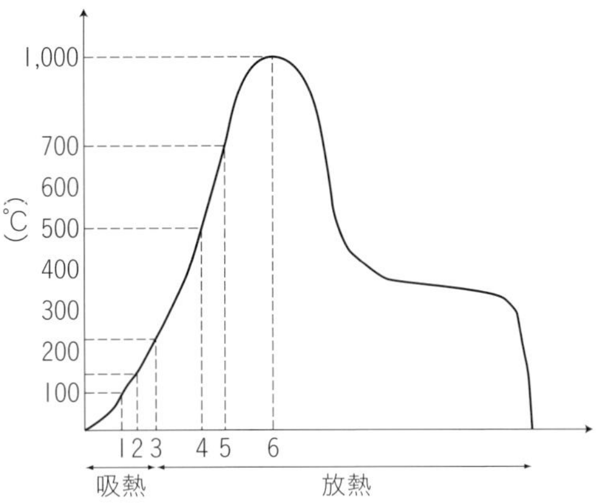

図2-6　木材の燃焼局面と温度

出典：Planning and Installing Bioenergy Systems, James & James, 2005

中間生成物がそのまま排出されることが珍しくない。それは次のような場合である。

1）燃焼室で燃料と燃焼空気とが十分に混じり合っていない。

2）燃焼に必要な空気が全般に不足している。

3）燃焼温度が低すぎる。

4）燃焼室での燃料の残留時間が短すぎて酸素との反応が不十分になる。

この4つの問題を同時に解決するのは、決して容易なことではないが、長年にわたる試験の繰り返しと試行錯誤を経て、バイオマス燃焼の技術は着実に改善されてきた。新しい技術の軸になっているのが、以下に説明する二段階燃焼の概念である。

前節で述べたように、木質燃料の場合は揮発性物質が可燃成分の80％前後を占め、固定炭素は石炭などに比べると著しく少ない。そのため不用意な燃やし方をすると、ガス局面の燃焼反応が起こる前に、この揮発成分が飛散してしまう可能性がある。そこで燃焼を二段階に分ける方式が考案された。

在来型の燃焼機器は、火床での反応、つまり「一次燃焼ゾーン」だけに限られていた（図2-7）。ここではまず燃焼室内の熱で燃料が乾燥し、次いで揮発成分の離脱があって、最後に固形物の火床で

の燃焼が起こる。揮発分の離脱と固定炭素の燃焼を促進すべく一次空気が送られる。問題はここから出てくる揮発性ガスと固形物の燃焼ガスをどう処理するかである。二段階燃焼の発想は、新しい燃焼室つまり「二次燃焼ゾーン」を設けて、ここに二次空気を送り込み、一次燃焼ゾーンから出てきたガスをまとめて燃やすというものである。

この方式を取り入れることによってバイオマス燃焼機器のエネルギー効率は大幅に上昇した。次に、その一端を見ておこう。

③最新技術の性能評価

オーストリアの民間団体から「木質暖房技術の現状」という、興味深い報告書が公表されている(注2)。これは、オーストリアとドイツ、それに北欧諸国で実用に供されている燃焼機器の性能を詳しく調査したもので、対象となった製品数は薪ストーブ51、ペレットストーブ79、薪ボイラ279、ペレットボイラ433、木質チップボイラ213などである。

表2-14はこの種類ごとに最高位にある製品と上から数えて25%のところにある製品の数値を併記したものである。これによって「トップランナー」のエネルギー変換効率（高位発熱量ベース）と一酸化炭素（CO）の排出量を知ることができる。原表ではそれぞれ出力規模別の数字が出ているが、規模による性能の差異が比較的小さいので、その単純平均をとった。

変換効率というのは木質燃料の持っている化学エネルギーのうち何%が暖房用の熱に換えられたかを示す指標だが、ペレットストーブとペレットボイラのトップランナーは85%を超えているとみてよいであろう。薪ボイラとチップボイラがおおむね80%台で、薪ストーブだけが80%に届いていない。

他方、COの排出量は燃焼の質を示す指標で、燃料が完全に燃えていればCOは出てこない。COの排出が少ないと、ガス性の有機物や有機性の浮遊粒子の排出も少なくなる。薪ストーブでCOの排出が多くなるのは、燃料を入れ替えるたびに点火と消火が繰り返されるからであろう。ペレットストーブにも若干その傾向がある。これがボイラになると、薪、ペレット、チップの如何を問わずCOの排出が格段に下がってくる。

いずれにしても欧州の先端的な木質暖房装置は、世界的にみて極めて高いレベルに達している。EUには統一したボイラの基準があって、効率やエミッションについて一定水準の確保を求めているが、今述べたトップランナーの性能はいずれもこの基準を優にクリアしており、とくにCOは桁違いに低いと言ってよい。

(3) 木質焚きストーブとボイラの仕組み

木質燃料の代表的なものは、薪とペレットとチップである。この3つの燃料は形状に大きな差があり、燃焼の原理自体は共通していても、燃焼機器の構造にはかなりはっきりした違いがある。

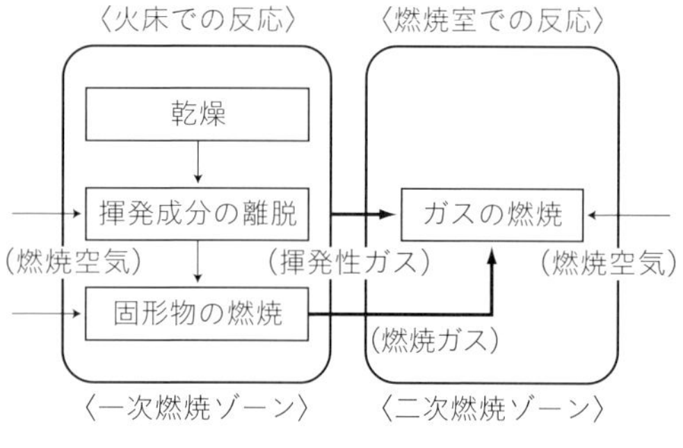

図2-7　バイオマスの二段階燃焼

表2-14　木質焚き暖房装置の性能評価（欧州におけるトップランナーの熱効率と一酸化炭素排出量）

燃焼機器	熱効率（GCVでの%）		CO排出量（mg/m^3）	
	最上位	上位1/4	最上位	上位1/4
薪ストーブ	76	71	776	1,380
ペレットストーブ	88	87	114	235
薪ボイラ	84	82	37	50
ペレットボイラ	88	86	3	71
チップボイラ	86	76	8	79

注　調査の方法などについては本文を参照のこと。また出力規模別の数値は、熊崎実『木質エネルギービジネスの展望』p.162-164に掲載されている

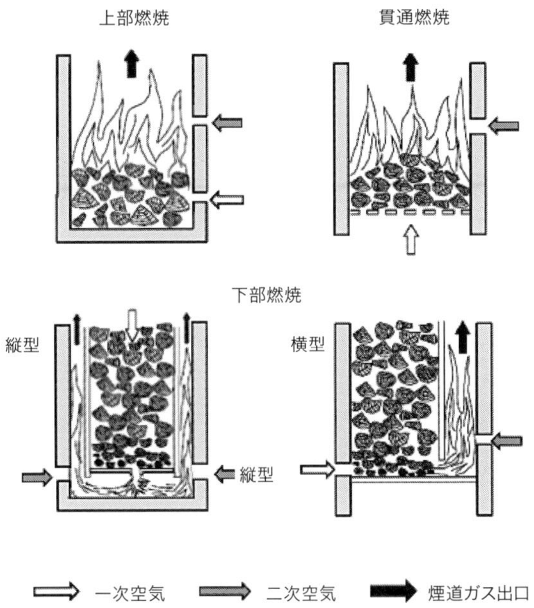

図2-8　薪の燃焼方式

①薪の燃焼装置

薪やブリケットの燃焼では、一般に人間の手で燃料が補給される。このタイプの装置では、一次空気の流れ方で区別される3種類の燃やし方がある。図2-8の貫通燃焼、上部燃焼、下部燃焼がそれである。貫通燃焼のシステムでは一次空気が火格子（ストーカ）を通って下から燃焼室に入り、薪はバッチの底で点火されて燃えていく。燃焼速度が速く、薪を少量ずつ頻繁に補給する必要がある。

上部燃焼システムの場合は、燃焼ゾーンの横から一次空気が入り、上部または中央部で薪が着火する。そのため貫通燃焼システムに比べて燃焼反応は緩慢になるが、燃焼のプロセスが間断的なので、小ないし中規模のバッチ燃焼に向いている。貫通燃焼と上部燃焼は自然の通気だけでよく、通風のための補助装置は要らない。

薪の燃焼技術として最近開発されたのが下部燃焼システム（薪ボイラ）である。燃料への点火はバッチの底部で起こり、燃焼ガスは下向きまたは横向きに流れ、連続して燃焼できるようになっている。連続燃焼に加えて、一次と二次の燃焼ゾーンが分離しているために、環境汚染物質の排出が少ない。ただし燃焼を良くするには送風用のファンが必要になる。

以上の3つの方式にもさまざまなバリエーションがある。図2-9は最新式の触媒付きの薪ストーブで、構造的には上部燃焼システムである。しかし一次燃焼ゾーンと二次燃焼ゾーンがはっきりと分かれ、おまけに火室から上がってくる未燃焼ガスは触媒を通って二次燃焼ゾーンに入るようになっている。わざわざ触媒の間を通過させるのは、これによってガスの燃焼温度を大きく引き下げることができるからである。つまり550℃以上でないと燃えない未燃焼ガスを260℃程度の低温でも燃やせるようになり、よりクリーンな完全燃焼が実現する（詳しくは「薪ストーブ」の項（p.95）を参照のこと）。

②ペレットの小規模燃焼装置

ペレット燃焼システムの最大の特徴は自動制御による連続運転が可能なことである。燃料は貯蔵タンクからスクリューなどで燃焼室に自動的に運ばれるが、その供給速度の調整を通して燃焼がコントロールできる仕組みになっている。燃焼空気の送り込みには送風機が使われていて、風量も自動的に調整される。

ペレットを燃やすバーナには、上込め、下込め、横込めの3つのタイプがある（図2-10）。市販さ

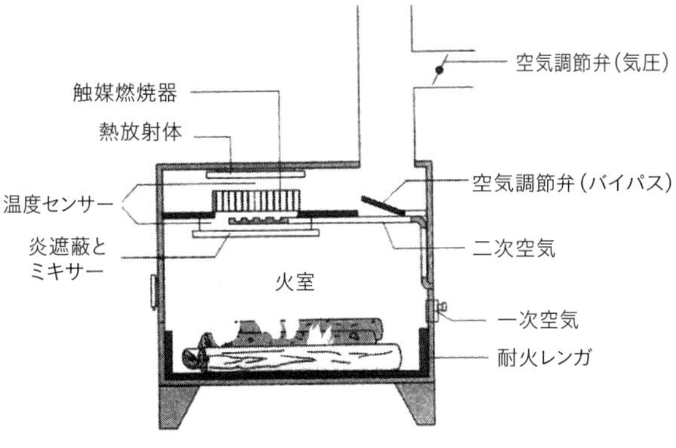

図2-9　触媒付き薪ストーブの構造
出典：The Handbook of Biomass Combustion & Co-firing, Earthscan, 2008

れているペレットボイラはこのうちのいずれかの方式を採用しているが、それぞれに一長一短がある。上込め型のボイラは燃料補給が正確で、熱需要の小さいケースやオン・オフの運転に適している。ただしペレットの品質が悪いとスラッグが出たりする。下込めタイプのボイラは熱需要の大きい場合にも使え、上込めのバーナに比べると低品質のペレットにもある程度対応できるとされている。

ペレットストーブの場合は上込めまたは下込めが一般的である。もともと上込めバーナは小型のペレット燃焼を念頭において特別に開発されたもので、興味深い特徴を持っている。典型的な上込め型のストーブ（図2-11）を例にして説明しよう。

燃料タンクからはペレットがスクリューで持ち上げられ、火格子（ひごうし）に落ちるようになっているが、この落下量は熱需要に応じて正確にコントロールされるようになっている。また、燃料の補給システムと火床が完全に分離しているため、火が燃料庫に逆流する心配がない。着火は自動になっていてグロープラグが使われる。一次空

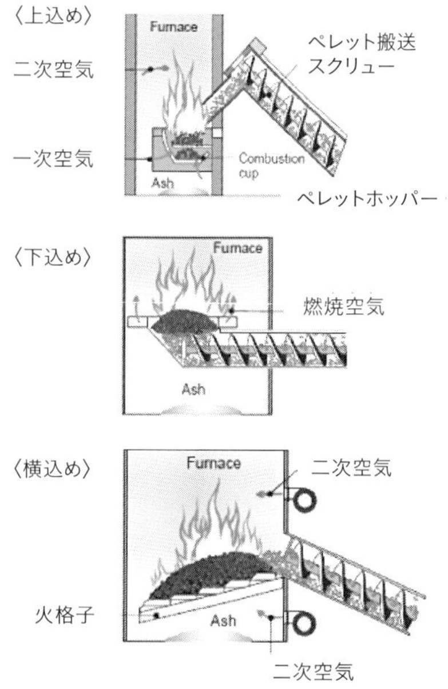

図2-10　ペレットの燃焼方式

Furnace：炉、Ash：灰、Combustion cup：燃焼カップ

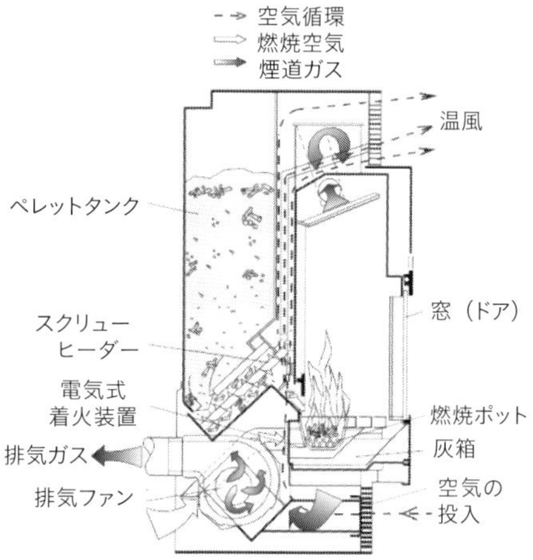

図2-11　上込め型ペレットストーブの構造

気、二次空気は騒音の少ない送風機で制御。最新の型式ではCOセンサーで燃焼の質がコントロールされていて、最適な空気供給が常時確保できるようになっている。

③チップの燃焼装置

木質チップは一般にボイラで燃やされ、ペレットと同様に自動制御による連続運転が原則である。出力規模で言えば、十数kWの小型のものから、数万kWまでの大型ボイラまで、出力のレンジはきわめて広い。また燃焼方式も中小規模燃焼で一般的な固定床方式、大規模燃焼向きの流動床方式、石炭火力で一般的な噴流床方式など非常に多彩だが、こうした全般的な話は後述の発電の項（p.147参照）で触れることにして、ここでは固定床方式に焦点を当てることにする。

固定床燃焼の代表的なものが火格子燃焼である。これは火格子上に置かれた木質チップを少しずつ移動させながら順々に燃やしていくやり方である。火格子上で一次燃焼、その上部空間で二次燃焼が起こる。火格子の種類には固定式、移動式、可動式、回転式、振動式などがあり、燃料の特性を勘案して選択する。

火格子燃焼のプラントは、燃料と煙道ガスの流れる方向に対応して次の3種に分けられる（図2-12）。

・並流（火炎が燃料と同じ方向に流れる）

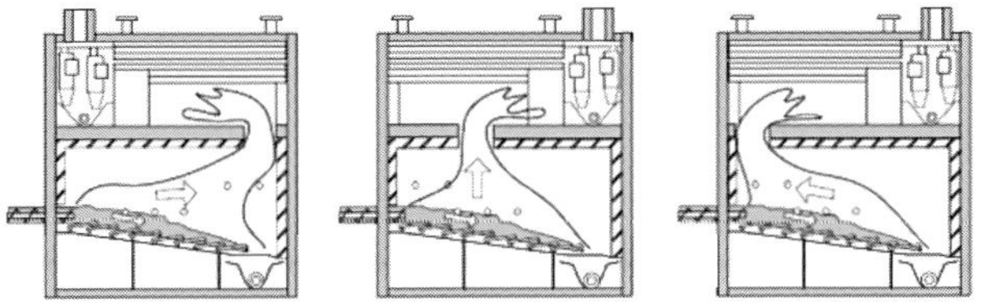

(a) 並流　(b) 交差流　(c) 対向流

図2-12　火格子燃焼ボイラの燃焼方式
出典：The Handbook of Biomass Combustion & Co-firing, Earthscan, 2008

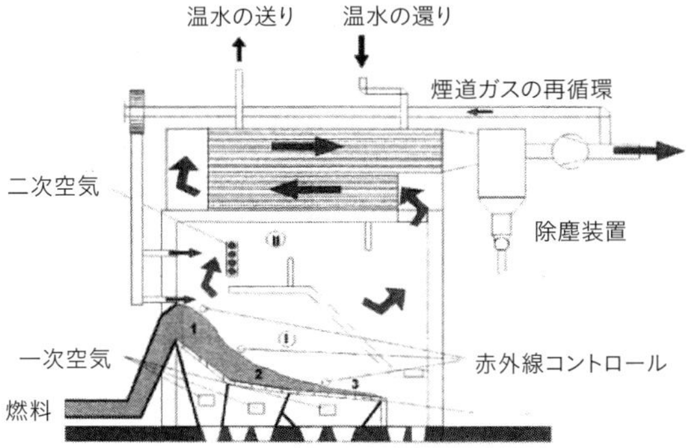

Ⅰ：一次燃焼室、Ⅱ：二次燃焼室
1：乾燥、2：ガス化、3：チャー（木炭、固定炭素）の燃焼

図2-13　赤外線コントロールシステムを備えた固定床（可動火格子）ボイラの一例
出典：The Handbook of Biomass Combustion & Co-firing, Earthscan, 2008

・交差流（煙道ガスが炉の中央で出ていく）
・対向流（火炎が燃料と反対方向に流れる）

対向流燃焼は発熱量の低い燃料（湿ったバーク、チップ、おが屑）に最も適している。並流燃焼は廃材やストローのような乾いた燃料、あるいは余熱した一次空気が使われるシステム向きである。交差流システムは並流と対向流ユニットを組み合わせたもので、垂直方向の二次燃焼室を備えたプラントに有効とされている。

図2-13は赤外線コントロールのシステムを備えた可動火格子炉の一例である。装置の左下から火格子上に押し出された燃料は右下に向かって動いていくが、乾燥、ガス化、固定炭素の燃焼という3つの段階を通過する。一次空気は火格子の下から各フェーズごとに送風機で送り込まれ、それぞれのフェーズに赤外線モニターがある。火格子の上の空間に二次燃焼室があって、横から送り込まれる二次空気で未燃ガスが燃焼する。

（熊崎　実）

注

1）ECOFYS. 2008. Planning and Installing Bioenergy Systems. Earthscan.
2）BIOENERGY2020 + GMBH. 2010. European wood-heating technology survey. New York State Energy and Development Authority, Report 10-01.

III

森林バイオマスの収穫と搬出

1 森林バイオマスの搬出方法

森林から森林バイオマス原料となる低質材や枝条を安全かつ経済的に搬出するには、自然条件や経営条件に適した技術が要求される。ここでは、森林組合や専門の搬出業者を前提とした事業レベルと、自家労働を主体とする自伐林家・兼業林家に分けて搬出方法を整理、概観することにする。

(1) 事業としての搬出

①事業レベルでの搬出に必要なこと

ここでは、まず森林組合や専門の搬出業者による事業レベルを念頭においた森林バイオマス収穫の考え方を述べることにする。

元来、燃料や製紙原料、堆肥資材などとしてしか用途のない低質で価格も安く、しかもまとまって集中的に量を確保することが困難な森林バイオマスの収集作業を事業化して、エネルギービジネスとして育成していくためには、既存の機械やシステムにとらわれない技術革新がつねに必要である。間に合わせの機械では、建築廃材などにコスト面で太刀打ちできない。森林バイオマスに特化した新たな専用機械の開発と合理的で効率的な収穫・集荷システムの構築と技術革新が必要である。

機械化によって森林バイオマスの収集を事業展開していこうとするならば、それなりの資本装備をしてあらたな専門の事業体なり作業班を育成していかなければならない。その場合、枝条がついたまま伐倒木を集材する全木集材（ぜんぼくしゅうざい）方式を導入し、土場や林道端などでプロセッサやチッパーで集中処理することになる。プロセッサを主体とする場合は、用材生産と並行して端材や低質材をバイオマスなどに有効利用することになる。そうすることで全体の歩留まり（利用率）も向上する。

②プロセッサなどによる用材生産と森林バイオマス収集の併用作業システム

作業機械の特徴と土場など導入の条件

プロセッサ（玉切り・枝払機）やハーベスタ（伐木・玉切り・枝払機）は、林業機械の中でも生産性が最も高い機械である。したがって、木材生産を行なう場合、プロセッサ、ハーベスタを中心に作業システムを組むことになる。

プロセッサの真骨頂は、全木材（ぜんぼくざい）を造材しながら、その場で製品の仕分けと椪（はい）積み（原木を整然と積み重ねること）ができることにある。そのため、プロセッサが全木材をつかんで旋回作業ができ、集材された材の荷下ろしや造材作業を円滑で安全に行ない、製品のストックやトラックへの積み込みを一連の流れとし

図3-1　土　場

スキッダによる全木集材、プロセッサによる造材、チッパー、グラップルローダによる枝条残材のチッピング

て作業をすることができる広さの土場（どば。平らな広場；図3-1）を用意する必要がある。

プロセッサの周囲には大量の枝条残材がたまるので、枝条残材をバイオマス原料として利用する場合には、機械の周囲にたまった枝条残材をストックしたりチップ化作業（チッピング）をする場所、さらにはチップのストックやトラックへの積み込み場所が必要になる。これらの連携作業を行なうためには、グラップルローダなどのサポート体制が必要であり、そのための活動スペースも確保しなければならない。なお、土場には製品の中間処理のほかに、販売先に対するターミナルとしての機能も期待される。これについては2.（3）で後述（p.64）することにする。

プロセッサの能力を高める工夫

プロセッサは、立木1本当たりの処理時間が材の大きさによらず一定であるため、作業能率は木の大きさ（1本当たり材積）に比例し、処理可能な最大径のときに生産性が最も上がる（酒井、2012）。プロセッサで集中処理できる環境にすれば、100～150m^3/日の生産性も可能である。それだけにわずかな要素作業時間のちがいによって作業能率が大きく変動するので、事業レベルでは機械オペレータの技量が極めて重要になる。1日の実働時間や年間稼動率も機械の償却費と生産単価に効いてくる。

土場に配備されたプロセッサの造材能率を確保するためには、プロセッサに待ち時間が発生しないようにして集材能率を上げ、工程間のバランスをとらなければならない。全木集材が実行可能であれば、いろいろな集材機械との組み合わせが容易である。集材方式としては、集材機、タワーヤーダ、スイングヤーダ、ウィンチなどの架線系全木集材か、スキッダ（車輪式のトラクタ。後述の写真3-3、3-4）などの車両系全木集材システムの確立が望まれる。車両系全木集材システムの集材距離が短くなるように土場を奥に配置したり、あらかじめ伐倒して材を乾燥しておいたり、伐倒や集材などの先行作業を済ませておくなどの措置を講じたりする。土場をどこに配置し、どこまでトラッ

写真3-1　玉切り機械（カナダ・ケベック、2005）

クを山の奥にまで追い上げるかが重要になってくる。

なお、道路上を走行しながらプロセッサやハーベスタで作業していく場合には、プロセッサやハーベスタに走行時間が発生するので、本来の造材機能を発揮する時間割合が減少する。また、造材した材しかフォワーダ（運材車両）などで運材できないので、立木に対して利用率（歩留まり）が落ち、とくにバイオマス利用に対しては森林資源を有効利用できなくなる。土場でも、玉材（玉切りされた材）をあらためて選別しなければならない。作業能力が極めて高いプロセッサは、本来はなるべく動かさず、造材に専念できるようにするのが得策である。緩地形でも急地形でも、ハーベスタ、プロセッサがシステムの中心となるようにシステムを組む。

作業システムの流れ

プロセッサをシステムの中心に据える場合の用材生産と森林バイオマス収集作業システムの流れは以下のようになる。

1) チェーンソーまたはフェラーバンチャ（アームの先端にチェーンソーや油圧式鋏などの鋸断（きょだん：のこぎりで切ること）装置を装着した車両系の伐倒機械）による伐倒
2) 林内乾燥
3) 車両系または架線系全木集材（必要があればクラムバンクスキッダなどにより架線の荷下ろし場から土場まで短距離運材）
4) プロセッサによる玉切り

ここまでを従来の素材生産業者が担い、以下の残りの先端材やプロセッサの作業工程で発生した枝条残材は、破砕してプラントに運搬することになる（運搬の主体については、2.（3）で後述、p.64）。バイオマス利用をする場合、材の先端部はプロセッサで枝払いせず、枝のついたままチッパーにかけることになり、ここからは「先端材チッピング→プラント」という流れになる（ただし、プラントが近ければ、先端材をそのままプラントまでトラック輸送することもできる）。

このシステムの長所は、山元で用材生産とバイオマス生産の両方が可能であり、バイオマス原料が用材に付随して収穫され、有利採材が可能となることである。チッピングの工程は素材生産業者が行なってもよいが、用材とチップの搬入先や売り先は別個であり、それぞれの供給量も異なり、地域には複数の現場があること、用材で林業本来の利益をあげ、チップで副収入化をはかることなどを考えれば、チップ化以降はチップ専門業者が担うことが理に適っているといえる。

なお、プロセッサは材が通直な針葉樹に適するが、太い材や曲がりがある材に対しては、カナダの広葉樹林などでは、玉切り機械（写真3-1）が活躍している。スキッダなどで全木集材された材の元口を玉切り機械の鉄の壁に押し付けて、材方向に移動可能な丸鋸で定尺に玉切る。太い材や小径の複数本を一度に処理することが可能であり、パルプ材や薪生産も含むバイオマスプラントまでの短材生産に適する。

③チッパーを中心とする作業システム

このシステムは、初回間伐や2回目間伐などで、プロセッサを導入せずに、集材された全木材をチッパーで直接すべてチップに破砕するというも

写真3-2　ドラム式チッパーによる枝条残材のチッピング（デンマーク、2012）

のである（写真3-2）。このシステムのメリットは間伐材を枝条も含めて減容化（量を減らす）し、バイオマス利用することにある。

なお、森林が50年生くらいになると、元玉が高品質となり、従来では2、3玉が生産されてきたが、丸太生産とチッピングの両方の生産を一つの事業体で同時に行なおうとすると、多種類の機械が必要になるため、しばしば機械費が高額になる。パルプ材の価格が低いと、老齢林でも燃料用にチッピングが行なわれるようになるが、チップ生産により付加価値が増すため、収益は用材生産と同じくらいになる（酒井、2003）。

作業システムの流れは以下のようになる。

1）チェーンソーまたはフェラーバンチャによる伐倒
2）林内乾燥
3）車両系または架線系全木集材
4）全木材チッピング→プラントに輸送

状況に応じて、チッパーは土場にあってもよいし、林道端に集材された材をチッピングしてもよい。地形が平坦であれば、集材工程を経ずに、林内で直接チッピングすることも可能である（2.（1）で後述、p.61）。

このシステムでは、チッパーの事業レベルとしての能率と性能が必要である。人力で悠長にチッパーに短材を投入したりしていては、能率が上がらない。広葉樹や枝がついたままの間伐木の全木材を丸ごとノンストップで処理していくチッパーの導入が必要である（チッパーの性能については2.（1）で後述、p.61）。

このシステムを成功させる条件を挙げると以下のようになる。

1）小型高性能のチッパーの導入（2.（3）で後述、p.64）
2）機械価格を抑える（そのためには動力源の工夫が必要）
3）チッパーの刃の吟味
4）林内乾燥によって水分を少なくする（生材では水を運ぶのと同じになる。工場でも水分を差し引いて検収される）
5）材の向きとチッパーの投入口を揃える
6）チップの輸送システムの確立、チップコンテナなどの活用によるスムーズな受け渡し
7）役割分担の明確化（伐倒、木寄せ（材集め）、用材生産までは素材生産業者、先端材のチッピングはチップ業者、コーディネータとしての土場管理者、チップ輸送はトラック会社など）
8）工程数を最小にするため、林内からプラントまでのハンドリング（チップ化やスクリーニング、移し替え）の回数を最小にする

写真3-3　ブームスキッダ（カナダ、2007）

写真3-4　クラムバンクスキッダ（宮崎県、2011）

④車両系集材システム

林内に散在した枝条残材や先端部、あるいは切り捨てていた低質材を効率よく回収することは不可能であり、プロセッサやチッパーの性能を活かすためには、全木集材が有利である。車両系全木集材システムの機械として、従来のクローラ式トラクタ、ホイール式トラクタ（スキッダ）、ブームスキッダ（写真3-3）、クラムバンクスキッダ（写真3-4）などがある。これらの機械は積載量が多いため、作業能率は良いが、いずれも長材の地引き集材になるため、路網の線形やカーブの取り方を工夫しなければならない。ブームスキッダは、曲線部ではブームを振りながら曲線部を通過することが可能である。

写真3-5　フォワーダによる薪材収集運搬（デンマーク、2003）

地引き集材では、材の先端が路面をこするので、元口吊りにして穂付きにし、枝葉による適度な緩衝効果により、材自体や路面の摩損を防止、緩和する。路上の地引き集材では、ゴム板横断排水施設は集材木によって損傷を受けやすいので、横断排水施設の工夫が必要である。全木集材では、枝条も運搬するので、幹材積のけん引量は少なくなるが、それを補い、残材を発生させないためにも、枝条の有効利用を図っていきたい。

全木集材した材を長材のまま土場やプラントに運ぶことができれば、間伐材でも、製材用材としてまず利用し、その先は剥皮して良質な製紙用チップ、梢端材や枝条は皮付きで燃料チップというように、資源配分を考えながら有利採材をし、元玉から先端材まですべてをお金に換えることができる。製紙用チップや燃料チップなどの利用が定着するようになれば、チップ運搬も考慮にいれた高規格構造の路網体系も構築していかなければならない。

フォワーダは、日本の地形や火山灰性森林土壌では、材を積載して林内走行することはむずかしく、もっぱら作業道上の運材に用いられている。事業レベルでフォワーダで枝条残材を運搬することは、嵩が張るため、よほど大型化するか、ホイール式にして高速走行し、短距離に限定しないと採算がとれない。ある程度の速度で走行するフォワーダは、距離に対する能率の低下は緩慢であるが、積み込みや荷下ろしにおけるグラップル操作の巧拙やグラップル容量によって生産性が大きく変動する。フォワーダは、木寄せの能率が悪いと、作業能率は大きく低下する。フォワーダは汎用性が高いが、事業ベースの場合、フォワーダを介さず、プロセッサ土場まで全木集材し、生産されたバイオマス原料を直接トラックに積み込むことができるようにすることが望ましい。

なお、デンマークなどでは、ブナを家具材として売るよりは、薪材にした方が売値が高いことから、薪材生産に特化して、ハーベスタと組み合わせて短材の収集運搬にフォワーダ（写真3-5）が

写真3-6　タワーヤーダによる架線集材

使われている。ハーベスタも広葉樹に対応できる頑丈な部材構造の機種が使われている。薪やブリケット（チップをレンガ状に固めたもの）などの燃料材はガソリンスタンドなどでも販売されている。

⑤架線系集材システム

架線集材は、原動機、ドラム、架線、搬器、支柱などで構成され、動力を用いて原木を巻き上げたり、空中に吊るして運搬する設備をいう（写真3-6）。材を空中に浮かすことができるので、地形を克服することができ、地表や土壌にも大きなダメージを与えない。また、直線で引き出すので、最短距離で材を手元に引き寄せることができる。

架線集材は、索張りなどの副作業があり、作業の柔軟性に欠けるが、ウィンチ作業にしてもタワーヤーダにしても、林道端や土場に直接全木材を集めることができ、そこでプロセッサやチッパーなどによる造材作業やチップ化作業に連動させることが可能である。ただし、短いサイクルで材が次々と集材されてくるので、グラップルローダやプロセッサなどの補助機械を使って整理し、次の工程との流れを円滑にする必要がある。

架線集材の機械としては、リモコンウィンチ、ウィンチ付グラップルローダ、タワーヤーダ、集材機などがある。2胴ウィンチ付きグラップルローダは、ランニングスカイライン式などの簡易索張りが可能となり、わが国ではスイングヤーダの範疇に属する。

架線集材は、架線の架設時間がかかるため、ある程度の集材距離がないと出材量をかせぐことができないので、それぞれ適切な集材距離がある。リモコンウィンチや単胴グラップルローダは、人力による引き込みが必要なため、労働負担も考慮に入れて30mくらい、スイングヤーダは30～50m、タワーヤーダは150～300m、それ以上は集材機となる。タワーヤーダは、150m以内の短距離集材ならば非常に能率が高い。架線集材は全木集材に適し、車両系集材に比べて燃料消費が少ないことから、バイオマス収穫に適した集材方法としてヨーロッパなどでは見直されはじめている。架線集材を使いこなす技術があれば、初回や2回目間伐における当面の列状間伐や、平地でもこれから材が大きくなってきたときの択伐に重宝する。索の引き込みなどに、軽量な繊維ロープも使用されはじめている。

ヨーロッパでは、農業用トラクタの普及を背景に、トラクタの各種アタッチメントが発達しており、リモコンウィンチもその一つで（写真3-7）、シングルドラムとダブルドラムの大小様々の製品がある。架線集材が可能なようにタワーのアタッチメントもある（図3-2）。

写真3-7　トラクタ装着のリモコンダブルウィンチによる全木集材（北海道鶴居村、2012）

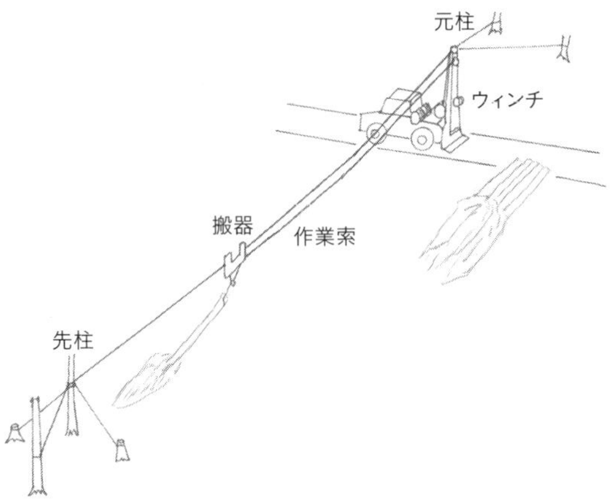

図3-2　タワーアタッチメントによる簡易架線集材
リッター社のカタログをもとに作製

森林作業道を使って林内に入って架線集材する場合は、架線集材で集材された全木材を、積載量が多く、足の速いトラクタやクラムバンクスキッダなどで森林作業道上をプロセッサの待つ土場までまとめて運ぶのが次善策となる（写真3-4）。

なお、架線集材では、林内で玉材にすると、その分材を縛ったりする荷掛けや集材回数が増え、作業能率が落ちるので、できるだけ全幹・全木集材するのが望ましい。架線による地引き全木集材は、傾斜地では材の先端が流れるので、集材方向に注意しなければならない。材が長いと、材の旋回時などに残存木に傷をつけやすいので、保護のあて木をするなどの配慮が必要である。林道に直角に架線集材し、材を林道に平行にするためには、グラップルローダのほかに、地引き集材で材の先端がブロック（ワイヤロープを通す滑車）にあたったときにブロックが自動的に開く自動開閉スナッチブロックがあり、材の方向を変えたりするのに有用である。

（2）自伐林家・兼業林家の森林バイオマス搬出

①自伐林家・兼業林家の木材生産の重要性

事業レベルの森林バイオマス収穫の対極として、自伐林家・兼業林家が自家労働で本来の業務や作業のついでに片手間に行なうバイオマス搬出がある。例えば、兼業林家が休日などにウィンチなどにより道路端に出しておいた燃料材をチップ専用業者が回収していくシステムや、自家消費したり、バイオマスプラントに自力で運ぶ場合が考えられる。

ここで自伐林家という用語は、「自分で伐採し、人力や簡易な機械を用いて自家労働で搬出することができる林家」を指すことにする。この自伐林家には、専業林家の専業型と、農業や給与所得などの主な経済基盤があって、所有山林の間伐などをしながら、副業として林業生産活動を行なっている兼業型があり、林業の経営方針や経営形態は多様である。

自伐林家の強みとして、家族労働で人件費を計上していない分、燃料費などはかかるが、コストを重視しなくてもよく、自分で伐って出した分は自分の収入になる。定収はなくても、臨時収入が醍醐味となる。自家の森林資源を背景に、価格よりも品質を重視した製品や価格主導権を持てる製品づくりが可能であり、自ら経営判断できる面白さがある。所有山林は、農業用資材や自家用燃料生産にも利用し、パルプ材で売れば二束三文の材も、薪や木工用、家具材として付加価値を付けることができる。

②自伐林家の森林バイオマス搬出作業

自伐林家の技術として、まず1人で作業ができ、なおかつ安全で楽にできることが必要である。自伐林家の場合、例えば、伐採して玉切りしておき、後日、空いた時間に小型機械で搬出することができる。その間に材も乾燥して軽くなっている。山仕事の通勤をトラックで行ない、運材工程をあらたに起こさなくても、枝打ちなどの帰りに玉材をトラックの荷台に載せて持ち帰るなど、いろいろな作業と組み合わせながら工夫することができ、日々の積み重ねで土場に材木が貯まる。

機械システムについては、大型機械でなくても、個人で扱いやすい小型リモコンウィンチやゴムクローラフォワーダ（図3-3）、リモコンウィンチ付グラップルローダでも十分である。間伐材のような細い長材の木寄せにウィンチシステムは有効である。まずは、ウィンチで木寄せする安全技術を

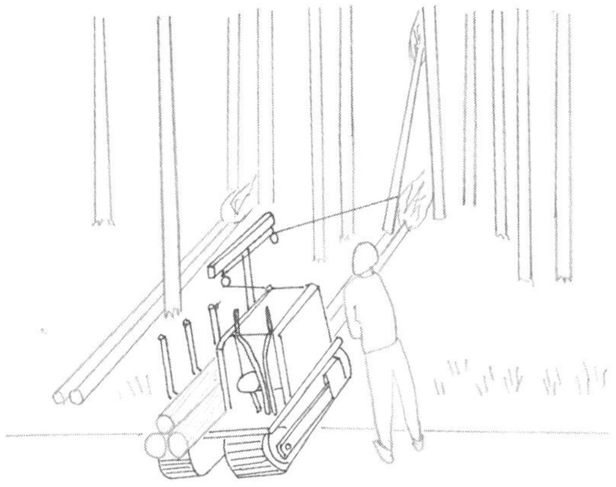

図3-3　小型ゴムクローラフォワーダと付属ウィンチによる、かかり木処理と全木集材

マスターし、チェーンソーで玉切りしてグラップルで軽トラックや2トントラックの荷台に積載するシステムを作る。

チップ材自伐システムの例は次の通りである。

1）チェーンソー伐倒
2）林内乾燥
3）ウィンチによる全木集材
4）チェーンソー造材、チップ材はチップ専門業者に販売

薪などの燃料材自伐システムは次のような手順が考えられる。

1）チェーンソー伐倒
2）林内乾燥
3）ウィンチ全木集材
4）チェーンソー造材、工場まで自搬

ヨーロッパでは、チップや薪、端材などのバイオマス専用の自家用の小型トレーラ（写真3-8）も普及しはじめており、小型トラックやトラクタなどでけん引すれば、フォワーダの機能を果たす。薪や端材を一度に下ろすために、リフトアップ機能がついているものもある。

薪割り機も家庭用の小型から事業用の大型まで、数社から多くの製品が販売されており（写真3-9）、日本でも新しい薪ビジネスの展開も考えられる。薪割り方式も縦割り式と横割り式があり、山元ではトラクタなどからの動力を利用する。薪の積み込みにはコンベアなどが利用される。

おが粉もきのこの菌床や畜産が盛んな地域では家畜の敷料として利用先があり、事業レベルではペレット原料としてバイオマス材の付加価値を高めることができる。

自伐林家の作業能率は高くないかもしれないが、安全を最優先して無理がない能率で、長期的には安定した生産を行なうことができる。自伐林家の素材生産技術を高めるためには、使いやすい機械を安全に使う技術を習得する必要がある。年間事業量が少ない自伐林家にとって、機械費用を安くするには、レンタルやリース、共同所有、中古市場の活用などが考えられる。また、自伐林家自らが小型チッパーを所有するよりは、チップ専門業者に道端や共同土場で材を売り払った方がよい。ヨーロッパでもチッパー普及の初期のころはチッパーによる事故も発生したと聞く。

③団地化施業との関係

小規模に分かれている林地を取りまとめ、団地化して路網整備などを行ない、林業機械化などによって効率的な森林整備を行なう団地化集約施業においては、路網が整備されることにより、小規模森林所有者も自伐林家としての経営を立ち上げることが可能になる。地域に幹線路網の基盤整備ができれば、自分で支線を入れながら、道路開設支障木や道の周囲の間伐木をお金に換えたりして、間伐をすすめていくことができる。道は林業経営の選択肢を広げ、森づくりにも貢献する。自伐林家の道づくりは、木を効率よく搬出するという目的の他に、森づくりのための道とも位置づけ

写真3-8　小型トレーラ

写真3-9
大型の薪割り機（左）と薪割り部（右）
（ドイツ林業機械展、2012）

ることができる。道さえあれば、アイデア次第で山の資源を活かした収益の可能性が広がる。道づくりとバイオマス利用を通じて、財産形成に結びつけていくことが可能になる。

提案型集約化施業が定着した次のステップとして、地域の自伐林家の自発的木材生産を林業のあらたな主役に据え、森林組合や森林施業プランナーの働きかけなどで森林経営計画に組み込んでいくことができるようになれば、ロットとして製品をまとめることが可能になる。そのためには、森林・林業のグランドデザインが地域で共有されながら、山元からの材やバイオマス資源を工場に安定供給するコーディネータと、地域の森林の将来像を描くこととなるフォレスターや森林施業プランナーとの連携が大事になってくる。

2 森林バイオマスの集荷方法

（1）チッパーの種類と性能、作業システム

種類と性能

チッパーは、切削の方法によって、ディスク式とドラム式に分けられる（図3-4、3-5）。ディス

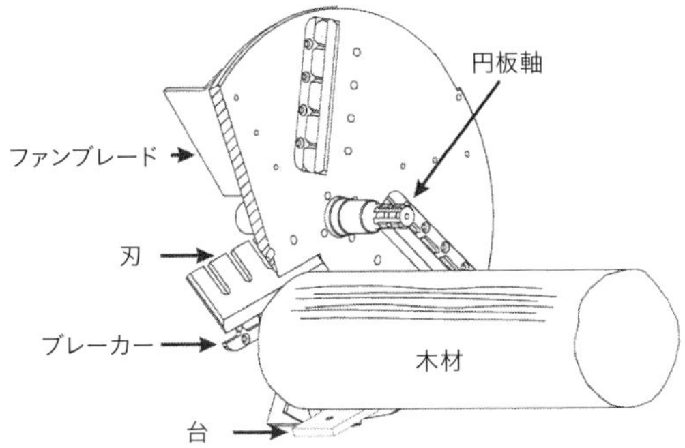

図3-4　ディスク式チッパーの構造
出典：The Center for Biomass Technology (2002) Wood for Energy Production

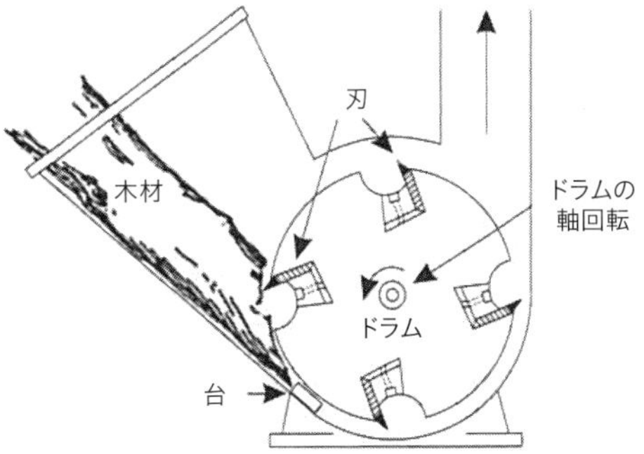

図3-5　ドラム式チッパーの構造
出典：The Center for Biomass Technology (2002) Wood for Energy Production

ク式は、材が一様に刃にあたるために品質（サイズ）が安定しており、刃数やディスクの回転数を変えることにより、チップサイズを調節することができる。

ドラム式は、ドラムの慣性力を利用するため、大型化すれば能率が向上するが、刃が材を打撃し、材にあたるまでの時間差により品質（チップの長さ）にバラツキが生じる。

なお、このほかに上から残材を投入するタブグラインダー式がある。破砕の方式は突起状の刃を多数取り付けたドラム式である。

また、動力源で分類すると、プラントでの定置式と、山元で作業する移動式チッパーとしてけん引式と自走式に分けられる。定置式はプラントまで原木を運ばなければならないが、高能率な作業を行なうことができる。一方、山元でチップ化するメリットとして、トラック輸送のための減容とユーザーへの直送がある。

けん引式は、チッパーの動力搭載型と、トラクタやトラックなどのけん引車両からの動力取り出し型がある（写真3-10）。写真3-10のディスク式チッパーは動力をトラクタから取り出す。チッパーとグラップルクレーンをトラクタ前部に装着して、後部にダンプ式ワゴンを装着することもある。チッパーの大きさはシリーズ化されていて、所有している農業用トラクタなどにあわせてチッパーとワゴンのチューニングがされる。写真3-10のチッパーはチップ体積にして約60m^{3}/時の生産能力がある。

写真3-10　トラクタとチッパー

写真3-11　ワゴン付きのチップハーベスタ

チッパーを搭載する自走式のベースマシンには、トラクタやトラック、フォワーダが利用されている。チップを運搬するワゴンがないものとワゴン付きのものがある。ワゴン付きはチップハーベスタが該当する（写真3-11）。

デンマークは、1980年頃からチップハーベスタによる独自のチップ収穫システムを発展させてきた。プロトタイプは、農業用トラクタの後部を正面にもってきて、正面にチッパーとフィーダ、グラップルローダを配置し、容量11m^{3}から18m^{3}のダンプ式ワゴンをけん引した自走式である。

作業システム

チップハーベスタの作業システムは、チェーンソーまたはフェラーバンチャで伐倒し、チップハーベスタでチップ化しながら進み、20分ほどでチッパーのワゴンが満杯になると、チップシャトルと呼ばれるトラクタにけん引されたワゴンに林内でチップを積み替えて（写真3-12）、シャトルが道路沿の土場に置いてあるコンテナまでピストン輸送する。生産性はチップ材積で50～60m^{3}/時。価格はチップハーベスタとチップシャトルがセットで70万ユーロから80万ユーロである。コンテナからプラントまでの公道運搬は森林作業とは別のトラック会社のコンテナ・トラックが行ない、道路沿いのチップが満杯になったコンテナは空のコンテナと交換される。約40m^{3}のコンテナをふつう2両連結してヒーティングプラントや貯蔵所まで運ばれる。30～40km運ぶが100km以上におよぶこともある。チップの消費が年間を通じて変化したりするため、チップの貯蔵も安定配

写真3-12　チップハーベスタからチップシャトルへの積み替え作業（デンマーク、2002）

写真のチップハーベスタは、4輪操舵になっており、立木の回避も容易。本機自体でチップをトラック・コンテナまで運ぶことも行なわれる。この現場では容量14m^3のリフト式サイドダンパけん引のチップ・シャトルと組み合わせ作業を行なっていた

写真3-13　枝条圧縮機（スウェーデン、2002）

写真3-14　国産のバンドラー（森林・林業・環境機械展、2011）

給のために重要な工程となっている。

けん引式にしてもチップハーベスタにしても、チッパーの投入口にスムーズに全木材を投入することが大事である。したがって、材の投入口を車体の前にするか横にするかは、伐倒方向や、列状間伐の列に沿って処理していくのか、道路に直角に集材された材に対して車体の横から処理していくのか、作業システムとも関係する。写真3-11のチップハーベスタのように、伐倒方向と同じ方向に投入口があれば全木材に沿って処理することができ、能率のよい作業となる。写真3-10、3-11などのチッパーは、枝葉も含めて一度に全木材が利用されるため、切捨てていたような間伐材や病虫害にかかった木、風倒木、ある程度の太さの利用間伐材も皮付きのまま燃料材としてチップ化し、有効利用することができる。

チッパーを選択する際には、生産性、燃料消費量のほかに、耐久性、刃の交換時期や研磨方法、メンテナンスの容易さ、アフターサービスなども考慮する。刃の切れ味はチップの品質や燃料消費量に影響するので、例えば3,000m^3とか15,000m^3ごとのように定期的に交換する。

（2）枝条圧縮機械

ヨーロッパでは、枝条を束ねる機械もいくつか開発されている。北欧のように地形が平坦であれば、ハーベスタで作業した後の林地枝条残材を束ねてパックにし（写真3-13）、フォワーダで回収するシステムが考えられる。束にして圧縮するメリットは、枝条の密度を木材レベルにまで高めて減容し、運搬を効率化することにある。日本では、林内走行できる現場は限られるので、枝条残材を減容化するのであれば、プロセッサ土場での作業になる。

枝条圧縮機械が開発されたきっかけは、チップハーベスタでは重くて、春先など林地を荒らすというものである。ちなみにパックを満載したフォワーダの重量は合計23トンでちょうど満載時のチップハーベスタと同じくらいである。写真3-13の圧縮されたパックの大きさは直径80cm、長さ

3.5m、1.5～1.6m^3、重量500～700kgで、チップ状態に比べて約2倍に圧縮され、効率的なトラック輸送が可能となる。パックは貯蔵にも適している。

日本でも枝条を束ねることが試みられているが(写真3-14)、枝条残材を束ねるのか、粉砕するのか、それぞれの作業能率や運搬距離によっても異なり、これからの研究課題である。

(3) チッピングと中間土場、プラントへの輸送

①集荷圏の選択

チッパーは大きいほど高能率なので、効率よく原料をプラントに搬入できれば、本来はプラントでのチップ化が有利である。しかし、枝条残材や原木のそれぞれの運搬距離、集荷量、トラック積載量、プラントのストックスペースなど、いろいろな要因があり、山元でチップ化するのがよいのか、プラントでチップ化するのがよいのかは、今のところ一概には定められない。

チップの用途によってもプラントの立地が異なる。熱利用だけであれば熱供給プラントが消費者に近い方が有利であり、発電だけなら原料供給場所と発電所は近い方がよい。しかし、発電時には廃熱も利用すべきであり、熱電併給の場合、熱利用の割合でプラントの立地が決まる。

森林バイオマスは集荷圏の決定が重要であり、地産地消が原則であるが、余剰製品を圏外に売る場合には、ペレットなどにして高い価値をつける必要がある。ペレットはエネルギーを凝縮したもので、孤立住宅や森林から遠隔地での利用に対して可搬性能が高い。

日本では、移動式チッパーが性能の割に価格が高く、高いチップ化コストと大型トレーラを使えない高い運送費用のために、ペイできる集荷圏が狭く、量も集まらないということになる。そのため、ますますバイオマス利用ができないという悪循環に陥ることになる（Yoshida、2011）。移動式チッパーのチップ化コストが高いと中間土場でのチップ化も不可能になり、土場でのチップ化を可能にするには、プラント納入価格の上限を丸太にして仮に10,000円/m^{3}とした場合、チップ化コストを900円/m^{3}以下にしなければならないとの試算がある（Yoshida、未発表）。

例えば、現行の国産大型移動式チッパーは、購入価格が約4,000万円で、チップにして200m^3/日くらいの処理能力があるが、維持管理費も高く、切削コストは1,500円/m^{3}になり、丸太換算で4,000円/m^{3}になる。写真3-11のチップハーベスタは、約4,500万円であるが、チップにして30～40m^3/時の処理能力があり、チッピングコストは450～640円/m^{3}である。

②チッパーの選択

チッパーは価格に見合った生産性をあげなければならない。高額なチッパーは減価償却のために事業量を確保しなければならないが、例えば500万円クラスの低価格なチッパーは作業能率が25m^3/時と多少低くても、減価償却費が安い分コストも約350円/m^{3}にまで下がり、稼働率が低くても長く使用することで低コストチップ化が可能となる（Yoshidaら、未発表）。フィンランドではチップ化コストが250円/m^3（丸太にして約670円/m^3）である（Asikainen *et al.*、2002）。日本でもプラントへのチップ搬入コストの目標を定め、作業規模に適した低価格で高性能のチッパーの普及が望まれる。

③効率的な輸送・収集システム

森林バイオマス収穫では、林内からの搬出や山元からユーザまでの輸送の主体を明確にしなければならない。例えば、素材生産業者が架線で全木集材をして、土場でプロセッサ造材する場合、その副産物である枝条残材を自分でチッパーにかけて工場に運んでいては手間がかかる。バイオマスのように、重量当たり低販売価格のものは、自分で運ばないのがコツである。林業として本業の用材生産をしっかり行ない、付随して土場に生じる端材や残材を森林バイオマス専門の業者に土場で買い取ってもらうのが楽で赤字にならない。

プラントの消費量に応じて原料の収集範囲が広くなると、効率的で無駄のないトラック配車シス

テムが重要になってくる。デンマークでは、コンテナに納められたチップを専門の業者が回収してまわっている。国有林や社有林を対象に、現場をいくつも同時にかかえ、トラックの配車や段取りをし、土場からプラントの間の輸送供給管理に対して、責任を持って送り届けている。チップのストックヤードも所有し、冬季と夏季のチップ供給の季節変動や在庫を調節したりもしている。日本でもこれから地域で運材専用会社を設立することも有用である。

そして、コーディネータとなる機関が、山の木材生産計画と各プラントの生産計画を把握し、集荷圏と生産計画、在庫量を情報管理する。製材用材や合板用材だけでなく、山元からプラントまでの森林資源全体の収集システムを確立し、地域全体で低コストなサプライチェーンシステムを構築することが必要である。そのためには、チップ専用業者のビジネスが地域で成り立つ仕組みづくりが必要である。たとえばポーランドのバイオマス発電所では、木材の他に麦わらやヒマワリの種などのペレットが燃料に使われているが、原料を農家から回収して回るたくさんの業者が存在して、回収システムが成り立っている。

森林バイオマスにエネルギーとしての普遍の価値が生まれれば、エネルギービジネスとしてサプライチェーンを形成し、地域で若い人を育てながら、雇用を創出することができる。森林を計画的にトータルな視点でバイオマス利用しながら更新し、過伐にならないように永続性をもたせていくことを忘れてはならない。

（酒井秀夫）

参考文献

Asikainen, A., R. Björheden and I. Nousiainen (2002) Cost of wood energy. In: J. Richardson, R. Björheden, P. Hakkila, A. T. Lowe and C. T. Smith (ed) Bioenergy from Sustainable Forestry. Kluwer Academic Publishers. pp.125-157.

酒井秀夫.（2003）. デンマーク、スウェーデンにおける森林バイオマス利用. 機械化林業. 591. p.20-28.

酒井秀夫.（2012）.『林業生産技術ゼミナール』. 352p. 全国林業改良普及協会. 東京.

Yoshida, Mika. (2011). Relationships between chipping sites and transportation cost. Technology and Ergonomics in the Service of Modern Forestry. p.301-305, University of Agriculture in Krakow.

IV

木質燃料の生産

1 薪

(1) 木質燃料としての薪の特徴

①薪作りは簡単で省エネ

薪とは、原木を必要な長さに切り、斧や薪割り機を用いて割ったものである。木質バイオマス燃料の非常にシンプルな使用方法であり、簡単な道具で生産できるのが特徴である。つまり、誰でも簡単に作れる手軽さが最大の利点である。実際、長野県の調査によると、薪利用者の半分以上が自分で作っている。

薪を自分で作ろうとすれば、まず原木を調達することになり、森林に興味と関心を持つきっかけになる。薪は、森林と一般市民の間の距離を縮める役割を果たしているといえる。一方、自分で作った薪は、自分で管理し使用することになるので、燃料としての品質管理も自分で行なうことになる。薪は、適切に乾燥させて使用することが重要であり、薪の保管乾燥が適切でない場合、思わぬトラブルの原因になる。

薪は、その生産方法が単純なため、加工プロセスが少ない。使用する機器もチェーンソーと薪割り機、運搬に使用する軽トラ程度、乾燥も天然乾燥と、薪の生産プロセスはいたって省エネ的である。さらに薪の原木採取は通常近隣の林で行なわれるため、原木および薪の運搬距離が短く運搬エネルギーも少ないことも特徴の一つに挙げることができる。

②用途に応じた原料選びと薪作り

太古の昔から、薪は家庭でのエネルギーの中心であった。化石燃料の普及とともに使用されなくなっていったが、山間地域では薪風呂は現在も根強く残っている。また、登り窯など陶芸用には、現在も一部の窯元でアカマツの薪が使用されている。かつお節をいぶして乾燥させるのも薪である。これらは古くからの利用方法が現在も継続されている例だが、最近増えているのは、パンやピザを石窯で焼くときや、家庭での薪ストーブの利用である。

薪は、樹種や割りの太さによって燃え方に違いが見られ、用途に応じて適切な薪を使い分けることができる。細い薪は着火しやすく燃えやすいのに対し、太くなると逆になり火持ちがよくなる。また広葉樹の薪は密度が高くゆっくり燃焼するのに対して、針葉樹の薪は密度が低く、樹脂を含むことも関係して一気に燃え、火持ちが悪いといった特性がある。これらから、薪風呂は短い時間で温度を上げるために細割りの薪が利用されるのに対し、薪ストーブは反対に太割りの薪を用いてできるだけゆっくり燃焼させる。陶芸窯にはアカマツの薪が用いられるのに対し、ピザ窯では主にナラの薪が用いられているのも、用途に応じた熱管理の選択であろう。

一方、薪の長さについては、その用途や燃焼機器の寸法に合わせて作られるため30～60cmと様々である。このように、薪といってもその用途によって樹種や太さ、長さは様々であり、燃料としての規格は存在しないが、経験的に用途に適応した使い分けがされている。本項では以下、現在利用が広まって薪の主な用途となっている薪ストーブ用の薪について解説する。

(2) 原料の選び方

①多様になった原料

薪は木質であれば何でも原料にできる。山から伐り出した広葉樹が主だが、最近では間伐材などの針葉樹の原木を原料にすることも多くなってきた。薪ストーブを使い始める人に、どんな薪を準備したらよいか聞かれることがあるが、「身近なものを薪にするのがよい」と答えている。薪ストーブは世界中で使用されているが、どこでも身近な木を薪として使用していて、身近な森林資源を活用するのが薪ストーブの良さである。

日本は南北に長く、地域によって気候が違うため、身近な木が地域によって異なっている。信州などカラマツが身近な地域はカラマツを利用すればよいし、温暖な地域では身近なシイやカシを利用すればよい。近くの農家から果樹の剪定枝がたくさんもらえる人にとっては、それが身近な木であり、剪定枝を薪にすればよい。製材の木端や建築廃材（無垢のもの）も原料とすることができる。ただし、防腐剤や接着材など人工的なものを含む薪を燃やすと、有害物質が発生する可能性があり避けるべきである。また、製材の木端など細かい薪を一気に大量に燃やすと、燃焼温度が高くなって燃焼機器に変形などの悪影響を及ぼす可能性があるので注意する。

②針葉樹薪と広葉樹薪の燃焼比較

薪は、樹種によって着火性や火力、火持ち等の使用感が違うのは事実であるが、発生熱量を同じ

表4-1　主要樹種の気乾密度

樹　種	気乾密度（g/cm^3）		
	最　小	平　均	最　大
ス　ギ	0.30	0.38	0.45
ヒノキ	0.34	0.44	0.54
カラマツ	0.40	0.50	0.60
アカマツ	0.42	0.52	0.62
オニグルミ	0.42	0.53	0.70
ク　リ	0.44	0.60	0.78
イタヤカエデ	0.58	0.65	0.77
マカンバ	0.50	0.67	0.78
ミズナラ	0.45	0.68	0.90
ケヤキ	0.47	0.69	0.84

注　『木材工業ハンドブック』（改訂4版）、丸善より引用

表4-2　各種薪の薪ストーブ燃焼での発生熱量

樹　種	燃焼重量（kg）	総発生熱量（MJ）	1kg当たり発生熱量（MJ/kg）
カラマツ	10	77	7.7
アカマツ	10	79	7.9
コナラ	10	63	6.3
コナラ	15	99	6.6

重量で比較すると、樹種による違いはあまりなく、どの樹種でも同じ重量ならばほぼ同じ熱量が発生する。にもかかわらず、樹種によって使用感が違うのは主として密度が違うためである。大気中で長期間乾燥した木材の気乾密度（表4-1）を見ると、ミズナラはカラマツ、アカマツよりも2割程度大きい。実材積が等しい薪でも、コナラ・ミズナラの方が2割重たいため燃焼熱も2割多くなる。これらナラの薪の火持ちが良いと言われるのはこの密度の大きさによるものである。

同じストーブを使って十分乾燥した針葉樹薪（カラマツおよびアカマツ）とコナラの薪を燃焼室に満杯にして燃やし、ストーブの表面温度の測定から総発生熱量を計算した（表4-2）。薪10kgを入れたアカマツとカラマツの総発生熱量は78MJ前後でほぼ等しいが、10kg燃焼したコナラのそれは63MJと約2割低い値を示した。さらにコナラは密度が高いため燃焼室に15kg入れることができ、その状態で燃焼した総発生熱量は

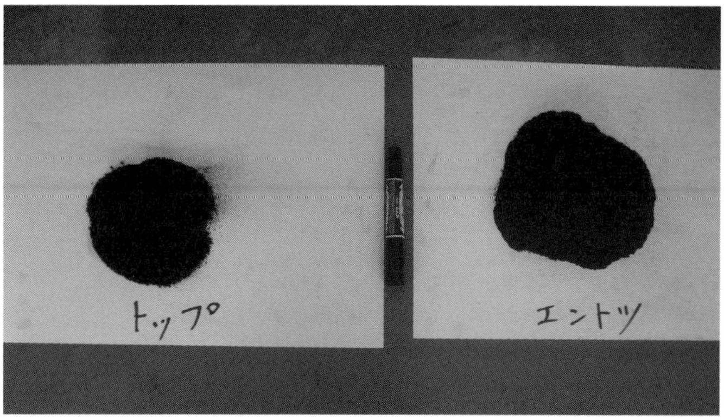

写真4-1　薪ストーブの煙突に付着するスス（長野県伊那市）
1年間使用して煙突内に60g、煙突トップに40gと少ない

99MJと10kg燃焼のアカマツとカラマツの値より2割程度大きかった。確かに焚き始めから2時間以降の発生熱量はナラが大きく、ナラの薪の方が火持ちする。しかし、薪の重さが違うため、計算上1.5倍の総発熱量を想定していたが、違いは想定以下で、1kg当たりの発生熱量はコナラよりもアカマツとカラマツの方が高い値が得られた。実験回数が少ないため、はっきりとしたことは言えないが、"ナラ信仰"と言われるぐらいナラの薪が定着しているが、この例で示したように熱利用の観点からすれば針葉樹の薪もナラと同等あるいはそれ以上の性能を持つこと（p.38参照）が確かである。つまり、薪の賢い利用法は樹種による燃焼特性をよく理解して、状況に応じた使い分けにあると思われる。

③針葉樹薪利用の意義と使用方法

戦後の拡大造林によって、多くの広葉樹の山は針葉樹の山へと変わっていった。間伐を前提に植えられた木は、適切な間伐が行なわれず、多くの森が間伐遅れの状態にある。間伐の推進は、森が抱える最大の問題であり、その上で伐採した間伐材の利用が大きな課題になっている。したがって、多くの地域で最も身近な木は間伐材であり、間伐材を薪に利用するのが、今の日本の森林環境を考慮すると望ましい。

薪ストーブ利用者の中には、火勢が強く、火持ちの悪いスギやヒノキの間伐材を薪に利用するのに抵抗のある人も多いと思うが、工夫次第ではなかろうか。

さて、針葉樹薪については、次のような心配がされるようである。

◆火勢が強く燃焼温度が高くなるのでストーブを傷めるのでは？

特にアカマツの薪を燃やした場合を心配する人が多い。アカマツは高温になる陶芸用の窯に使用されることから、アカマツ＝高温というイメージがあるのであろう。しかし、陶芸窯に使用する薪は非常に細割りで、一気に大量に供給し、窯を1,100℃もの高温にするのである。同じアカマツの薪でも、薪ストーブの使用状況とは全く異なり、アカマツの薪だけが原因で、ストーブを傷めてしまうことはない。現在の薪ストーブは燃焼を薪の質ではなく、供給する空気の量でコントロールしているので、適切に供給する空気を絞って、適切な温度で焚くことが重要である。

◆アカマツやカラマツはヤニが多くてススが多いので薪に適さないのでは？

この点について長野県伊那市でアカマツとカラマツの薪を薪ストーブで1年間燃やして煙突内と煙突トップへのスス付着状況を調べた。煙突内が60g、煙突トップが40g、計100gとわずかであった（写真4-1）。事例はまだ少ないが、針葉樹＝ススが多いということはなく、ススの多さは薪の乾燥状態と薪ストーブの使用方法によるものと考えられる。

燃焼によって発生するススは、不完全燃焼による未燃炭素分や木タールが冷却されて煙突にこびりついたものである。不完全燃焼を防ぎ、煙突で急激に冷却されないことがススの発生量を減らすポイントである。燃焼時に適切に燃焼空気を供給して不完全燃焼を防止すれば、ススの量は少なくできる。

薪の水分量が高いと燃焼温度が低くなり、不完全燃焼を起こすことになる。薪の樹種よりも、適切に乾燥させて水分量を落とした薪を使用することが大切である。

◆針葉樹と広葉樹を使い分けるには？

針葉樹薪と広葉樹薪の燃焼特性を活用する。たとえば、着火性と火勢の強さを要求する着火時には針葉樹を、火勢はあまり重要ではなく火持ちを要求する場合は広葉樹に切り替える。日中や夕方など人がいる間は間伐針葉樹材を、夜間などは火持ちのするナラを利用する。また、太く割った薪は、着火性が悪くなる一方で火持ちは良くなるので、針葉樹薪は太く割ることで火持ちを改善することができる。

断熱性能が高い家では、夜間に薪が燃え尽きていても、朝でも室内は寒くならないし、昼間外出して無人になる家庭では、むしろ朝に薪が残っていない方が安心して外出できる。家庭のライフスタイルによって火持ちにあまりこだわらない場合もあり、針葉樹の薪で快適に生活できる場合もある。

理想の薪を作るというよりは、身近な手に入る樹種や材料で薪を作り、その特性を理解して工夫して使うと考えるべきであろう。

(3) 生産方法

①原木の入手

先にも触れたように、薪の特徴は簡単な道具で薪が作れることであり、多くの薪ストーブ利用者は自分で薪を作っている。薪ストーブを生活の一部として、薪作りから楽しむことが理想である。薪を自分で作る場合、まず木を手に入れることから始まる。森林組合など林業事業者から購入する場合もあるし、自分の持ち山の木を自分で伐採し、山から木を持ち出す人もいる。また、森林所有者と話をして間伐作業などを請け負い、原木を手に入れる人もいる。山での伐採作業は、一人では危険で効率も悪いため、最低数人のグループで行なうので、普段から薪の仲間を作り、情報交換をすることが大切である。

ここでは、薪用の原木の入手方法として、長野県の2つの事例を紹介する。

◆伊那市の上伊那森林組合では、春と秋にイベントを開催し薪用の原木を販売している。森林組合の敷地内に薪用の原木を大量に持ち込み、事前に薪用の長さに短く玉切りしておく。山積みされた原木を、購入者が軽トラなどの車両に自分で積み込み、自宅へ持ち帰る。広葉樹の場合軽トラ満載で8,000円程度である。ストーブ利用者の増加に伴いこの原木配布のイベントは人気が高く、原木を求める人でイベント開始前には大行列ができる。

◆長野県伊那市にあるNPO法人森の座は、毎年春にイベントを開催し、薪用の原木を販売している。こちらは､NPOで間伐を行なった森林内で、間伐された材木を林道脇に並べておき、購入者が自分で軽トラに乗せて持ち帰る。間伐材なので樹種はアカマツ等で、軽トラ1台3,000円、NPO会員なら2,000円である。原木を森林内で薪の長さにチェーンソーで切り、軽トラに積み込む人も多い。原木は重たいので、なるべく小さくしてから扱う方が安全である。

②玉切りと道具の選択

原木を入手したら、薪用の長さに玉切りする。薪の長さは30～60cmと様々だが、これは使用するストーブの大きさが違うためである。薪が長すぎるとストーブの燃焼室に入らず、ふたが閉まらない｡反対に短いと火持ちが悪いので､各ストーブによって最適な薪の長さが決まってくる。燃焼室にぴったりのサイズにすると、曲がった薪などが燃焼室に入らない場合があるので、少し余裕をもったサイズの方が使いやすい。使用する長さに切った細い棒を用意し､その棒で薪の長さを測り、チョークで印をつける。その印に沿ってチェーンソーで切ることによって、一定の長さの薪ができる。薪の長さが一定でないと、保管と乾燥用に薪を積み上げるときに不安定になってしまうので、薪は一定の長さにする方がよい。

玉切りした原木は、斧や薪割り機で割って薪にする。割ることによって薪として適切なサイズにする以外に、木の内部を空気に触れるようにし、乾燥しやすくさせる意味が大きい。したがって、細い丸太も、最低2つに半割りした方がよい。薪

写真4-2　薪割り機による薪割り
縦割りができる機種もあり、薪を持ち上げる必要がない

写真4-3　玉切りと薪割りを同時に行なう高性能薪割り機
生産効率が高く、今後薪の需要が高まれば普及していくであろう

割りに用いられる斧は、重さや形状の異なるものが市販されているが、手にとって自分に合ったものを選ぶことが肝心である。斧の形状は、刃先から中心へ太くなっているものが、薪を裂く力が大きく割りやすい。

薪割り機は、電動またはエンジン式のものが市販されている。価格は小型の電動式の3万円程度から大型のエンジン式の50万円程度である。耐用年数は、使用頻度にもよるが、5～10年程度である。電動式に比べてエンジン式の方が強力で太い原木でも割ることができる。薪割りの方式は原木を固定し斧が動くタイプと、固定された斧に原木を押し付けて割るタイプとがある。大型の薪割り機は力が強く、太いものや、節があって割りにくいものでも確実に割ることができ、耐久性も高い。さらに大型のものでは、薪割り機を立てて使用できるタイプもあり、太くて重い原木などは持ち上げる必要がなく、原木を縦に置き換えるだけで済み便利である（写真4-2）。一方、大型の薪割り機は高価で重量が重いため、移動、運搬に手間がかかるデメリットもあるので、ニーズにあった薪割り機を選択したい。

このような大型の薪割り機なら1年分の玉切り原木を2～3日で薪にすることができるため、1軒で1台の薪割り機を持つ必要がなく、ストーブ利用者が共同で薪割り機を購入するのもお奨めしたい。また、ストーブショップで薪割り機の貸出しを行なっているところもあるので、ストーブを購入したお店に問い合わせてみるとよい。

販売用に薪を作る場合も、これまで述べてきた個人で作る方法とほぼ同じ場合が多いが、高性能の自動薪割り機を導入しているところもある。ほとんどが、欧米からの輸入品であり、玉切りと薪割りを一つの機械で連続して行なうことができる（写真4-3）。価格は300万円以上である。薪の需要量がまだ少ない日本の現状では、このような高性能機械に設備投資できない事業者が多いと思われるが、今後、薪の需要が増えてくれば、このような高性能機械も普及してくると考えられる。

③乾燥方法と乾燥期間

作った薪は薪小屋（棚）に積み上げ乾燥させる。生の原木は、重量の半分以上が水という場合もあり、乾燥させないと燃料にならない。薪の保管（乾燥）場所や積み方によっては乾燥しないこともあるので注意が必要である。乾燥に必要な条件は、風通しが良い、日当たりが良い、気温が高いことだが、風通しが良く日当たりが良い場所は家の敷地内で利用価値が高く、そこに薪小屋を設置できない場合が多い。家の裏側など日当たりの悪い場所に薪を保存する場合が多いので、風通しの良さには留意したい。

保管場所に風通しの良い場所を選ぶのはもちろん、薪小屋を壁で覆うのは風通しが悪くなるので好ましくない。薪の置き方も3列以上隙間を空けずに薪を積んでしまうと、真ん中の列に風が全くあたらなくなってしまう。写真4-4は家庭で設置

写真4-4　家庭での薪小屋の例
すべての薪に風があたるよう工夫されている

した薪小屋の例で、薪を2列に積んで前後左右には壁を作らず屋根だけを載せている。本来、風通しを良くするために1列だけにするのが理想だが、膨大な長さの薪小屋が必要になるのに加え、1列だけだと積んだ薪が不安定になってしまうので、2列に積んで薪の片側は最低風に当たるようにしたい。スペースの関係で3列以上に積む場合は列の間に適度に隙間を確保し、すべての薪に風が通るように工夫したい。また風通しが良ければ、薪が雨に濡れてもすぐに乾いてしまうので、条件によっては屋根なしの露天で保管・乾燥させることも可能である。

乾燥の条件が良くても、薪の乾燥にはある程度の期間が必要になる。ナラなどの広葉樹薪の場合、乾燥期間は最低1～2年必要といわれるが、針葉樹薪の場合、はたしてどの程度の期間が必要なのであろうか。信州大学農学部の小林研究室で取りまとめられた結果を紹介する。

図4-1は、雨の少ない長野県でのアカマツ薪の乾燥経過である。乾燥条件は屋根付き、日陰屋根付きおよび露天に区分し、いずれも十分に風通しの良い条件で5月末に乾燥を開始、その後の乾量基準含水率（以後、含水率）の変化を調べた。屋根付き、日陰、露天にかかわらず含水率は最初の1カ月間に急激に低下し、7月中も緩やかに低下して8月末は25%以下に達してほぼ一定になった。カラマツの場合も同様の結果が得られた。また11月から乾燥を開始した場合には、含水率が一定値に達するまでに6カ月を要した。

したがってアカマツ・カラマツであれば、夏季

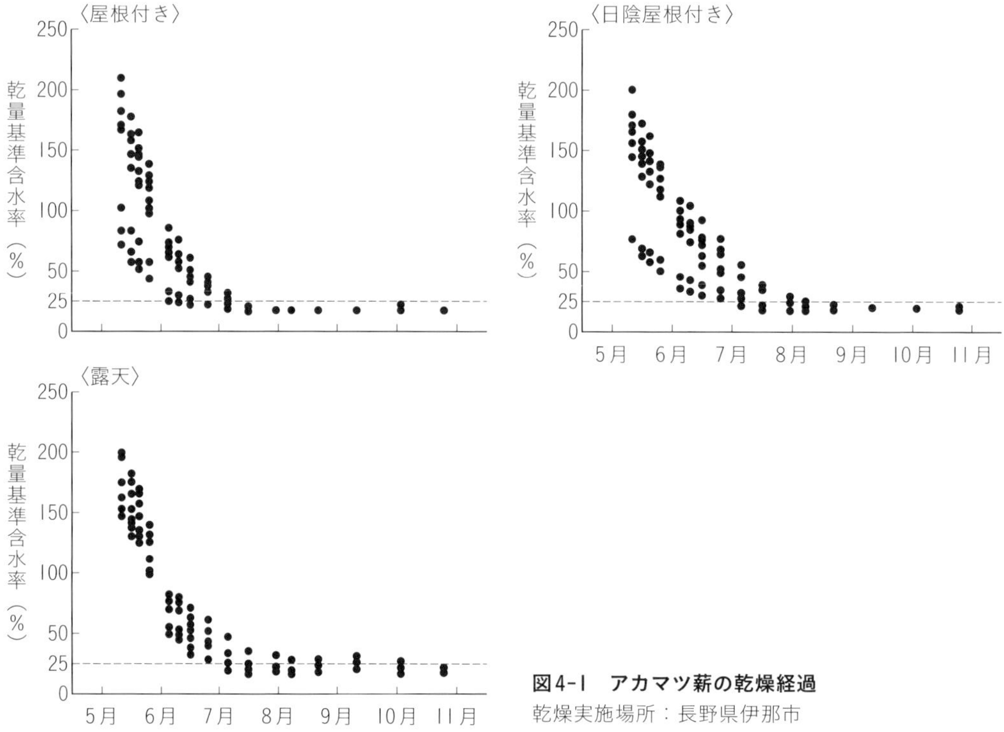

図4-1　アカマツ薪の乾燥経過
乾燥実施場所：長野県伊那市

なら2カ月間、冬なら半年間の乾燥で、薪として使用できることが明らかになった。意外に早く乾燥すると感じた人も多いと思うが、これは好条件が揃った場合に最短で乾燥する期間と考えるべきであろう。実際、ナラでも同様の実験を行なっているが、乾燥期間が針葉樹と同じ時の含水率は22～29%とまだ乾きが甘く、より長期の乾燥が必要であった。良い薪を作るためには何よりも乾燥していることが重要であり、そのためには風通しが良い乾燥条件を整え、十分長期に乾燥することが大事である。

木材は、樹種に関わらず雨雪のかからない条件での乾燥到達含水率は15%程度といわれている。しかし薪乾燥においてはそのような条件を設定することは難しく、これまでに測定した多くの乾燥薪の含水率は、かなりのバラツキがあるものの、多くの場合は25%以下になっていた。薪の含水率は、もちろん低い方がよいのだが、条件や樹種によってそこまで乾燥しない場合もあり、実用的には25%以下が一つの目安になると考えられる。

(4) 薪の量の表わし方と年間使用量

薪はこれまで針金でくくった束単位で販売されてきた。最近は束にするのに手間がかかるので段ボールに入れたり、束ねないバラの状態で販売されたりするケースが多いが、それでも薪の量は束単位で数えるのが一般的である。一束とは、長さ70cmの針金で結わえた薪のことである。ただ、地域によってこの針金の長さが異なる場合もあり、また長さが違う薪が同じ一束と表記されるため、束数では正確に薪の量を表わせない。最近では、薪をきちんと積んで、その層積で薪の量を表記する場合が多く、その方が薪の量を正しく表記できる。したがって、薪の量は1m^3（50束相当、およそ500kg）と層積と束数と重さが併記される場合が多い。ただ束数の換算は各事業者が独自に行なうものである。また、重量で表記した場合には、同じ薪でも乾燥したものかどうかで重さが異なるので、重さで量を表記することにも問題がある。量は、バイオマス燃料として最も基礎的な数値であるにも関わらず、薪はその統一と正確な表記ができないのが現状である。

アカマツ薪の量を筆者が計測し比較した例だが、原木1m^3→ 薪層積1.4m^3→ 薪70束（長さ45cmの場合）→ 乾燥重量490kgであった。原木の体積は実体積であるのに対し、薪の層積は薪を積んだ時の隙間を含んだ容積で、原木の体積よりも薪の層積が増えることになる。

1年分の薪といっても、気候やストーブの使い方によってその必要量は大きく異なっている。暖かい地域と寒い地域では薪使用量が異なるし、薪だけで暖房する家もあれば、補助暖房を使用する家もあり、当然薪使用量が違ってくる。また、24時間火を絶やさない家もあれば、無人になる昼間は燃やさない家もある。標準的な薪使用量を算定するのは意外と難しいが、長野県の調査によると204軒の薪ストーブ利用者にアンケート調査した結果、平均薪使用量は年間9m^3（原木換算で約6.5m^3）あった。長野県の薪ストーブ使用台数は33,000台と推計され、年間約210,000m^3の原木が長野県の薪ストーブで使用されていることになる。

(5) 薪の流通と販売

①流通の現状

薪を自分で作る人が多いが、近年薪ストーブの普及とともに、薪を購入して気軽に薪ストーブを利用したいというニーズも増えてきた。薪を購入する場合、販売店での引き取りと、自宅まで配達してもらう場合がある。引き取りの場合、軽トラやバンなど薪を積める車両で販売店に行き、薪を購入して自分で自宅まで運搬することになる。自宅まで薪を届けてもらう場合、薪代金以外に配達料金がかかる。配達料金は、通常、距離によって決まってくるので、配達の場合もできるだけ近くの販売店で購入する方がよい。また、同じ配達でも、自宅の薪置き場まで薪を運んでくれるのか、家の前までなのか、事前に確認しておくとトラブルを防げる。

地域によっては、近くで薪を販売しているところがない場合もある。その場合は、インターネットで探してみると、数多くの薪販売者が見つかるであろう。インターネットを通じて購入する場合、遠方から薪を送ってもらうことになり、宅配便など専門の運送業者が自宅まで配達することになる。この場合、自宅の玄関先までの配達なので、薪小屋へは自分で運ぶのが原則である。このインターネットでの販売も、薪代金よりも運賃が相対的に高くなるので、近くの業者に注文した方が割安な場合が多い。

薪を購入する場合も、含水率に留意する必要がある。すぐに使える乾燥した薪は、乾燥薪と表記されている場合が多い。まだ作ったばかりの薪は、未乾燥と表記されていて、これは購入者が乾燥させて使うことが前提である。すぐに使う薪を購入する場合には、乾燥した薪かどうか確認して購入する必要がある。

特に乾燥薪を注文した場合、販売業者が薪を保管乾燥していた間に、カミキリなどの虫が薪に入ったり、カビが発生していたりしてトラブルになるケースがある。薪の維持管理に問題があるケースもあるが、薪を自然乾燥していると、軽微なカビの発生や虫の侵入は避けられない。薪は木を乾燥させた自然のものなので、ある程度のカビや虫は許容範囲であろうが、気になる人には強制乾燥の薪の購入をお勧めする。強制乾燥の薪とは、未乾燥の薪を乾燥室に入れ、ボイラで100℃近くの高温にし、数日間で乾燥させたものである。高温で強制乾燥させることによって、短時間で乾燥させるだけでなく、防虫、殺菌の効果もある。

薪の価格は、1m^3で10,000～35,000円と大きな幅がある。これは、乾燥・未乾燥の違い、樹種の違い、運賃が含まれるかどうかによって異なっている。価格だけでなく、すぐに使う場合には乾燥薪を選ぶなど、薪の内容を確認して購入するようにしたい。

②地産地消で雇用もつくれる

薪は、身近な木を利用するのが好ましいが、それは購入する場合も変わらない。運搬に費用をかけないようにするのが、安い薪を作る秘訣である。今はまだ過渡期で、遠方の薪を手に入れる場合もあると思うが、各地で薪生産の体制が整えば、"地産地消"の薪流通の仕組みが出来上がっていくであろう。最近では、林業、建設業、薪ストーブショップなど兼業で薪を販売する業者や薪販売を行なうNPOなども増加しており、以前より近くで薪を入手できるようになってきている。薪を地産地消することは、その地域にとって大きな意味がある。地域の資源が地域で加工されて地域で消費されるということであり、薪を通じて、地域のお金が地域を循環して雇用を生み、地域の暮らしを豊かにするからである。薪は、自然エネルギーとして今後の普及が期待されている。地域の資源を活用し、雇用を創出するビジネスとしても、その効果が期待される。

薪の地産地消を目指した長野県の薪流通の取組み例を紹介する。株式会社ディーエルディーでは、長野県と山梨県を対象に薪の宅配サービス事業を行なっている。これは、契約家庭に専用の薪ラックを設置し、定期的に薪を補充するサービスである。専用のラックには約10日分の薪がストックされていて、それがなくなる前に定期的に薪を補充している（写真4-5）。届けられる薪は、地域の間伐材であり、各地域に作られた薪の生産拠点が配達の基地になっている。山梨県、長野県内に10カ所の生産拠点があり、そこを中心に地域の間伐材を薪として流通させているのである。利用者からみると、すぐに使える乾燥薪が届くので便

写真4-5　露天での薪の乾燥と保管
長野県伊那市のディーエルディーでは、大量の販売用の薪を露天乾燥させている

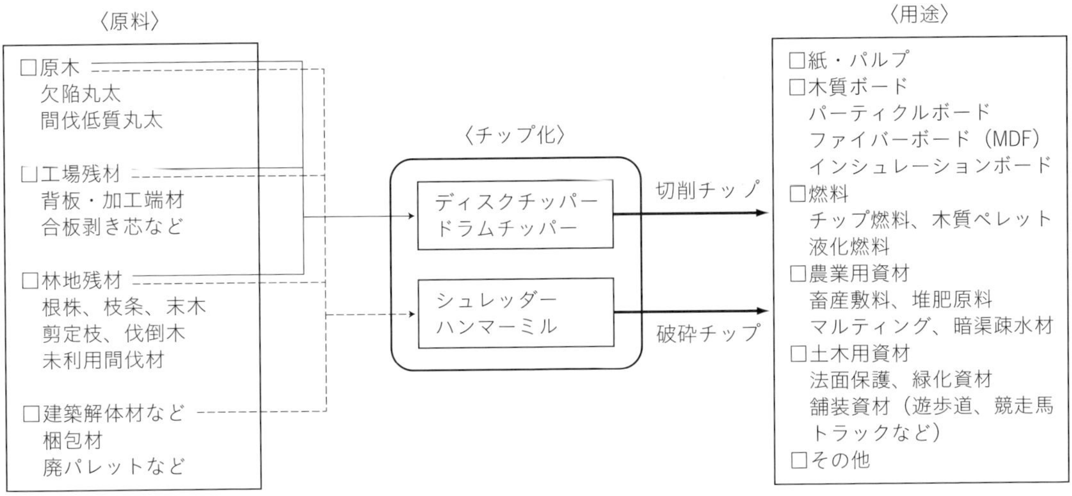

図4-2　木質チップの原料および用途

利であり、使用した分だけ薪代を支払うので無駄がない。また、小さな専用ラックを置くだけなので、場所をとらないという利点もあり、長野県、山梨県では定着したサービスになりつつある。この宅配サービスを長野県と山梨県で実施しているのは、薪ストーブが普及している地域だからである。少量ずつ薪を補充するためには、地域内に顧客がある程度の密度で固まっていないと効率が悪く成り立たない。この薪宅配サービスは、薪ストーブがある程度普及したからこそ成り立つサービスであり、今後薪ストーブの普及が進めば、薪供給の仕組みもさらに改善していくであろう。その反対に、薪供給の仕組みが整えば、さらに薪ストーブの普及につながってくるので、薪ストーブの普及と薪流通の改善は、関連しながら進んでいくことが期待される。

（木平英一）

参考文献

森林総合研究所.（2004）. 改訂4版木材工業ハンドブック. 丸善株式会社.

牛島俊平.（2009）. 薪ストーブ用木質燃料の品質管理に関する研究. 信州大学森林科学科卒業論文.

福島良平.（2010）. 薪ストーブ用木質燃料の乾燥特性. 信州大学森林科学科卒業論文.

http://www.pref.nagano.lg.jp/xseikan/khozen/sizen/junkan_research/stove/maki.htm

2 木質チップ

（1）用途と原料

木質チップは木材を単に小片化したものだが、その用途は広く、紙・パルプや木質ボードの原料、農業用や土木用の副資材といったマテリアル利用に加えて、最近ではボイラ用や発電用燃料として大量に使われるようになっている（図4-2）。

木質チップの原料は発生場所などから次の4種に区分される。

原木　小径木や曲がりや腐れなどを持つ欠陥材など、製材や合板用には不向きな低質丸太を原料とするもので、これからのチップを原木チップと呼んでいる。通常2mに玉切りされ、チップ専門工場で加工される。主用途は製紙・パルプ用。

工場残材　製材工場、合単板工場その他の木材加工工場で主製品を採材後に出てくる背板、端材、合板の剥き芯などを原料とするもので、これらからのチップを工場残材チップまたは背板チップと呼んでいる。とくに製材工場では重要な副製品で、一連の製材工程の中にチップ生産工程が組み込まれている。

林地残材　伐採後林地に放置された伐倒木、根株、枝条、末木などの林地残材、果樹や公園などからの剪定枝（修景残材）などを原料とするもので、これらから製造されたチップを林地残材チップと呼んでいる。これらは寸法や形状に大きなバラツキがあること、収集運搬に経費が掛かることが利用上の問題になっている。現段階では利用量が少ないものの潜在的発生量は多く、燃料用資源としての活用が望まれている。

解体材　木造建築物などの解体材や梱包資材、廃パレットなどのいわゆる再生資源を原料とするもので、これらからのチップを解体材チップあるいはリサイクルチップと呼んでいる。出所不明の多種多様な木材から構成され、防腐剤、接着剤、ペンキ付着物、金属、プラスティック、土砂などの異物を含むことが多く、利用に際しては異物除去が必要になる。資源回収時点で発生元から処理費用が支払われる（逆有償）ため､リサイクルチップは他のチップと比べて安価なこと、含水率が比較的低いことが特徴である。

(2) 製造方法

木質チップの製造方法には、原料を刃物で切削する方法と衝撃力で破砕する方法とがある。前者で製造されたものを切削チップ（写真4-6の左)、後者のそれを破砕チップまたはピンチップ（写真4-6の右）と呼び区別している。切削チップは角形で厚さが薄いのに対し、破砕チップは細長い形状を持つことから両者は容易に区別できる。

切削チップの製造機械（チッパー）にはディスク型とドラム型がある（図4-3)。前者は半径方向に複数の刃のついた回転円盤に原木を押し当てて

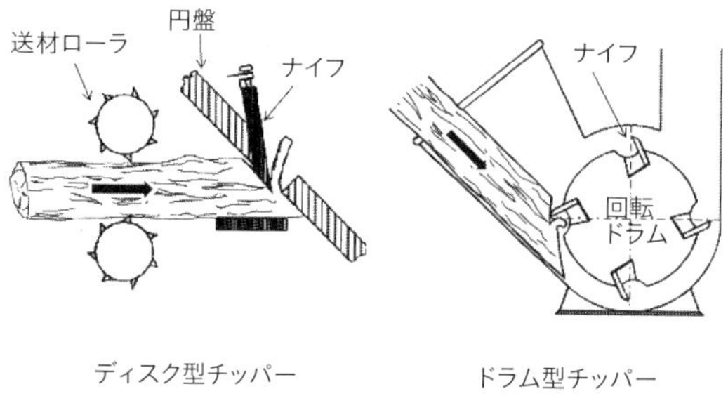

図4-3　切削チッパー

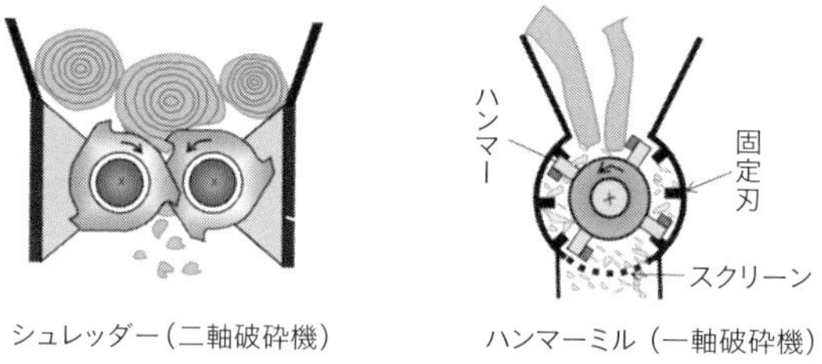

図4-4　破砕機

チップを製造するもので、原木からの製紙用チップ製造に多く用いられている。後者は原木に加え工場残材や林地残材からのチップ製造に用いられる。切削チッパーの弱みは刃物の耐久性にあり、刃物の破損に結びつく土砂や金属などが混入する原料には不向きである。とくに樹皮の混入を嫌う製紙用チップ製造では、刃物が損傷するのを軽減するために予め皮を剥いた丸太や背板が用いられる。燃料用など樹皮の混入を許す用途では皮付き原料をそのまま切削することもある。なお皮なしチップを白チップ、皮付きチップを黒チップと呼び区別している。

破砕チップの製造にはシュレッダーやハンマー

写真4-6　切削チップ（左）と破砕チップ（右）

ミルといった破砕機（図4-4）が使用される。いずれも刃物を用いないため、異物混入の多い解体材などでも用いることができる。シュレッダーは木材を剪断破壊する粗破砕装置で、寸法の大きな原料などはこれで粗破砕した後ハンマーミルに投入される。ハンマーミルは回転するハンマーで繰り返し打撃して細分化するもので、林地残材や解体材などのチップ化に多用されている。

またチッパーあるいは破砕機には固定式と移動式があり、前者はチップ工場に固定設置して利用するが、後者は自走式あるいは牽引移動式なので、林地山土場での林地残材やチップ材集積土場でもチップ化ができる。

(3) 小片化して広がる用途

木材を機械的に小片化したチップは、木材の組織的、物理的、化学的、生物的性質をそのまま保持している。しかし、小片化によって新たに次の機能が付加され、図4-2に示したような多くの幅広い用途に適した資材へと変身することができる。

1) 外部との接触表面積が広くなり、化学的、物理的反応の場が広がり、薬品処理や熱処理が容易になる
2) チップ同士または他物質との混合が容易になる
3) 混合によって均質化・均等化が図れる
4) 各種コンベアーや風送などを用いた搬送と送り量の調整が可能になる
5) 寸法の篩い分けにより用途に適した大きさに分別できる
6) チップ堆積層内には多数の連続した空気層が形成される
7) 6) の効果によってかさ高くなるため、貯蔵や運搬に大きなスペースが必要になる

これら機能は各用途に対して次の適性が付与される。

製紙分野　薬剤との接触面積が広くなり、短時間で均質なパルプ化反応が可能になる

木質ボード分野　粒度仕分け、混合性、均質性などでは、均質な板材料への再構成が可能になる

畜産敷料、堆肥・コンポスト、土木分野　散布・堆積・混合・分散の物理的作業ができるようになり、混合性と空気層の形成はクッション性と微生物の活動の場（酸素・栄養・水分）の提供につながる

燃料分野　燃焼機への自動搬送と出力制御が可能になり、連続した空気層の存在は水分蒸発通路の短縮とスムーズな酸素供給を可能にして燃焼の安定化に寄与する。

(4) 木質チップのエネルギー利用

①燃料用木質チップの生産

国産チップの生産量は500～600万トンの間にあり、内訳は原木チップが40%前後と最も多く、

表4-3　国産チップの原材料別生産量の推移（単位：1,000全乾トン、カッコ内は構成比%）

年次	総量	原材料別				針葉樹・広葉樹別	
		原木	工場残材	林地残材	解体材	針葉樹	広葉樹
2004	5,782 (100)	2,139 (37)	2,198 (38)	58 (1)	1,388 (24)	2,938 (67)	1,456 (33)
2005	6,005 (100)	2,235 (37)	2,188 (37)	67 (1)	1,515 (25)	2,952 (66)	1,538 (34)
2006	5,899 (100)	2,276 (39)	2,275 (39)	66 (1)	1,282 (22)	3,004 (65)	1,613 (35)
2007	5,894 (100)	2,368 (40)	2,182 (37)	100 (2)	1,244 (21)	3,087 (66)	1,563 (34)
2008	5,797 (100)	2,676 (46)	1,913 (33)	104 (2)	1,104 (19)	2,918 (62)	1,775 (38)
2009	5,129 (100)	2,398 (47)	1,689 (33)	108 (2)	934 (18)	2,598 (62)	1,597 (38)
2010	5,406 (100)	2,409 (45)	1,837 (34)	133 (3)	1,027 (19)	2,784 (63)	1,595 (37)
2011	5,638 (100)	2,376 (42)	1,727 (31)	145 (3)	1,390 (25)	2,787 (66)	1,461 (34)

注　資料：農林水産省『木材統計』
　　針葉樹・広葉樹別には解体材を含まない

表4-4　国産チップの用途別使用量（単位：1,000全乾トン、カッコ内は構成比％）

年　次	総生産量	製紙用	エネルギー用				ボード用	その他用
			計	火力発電	熱利用	その他1)		
2005	6,145 (100)	4,890 (79.6)	611 (9.9)	316 (5.1)	128 (2.1)	167 (2.7)	437 (7.1)	207 (3.4)
2011	5,638 (100)	3,920 (69.5)	891 (15.8)	401 (7.1)	247 (4.4)	243 (4.3)	339 (6.0)	488 (8.7)
増加率％	0.94	0.80	1.46	1.27	1.93	1.46	0.78	2.36

注　1）ペレット原料、熱電供給などを含む

次いで工場残材の30％台、解体材の20％前後で、林地残材は残り2～3％とまだわずかな量しかない（表4-3）。この中で工場残材チップは年々減少傾向にあり、解体材チップも減少していたが最近持ち直している。林地残材チップはまだ10万トン台と少量だが着実に増加している点が注目できる。

他方これら国産チップの用途別使用量を見ると、製紙用のシェアが70～80％と最も多く、次いでエネルギー用の10％台、ボード用の数％となっている（表4-4）。2005年から2011年にかけての推移は、製紙用およびボード用が共に2割近くも大幅に減少しているのに対して、エネルギー用だけが大きく増加し、実数では1.5倍、シェアーでは6ポイントも高い値を取り、エネルギー使用が加速されていることが分かる。内容的にはエネルギー需要の約半分が発電利用で、熱利用も約2倍に伸びているのが分かる。

それでは各用途にどのような木質チップが使用されているのであろうか。2005年の状況をみると（図4-5）、原木チップと工場残材チップはほとんどが製紙用に使われているのに対して、解体材チップは安価で用途仕分けもなされていることから全ての用途で使用され、40％が製紙用に、35％がエネルギー用に、16％がボード用に振り向けられている。とくに注目されるのはエネルギー用チップの90％が解体材チップであることである。含水率が低く発熱量が高く燃料としてふさわしい資質を備えた解体材チップは、木質エネルギー利用を支える重要な資源であるといえる。

②逼迫する木質チップ燃料

木質燃料は、木質専焼発電、火力発電所での石炭混焼、工場団地などでの熱電併給や熱利用、官公庁や民間施設での暖房・給湯など、規模に大小はあるが多くの分野で利用されている。1999年から20年の間に木質発電施設が12施設から144施設へと12倍に、木質ボイラが174基から615基へと3.5倍にも増えている（林野庁資料）。

同様に2011年の林野庁資料によると、年間1万m^3以上の木質燃料を使用する発電施設は全国で90施設にも達し、内訳は石炭混焼45施設、木質専焼45施設となっている。とくに混焼発電の場合は、一施設当たり年間数千から30万トンのバイオマス燃料を使用するため、消費量の多い施設では海外から木質チップ、木質ペレットやPKS（パーム油の絞りかす）を輸入している。国産チップを利用する施設でも年

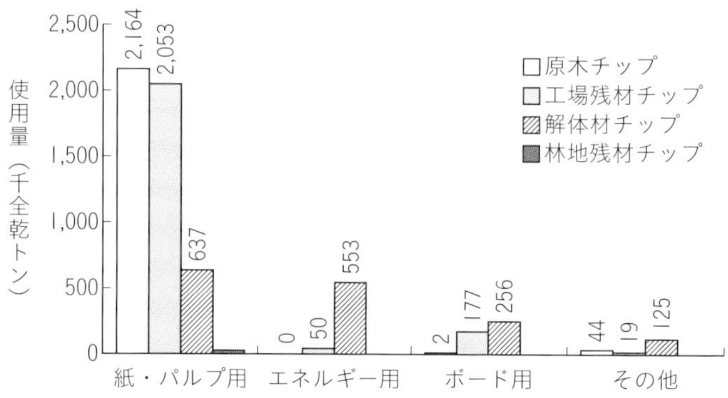

図4-5　国産チップの各用途での原料別使用量（2005年）
資料：農林水産省「木質バイオマス利用実態調査」，2005

間数千トンから3万トン程度を必要としている。木質専焼発電施設については、出力規模は数十～最大33,000kW（川崎バイオマス発電所）の範囲にあり、小規模のものは工場残材などを、中～大規模になると年間1～十数万トンの木質燃料を必要としている。そのほかにも一施設当たりの使用量は少ないものの多数の熱利用施設などがあり、木質エネルギーの需要は年々拡大している。さらに2012年7月に制定された再生可能エネルギー固定価格買取制度は、今以上に木質エネルギー利用に拍車をかけることが予想される。

しかし、工場残材は自工場内における木材乾燥用の燃料や製紙などの原料として大部分が利用されており、建設発生木材についても建設リサイクル法による再利用の義務付けによって、木質バイオマス発電用の燃料として急速に需要が高まっている。このような状況の下、燃料用チップの供給は逼迫してきており、価格も上昇し、ボイラ燃料が確保できずに操業を見合せたり、短縮する例も見かけるようになってきた。これに対して未利用間伐材などは林野庁調べで毎年約800万トン（＝2,000万m^3）も発生しているが、収集・運搬コストがかかることから、多くは搬出されず林内に放置されている。今後、工場残材や建設発生木材の発生量が大幅に増加することは見込まれないことから、未利用間伐材などの利活用が今後の木質エネルギー利用を占う重要な鍵となっている。

③動き出した未利用間伐材や林地残材等の利用

最近、やっと未利用間伐材などの燃料利用の動きが見えるようになってきた。

その一つは火力発電所と地域の森林・林業などの関係者との燃料チップ安定取引協定によるものである。たとえば新日鐵釜石発電所は年間5,000トン、住友共同電力は同12,500トン、中国電力三隅発電所は同30,000トンの未利用間伐材等を調達している。

もう一つは下川町（北海道）、最上町（山形県）、小国町（山形県）などで実施されている地域熱供給システムへの未利用間伐材などの供給である。それぞれ年間約380トン、2,060トンおよび500トンの燃料用チップを供給している。とくに最上町では林地の団地化や列状間伐の実施、高性能林業機械の導入による伐採・搬出の低コスト化、丸太での乾燥やチップ機械の導入などを通じて本格的な木質燃料のサプライチェーンの構築に挑戦している。さらに小規模の発電所や熱利用施設でも間伐材由来の地元チップを利用するところもみられるようになってきた。

以上のように燃料チップの原料として未利用間伐材等が利用されるようになってきたが、これらは、一般に言われている伐採跡地に放置された林地残材ではなく、本来は伐り捨て間伐になる林木や欠陥材あるいは低質材であり、最初から燃料利用を前提に伐採・搬出したものがほとんどである。換言すれば林地残材の燃料利用は効率的な収穫・搬出ができないため採算が合わないが、伐採・搬出の作業を合理化、単純化し、高性能林業機械等を導入した素材生産の低コスト化を図れば、山側の利益とともに燃料材の伐採利用もある程度経済的な見通しが立つ段階にきていることを示している。

このような取組はまだ途についたばかりだが、未利用間伐材等の利用が本格化し、燃料用チップが適正価格で安定的に供給されることが待たれている。

（5）燃料用木質チップの規格

①国内外で制定されてきた規格

わが国のチップ需要はこれまで製紙用が主体だったが、地球温暖化防止を背景とした再生可能エネルギーやリサイクル資源の活用が叫ばれるようになり、燃料利用が活発化してきた。それに伴って木質チップの品質についてもこれまでの製紙用とは違った要求がされるようになってきた。

それを受けて2010年12月には、全国木材資源リサイクル協会連合会が木質リサイクルチップの品質規格を制定。建築解体材や林地残材を対象に、原料の種類やペンキ、接着剤などの付着の程度からA～Eの4段階に区分し、それらの用途をマテリアル用、サーマル用およびその他用に細かく規定している。サーマル用として品質的に規定しているのは水分M＜25％のみで、需要者はＡ～Ｅのチップ品質区分に応じて選択できるようになっており、具体的用途としては燃料、セメント原燃料および高炉還元剤を挙げている。

同様の動きは全国木質チップ工業連合会にも見られ、2012年3月に木質チップ品質規格原案が制定された（表4-5）。この規格では金属、プラスティック、土砂などの異物混入は不可で、これまでの製紙用チップの取引で慣習的になっていた品質内容を体系化し、それに燃料使用を考慮した乾燥規定を加えたものとなっている。

いずれの規格も従来からの慣行的品質基準を整理し、新たに燃料利用を意識した含水率規制を加味した内容と言えよう。

一方、木質エネルギー利用の先進地ヨーロッパでは木質燃料に特化した規格が制定されている。家庭用や小規模の商業あるいは公共ビルで使用する出力の比較的小さな木質ボイラに用いるチップ燃料を対象とした非産業用木質燃料チップのヨーロッパ品質規格（EN14961-6）である。わが国のような樹皮に関する規制は見られず、皮付きチップや枝葉のチップも重要な燃料になる。

この品質規格ではＡの家庭用（小出力ボイラ用）とＢのビル用（中出力ボイラ用）に大きく区分している。さらにA、Bそれぞれを原料の違いによって2区分し、Ａについては含水率、灰分、発熱量およびかさ密度に基準値を設けているが、Ｂでは灰分と微量元素、金属元素について基準値を設け、含水率、発熱量、かさ密度は表示義務を負わせて

表4-5　木材チップ規格原案（全国木材チップ工業連合会）

項　目	内　容	規格区分（表示記号）	備　考
1. 樹　種	①針葉樹チップを主体とするもの…N スギ、ヒノキ、アカマツ、エゾマツ、トドマツなど。樹種名の標記が必要な場合は主要構成樹種名をカタカナでNの右下に小さく標記する ②広葉樹チップを主とするもの…L サクラなど特別な記帳が必要な場合は主要樹種名をカタカナでLの右下に小さく標記する ③針葉樹、広葉樹等配合チップを主体とするもの…M	N L M	樹種名表記の例： $N_{スギ}$、$N_{アカマツ}$ 樹種名表記の例： $L_{サクラ}$ タケなどを含む
2. 製造方法	①切削（刃物で切削したもの）…S ②打撃、破砕（ハンマー、クラッシャーなどで木材繊維に沿って砕いたもの）…H	S H	 ピンチップ、クラッシャーチップ
3. 樹　皮	①皮なし（白チップ）…皮混入率3％以下 ②皮付き（黒チップ）…皮混入率20％以下 ③樹皮チップ…粉砕した樹皮を主体とするもの	Bw Bb Ba	
4. 乾　燥	乾燥程度（湿量基準の含水率）で4区分	D1（20％未満） D2（20％以上、30％未満） D3（30％以上、50％未満） D4（50％以上）	湿量基準含水率
5. 異　物	金属、プラスティック、土砂など異物を含まないもの		

注　この規格は流通取引単位の全量について定めるものとし、「主体とする」はその3分の2以上を占めるものとする
湿量基準含水率：$Uw = (w-w_d)/w \times 100$、ただし、w：生重量、$w_d$：全乾重量
需要先によって必要ない規格の表示は省略することができる
企業表示例：スギ、切削、皮なし、未乾燥、のチップ…$N_{スギ}$SBwD4
広葉樹、破砕、皮付き、乾燥、のチップ…LHBdD1

表4-6　燃料用木質チップの品質規格（試案）

品質項目	単位	民生用		産業用	
		A1	A2	B1	B2
原　料 （表4-7参照）		原木丸太 未利用工場残材	原木丸太 未利用工場残材 灌木、末木、枝葉など	原木丸太 未利用工場残材 灌木、末木、枝葉など 剥皮樹皮 リサイクル無垢材 リサイクル接着木材	原木丸太 未利用工場残材 灌木、末木、枝葉など 剥皮樹皮 リサイクル無垢材 リサイクル接着木材 リサイクル化学処理木材 除伐木、剪定枝、除根材など
チップの大きさ		表4-9から選択		表4-9から選択	
水分率 （表4-8参照）	w-%	M20、M30から選択	M35、M45、M55から選択	明示すること	
灰分率 （表4-10参照）	w-% dry	Ac1.0	Ac1.5	Ac3.0	Ac10.0
低発熱量 （入荷時）	MJ/kg Mcal/kg	12.2～16.3 2.9～3.8	6.7～12.2 1.6～2.9	明示すること	
かさ密度	kg/loose m^3	明示すること		明示すること	
窒　素	w-% dry			≦1.0	
硫　黄	w-% dry			≦0.1	
塩　素	w-% dry			≦0.05	
砒　素	mg/kg dry			≦1.0	
カドミウム	mg/kg dry			≦2.0	
クロム	mg/kg dry			≦10	
銅	mg/kg dry			≦10	
鉛	mg/kg dry			≦10	
水　銀	mg/kg dry			≦0.1	
ニッケル	mg/kg dry			≦10	

いる。チップサイズについては、EN14961-1に準拠してWood chip（切削チップ）、Hog fuels（破砕チップ）別にクラス分けをして消費者の要望に応じて選択できるようにしている。使用するボイラの性能に応じて最適のチップが選べるように設計された点がこの規格の特徴となっている。

②ボイラとの相性を考慮した
燃料等木質チップの品質規格（試案）

燃料チップとボイラとの間には相性がある。とくにチップサイズと含水率についてはボイラの種類によってベストハーフとなるべき相手を選ぶ必要がある。たとえばボイラの出力によって火床（火格子）や燃料の搬送機構に違いが見られ、出力の高いものほど燃料品質に対する要求が低くなる。

チップサイズはチップ搬送トラブルに大きく関係する。小～中規模のボイラではチップの搬送はスクリュー・フィーダで行なわれる。チップサイズはスクリューの径とピッチなどで制限を受けるが、中～大規模ボイラでは油圧ピストンでの圧送方式が採用され、この場合はチップサイズの制

表4-7　原料区分

民生用		産業用	
A1	A2	B1	B2
原木丸太 （燃料用原木、間伐・除伐丸太、伐採残材など） 未利用工場残材 （背板・端材・剥き芯など）	原木丸太 （燃料用原木、間伐・除伐丸太、伐採残材など） 未利用工場残材 （背板・端材・剥き芯など） 灌木、末木、枝葉	原木丸太 （燃料用原木、間伐・除伐丸太、伐採残材など） 未利用工場残材 （背板・端材・剥き芯など） 灌木、末木、枝葉 剥皮樹皮 リサイクル無垢材[1)] リサイクル接着木材[2)]	原木丸太 （燃料用原木、間伐・除伐丸太、伐採残材など） 未利用工場残材 （背板・端材・剥き芯など） 灌木、末木、枝葉 剥皮樹皮 リサイクル無垢材[1)] リサイクル接着木材[2)] リサイクル化学処理木材[3)] 除伐木、剪定枝、除根材など[4)]

注　1）柱、梁、梱包材、パレットなどの無垢材で、防腐剤、合板、インキ付着物、金属、プラスティック類、土砂、石などの異物を含まないこと

2）合板、集成材、パーティクルボード、MDFなどで、防腐剤、合板、インキ付着物、金属、プラスティック類、土砂、石などの異物を含まないこと

3）塗装剤あるいは防腐処理剤（CCA処理剤を除く）などで、金属、プラスティック類、土砂、石などの異物を含まないこと

4）庭園、公園、果樹園、沿道などから収集されたもので、土砂、石などの異物を含まないこと

表4-8　水分区分

区　分	水分M（%）	含水率U（%）	低位発熱量Q_{LHV}			状　態
			Mcal/kg	MJ/kg	kWh/kg	
M20	10～20	9～25	3.4～3.8	14.3～16.3	3.9～4.5	人乾チップ
M30	20～30	25～42	2.9～3.4	12.2～14.3	3.3～3.9	天乾チップ
M35	30～35	42～54	2.6～2.9	10.9～12.2	3.1～3.3	天乾チップ
M45	35～45	54～82	2.1～2.6	8.8～10.9	2.5～3.1	工場残材
M55	45～55	82～122	1.6～2.1	6.7～8.8	1.9～2.5	伐倒直後

表4-9　寸法区分

区　分	微細部 ＜10w-%	主要部 ＞80w-%	粗大部 ＜10w-%	最大長	備　考 （想定用途）
P8	＜4mm	4～8mm	8～16mm	＜50mm	発電用
P16	＜4mm	4～16mm	16～31.5mm	＜85mm	小規模熱利用
P32	＜6mm	6～31.5mm	31.5～63mm	＜120mm	中規模熱利用
P63	＜11mm	11～63mm	63～90mm	＜250mm	大規模熱利用

表4-10　灰分区分

区　分	灰分（%、Ac）
Ac1.0	Ac≦1.0
Ac1.5	Ac≦1.5
Ac3.0	Ac≦3.0
Ac10.0	Ac≦10.0

約はほとんどなくなる。また小型ボイラではスペース的に種々の機構を組み入れることが難しく、安定した燃焼を継続するためには含水率が比較的低くかつバラツキの少ないチップを必要とする。それに対して大型のボイラでは可動式火格子を組み込むスペースが確保でき、高含水率のチップでも乾燥しながら燃焼できるため、高含水率チップを利用する仕様となっている。この点で注意すべきは、とくに燃料チップ生産者側が陥りやすい「含水率が低く発熱量の高いチップが良質」とする考えである。上述のようにボイラには低含水率チップ用と高含水率用とが存在するため、ボイラの仕様に性能に合った燃料チップの生産に心がけるべきである。例えば高含水率用ボイラに低含水率の高発熱チップの使用は、炉体の耐久限度を超え、劣化促進に繋がることとなる。

再度わが国のチップ規格をみると、燃料としての配慮は感じられるが、あくまでもチップ生産者サイドからの提案に終始しているきらいがある。今後の木質燃料需要の高まりを考えると、未利用間伐材などからのチップも含め、燃焼機との相性といった視点を組み込んだ規格の制定が不可欠となる。

この観点から、民生用、工業用（発電含み）でのボイラ設備の仕様と能力を十分考慮して表4-6～4-10に示す「燃料用木質チップの品質規格（試案）」を設計した。とくに配慮した点は、①安全性を確保するため、ボイラの排ガスの浄化装置の有無によって利用できる原料を限定したこと、②燃料用チップの含水率上限を水分55%としたこと、および③ボイラの性能に応じてチップの含水率や寸法が選べることの3点である。

この試案はまだ認知されたものではないが、今後これをベースに全国木材資源リサイクル協会連合会、全国木質チップ工業連合会、さらにボイラのメーカーやユーザーなどとの協議を持って、実効性のある規格に育つことを願っている。

（沢辺　攻）

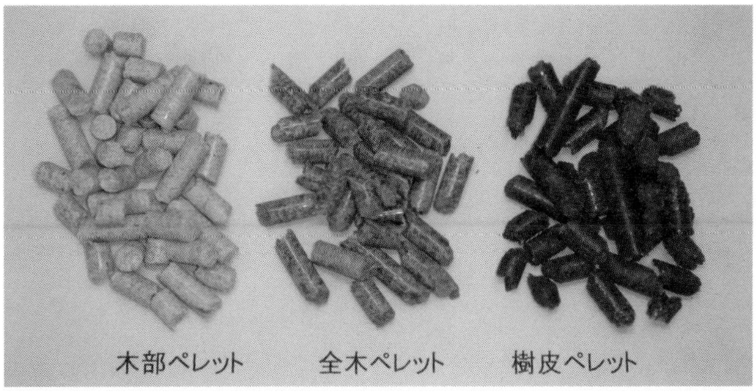

写真4-7　木質ペレットの種類

3 木質ペレット

（1）木質ペレットの概要

①燃料としての特徴

木質ペレットは、木材を原料として圧縮成型した直径6～8mm、長さ10～30mmの円筒形の固形燃料である（写真4-7）。ストーブやボイラの燃料として、また最近では発電所で石炭との混焼燃料として利用されるようになっている。廃棄物系プラスティックやわらなどの草本植物を原料としたものもペレットと呼ばれているが、ここでは木材のみを原料とした燃料用ペレットを木質ペレットと呼ぶこととする。

木質ペレットの特徴は、木材が持つ燃料特性をそのまま継承しつつ以下の機能を発揮する点にある。

1）円筒形で寸法が小さいため、燃焼機器への自動供給が可能で細かい温度調節もでき、固形燃料でありながら石油と同等の使いやすさを持つ。

2）かさ密度は650～750kg/m^{3}で木材チップの2倍もしくはそれ以上、エネルギー密度（容積当たりの発熱量）は3倍もしくはそれ以上あり、輸送効率が高く、貯留スペースも少なくてすむ。

3）水分は10%以下でバラツキが少ない乾燥燃料である。着火性がよく燃焼が安定し発熱量も薪やチップに比べて高い。

4) 発熱量は石油の1/3と低いが、燃料の生産・輸送、燃焼を含めたCO_2排出量は天然ガスの1/3、石油の1/5、電気の1/10と少なく、地球環境に優しい燃料である。

5) 雨水に曝すと膨潤しくずれるため、貯蔵に注意が必要となる。

②木質ペレットの歴史

木質ペレットの製造技術は、穀物や草を家畜用飼料とするために開発された成型技術を木材に応用したものである。1976年にアメリカのオレゴン州で木質ペレットの最初の商業生産が行なわれた。その後1980年代初頭には、エネルギー危機を契機に石油代替燃料として注目され、ペレット事業はまたたく間に北米およびヨーロッパのほぼ全域に広がった。わが国でもちょうどこの頃に、メロン栽培の温室暖房燃料として初めて輸入され、また国産木質ペレットの生産も始まっている。しかしその後の石油価格の下落とともに木質ペレットの生産は急速に減少の道をたどることになる。その原因としては、化石燃料に対する価格優位性がなくなったこと、製造されたペレットの品質等にバラツキがあり、燃焼機器とのミスマッチが少なくなかったこと、ペレット燃焼機器の性能が劣っていたことなどが挙げられている。

その後、1997年の京都でのCOP3（第3回気候変動枠組条約締約国会議）で地球温暖化が注目され、その防止に向けて森林再生などの取組指針が定められた。これを契機に低質木材のエネルギー利用への期待が高まり、さらに地産地消による地域資源の循環利用や安全・安心な社会、広くは持続可能な社会の構築といった期待もあって、北欧、中欧ヨーロッパ、北アメリカを中心に再度木質ペレットの生産が盛んとなってきた。生産量も年々増加するとともに、最近ではロシアを含めたヨーロッパ全域で、アジア、オセアニア、南米などの諸国でも生産が開始されるようになってきた。現在、最大の市場はヨーロッパにあり、国境を越えた、さらには大陸をまたぐ貿易が盛んで、今や木質ペレットは化石燃料と同様に国際流通燃料と見なされるまでに到っている。

そのかげには1980年代の一過性のブームに終わった反省に立って、木質ペレットの品質規格の制定や燃焼機器の性能向上に向かって多くの努力が重ねられたことを見逃すわけにはいけない。

③わが国のペレット産業

1982年に岩手県の葛巻林業が広葉樹バークを原料としてペレット製造に着手したのが、わが国での木質ペレットの生産の始まりである（図4-6）。ヨーロッパ初のペレット生産がスウェーデンで行なわれたのもちょうどこの年で、意外と早い取組みであった。当時わが国もエネルギー危機のさなかにあり、石油の代替燃料として木質ペレットに期待が集まり、2年後には生産量が28,000トンに達し、翌年には全国で26工場と急

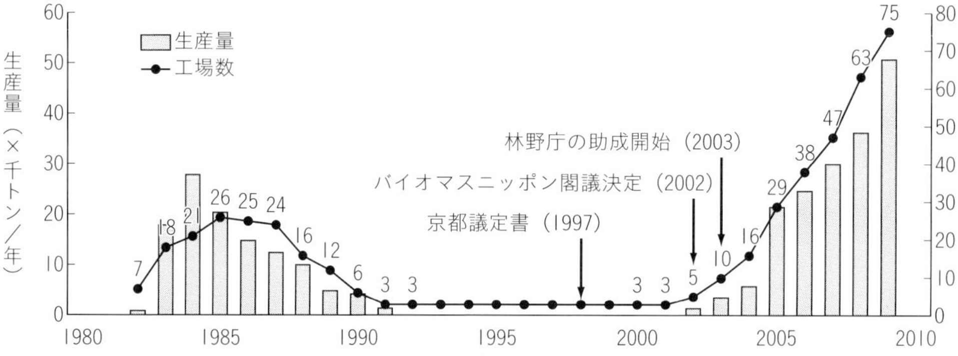

図4-6　わが国におけるペレット生産の推移

出典：日本エネルギー学会編『バイオマスハンドブック』、社・日本ペレット協会資料より作成

表4-11　全国のペレット工場数と生産設備・能力（2010）

地　域	ダイの種類別工場数と生産能力（トン/h）						工場当たり生産能力（トン/h/工場）			年間生産能力（トン/y）	
	工場数			生産能力（トン/h）							
	フラット	リング	全　体	フラット	リング	全　体	フラット	リング	全　体	①	②
北海道	7	8	15	1.0	5.7	6.6	0.14	0.71	0.44	12,700	50,800
東　北	5	9	14	2.2	8.0	10.2	0.45	0.89	0.73	19,600	78,600
関東・甲信越	10	4	14	5.2	4.7	9.9	0.52	1.18	0.71	19,000	76,000
東海・近畿・北陸	9	4	13	3.4	6.9	10.3	0.38	1.73	0.79	19,800	79,100
中国・四国	13	4	17	5.9	7.0	12.9	0.45	1.75	0.76	24,800	99,100
九州・沖縄	1	3	4	3.5	14.3	17.8	3.50	4.77	4.45	34,200	136,700
全　体	45	32	77	21.2	46.6	67.8	0.47	1.45	0.88	130,100	520,300

注　①：1日の運転時間＝6時間/日、年間運転日数＝320日/yで計算
　　②：1日の運転時間＝24時間/日、年間運転日数＝320日/yで計算
　　出典：環境エネルギー/coal & power reportより、試験研究機関などを除き作成

激な発展を示した。

しかし、世界的な石油危機の回避とともに木質ペレットの生産は急速に減少することになる。1991年以降、2001年までは全国でわずか3工場が需要者への生産者責任のもと生産を継続していたに過ぎなかった。その後、1997年のCOP3で採択された京都議定書を契機に、地球温暖化防止対策やバイオマス利用が叫ばれ出し、木質系燃料が再び脚光を浴びるようになってきた。2002年のバイオマス・ニッポン総合戦略閣議決定や、翌年の木質バイオマス利用に対する林野庁の助成開始などの後押しにより、再び木質ペレット事業に目が向けられるようになってきた。その後も順次工場数が増え2009年には75工場、生産量も年間5万トンを超す段階にまできている。

いまやペレット工場は、北海道から南は沖縄まで見られるようになってきた。その生産設備であるペレタイザーの種類は、フラットダイ導入工場がリングダイのそれの1.4倍と多い反面、ダイ別の生産能力は逆にリングダイの方が大きく、導入されるフラットダイは生産能力の低いものが多い(表4-11)。

一方、工場当たりの生産能力では、北海道が低く九州・沖縄が異常に高い生産能力を持っていることが分かる。北海道は単に生産能力の低いペレタイザー導入によるものである。九州・沖縄は発電用ペレット生産に特化して生産規模の大きな成型機が導入されているためで、その他の地区と歴然とした差が見られる。

結局、日本全体では1時間に約68トンのペレットを生産できる能力を有している計算になる。それを根拠に、①1日6時間運転、年間320日運転および②1日24時間運転、年間320日運転の条件(ほぼ世界的標準仕様に近い)で年間生産能力を求めると、①の条件では約13万トン、②の条件では約52万トンとなる。2010年の生産量を仮に6万トンとすると、ペレット工場全体の稼働率は、①の条件では46％、②の条件では約12％と著しく低い。いずれにしても計算上は半分以上の工場が休んでいることになる。

最近の動きで注目される点は、2008年から舞鶴火力発電所で石炭混焼燃料としてカナダから年間5万トンのペレットが輸入されたのを皮切りに、前述したように九州、沖縄地区で火力発電所への石炭混焼燃料としての木質ペレットの生産が始まったことである。これまでの暖房中心の非産業用ペレットの生産からの産業用ペレットの生産といった新たな展開がなされつつある。

ペレットの需要構造は、ストーブ用：ボイラ用＝2：8の割合で圧倒的にボイラ需要が大きく、一般家庭需要は全需要の1割程度と少ない。主要な利用先はハウス暖房、温泉・プールの加温、保養施設の給湯・暖房、発電と産業用蒸気利用で、これらで全需要の7割強を占めている。

またペレット生産と対の関係にある燃焼機については、国産の木質ペレット用ストーブやボイラも多数開発され、輸入も含めて2010年までに木質ペレットストーブ13,553台、木質ペレットボイラが717基導入されている。また世界初の木質ペレット焚き吸収冷温水器も開発され実用化されている。

(2) 最近の世界の生産と消費の動向

①生産と流通

1980年代の第一次ペレットブームが去ってから約10年、1990年代末から木質ペレットの生産が徐々に回復し、欧州の木質ペレット市場は、スウェーデン、デンマーク、オーストリア、ドイツ、イタリア、フランスなどを中心に徐々に広がりをみせ、カナダ、米国をも巻き込んで急激な発展を見せている。2000年代後半からの伸びは著しく、2010年には1,400万トンにも達している。このような急激な伸びには、CO_2排出量削減を目指した発電分野での需要増が大きく関与している。

消費の中心はヨーロッパにあり、欧州圏内では生産が消費に追いつかずカナダや米国、ロシアなどからの輸入に頼っている（図4-7）。スウェーデンでは自国で160万トンも生産していながら米国やカナダから80万トン近くを輸入している。逆にカナダは170万トン近く生産していながら自国消費は僅かでほとんどをヨーロッパや米国、日本にも輸出している。これは国によって需給構造に違いがあるためで、例えば多量の消費を必要とする発電需要が多い国（ベルギー、オランダ、スウェーデン、デンマークなど）では輸入に大きく依存している。また暖房用ストーブが中心の国々（米国、イタリアなど）、地域暖房のボイラが中心の国々（ドイツ、オーストリアなど）など消費様式に特徴もあり、国境を越えたまたは大陸をまたぐ取引がごく普通になっている。これもエネルギー密度が高く長距離輸送に耐えられるペレットの特性と言える。

世界の生産能力をみると、1万トンを切るものも若干含まれているが、数万トンクラスの工場が最も多い（表4-12）。年産10万トンを超す大規模工場も各地に建設されるようになり、米国、カナダ、ロシアなど豊富な森林資源に恵まれた国では40万～90万トンといった超大規模なものも出現するようになっている。その多くはヨーロッパ向けのペレット生産を目的に建設されたもので、市場競争が激しくなる中、大量生産による生産コストの削減を目指した取組であると同時に、今後さらに発電需要を中心に木質ペレットの需要が拡大することを見越した動きと理解できる。ちなみに

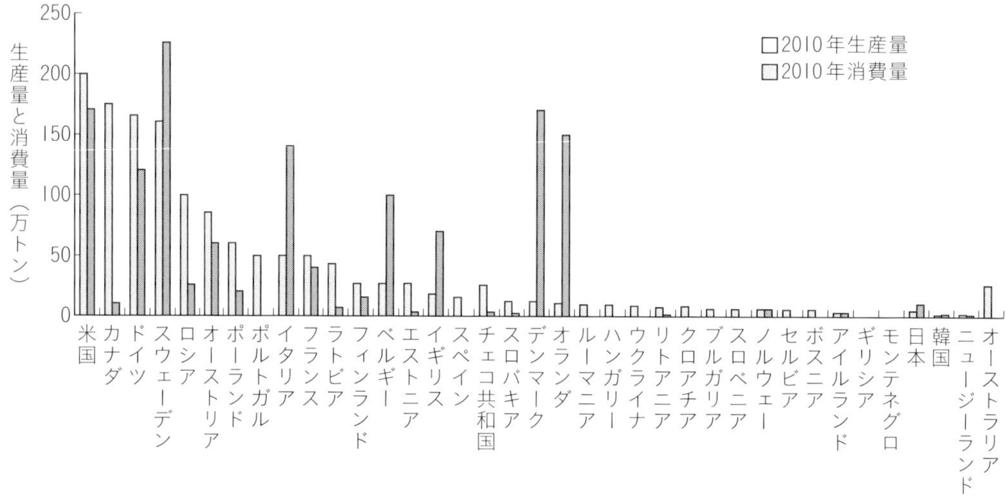

図4-7　木質ペレット生産量と消費量（国別比較）
出典：IEA Task 40 in 2011

表4-12　世界のペレット工場における生産能力（2010）（単位：工場数）

国　名	年間生産能力（万トン/y）						計
	～1	1～4	5～9	10～19	20～39	40～	
米　国	0	41	26	13	1	3（50/60/75万トン）	84
ロシア	0	52	12	3	0	1（90万トン）	68
ドイツ	0	22	7	10	2	0	41
カナダ	0	12	11	7	3	1（40万トン）	34
スウェーデン	0	11	15	8	0	0	34
フランス	0	20	6	1	0	0	27
オーストリア	2	16	7	1	0	0	26
スペイン	0	24	1	0	0	0	25
ポーランド	0	9	8	2	0	0	19
イタリア	0	13	5	1	0	0	19
他34か国	9	132	47	24	3	1（45万トン）	216
全　体	11 （2%）	352 （59%）	145 （24%）	70 （12%）	9 （2%）	6 （1%）	593 （100%）

注　生産能力1万トン以上の工場を対象とした
　　出典：Bioenergy International, Jan. 2011より作成

2020年には世界の消費は、現在の2倍以上の3,500万～5,000万トン以上になるとも言われている。

②生産能力

このように世界のペレット工場は巨大化の方向に進んでいるようにみえるが、規模の小さな工場も多い。2009年の調査では、EUで稼働中の木質ペレット670プラントのうち30%は生産能力1万トン以下であったと報告されている。発電利用などのような大口需要では品質が多少低くても問題にならないのに対して、規模が小さくても良質なペレットを地域ニーズに合わせて生産・供給できるニッチ市場が、各地に存在することも確かなようである。

以上のように現在、木質ペレットは燃料としての市民権を得るようになった。その過程では、木質ペレット品質の安定化と並んで、その相棒である燃焼機の性能改善への地道な努力も見逃すわけにはいかない。木質ボイラの燃焼効率は1980年から2000年までに大幅に改善され、現在では90%の高率が確保されている（図4-8）。CO発生量も同様で、今やほとんど発生しない状態にまで改善されている。

③焙煎ペレットの開発と利用

最近のもう一つの動きとして、焙煎ペレット（ト

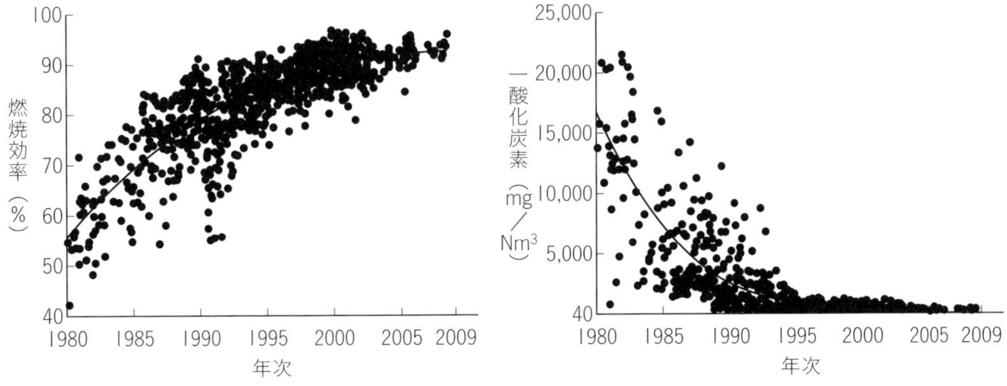

図4-8　木質ボイラ（<400kW）の燃焼効率とCO発生量の調査結果
出典：FJ-BLT Wieselburg; Bioenergy 2020+

レファイドペレット）の開発がある。焙煎とはコーヒー豆を煎る時のように、木質チップを無酸素のもと250～300℃で一定時間加熱処理することである。この処理で質量の約30%がガスとなって失われる、その多くは熱安定性が低く、発熱量の低いヘミセルロースであるため、エネルギーは10%程度しか失わない。固形物として残るのは元の質量の70%だが、その中には元のエネルギーの90%が残ることになり、エネルギー密度は1.3倍に上昇する。これをペレットに成型したのが焙煎ペレットで、以下の特徴が付与されている。

1）水分が1～2%と少なく、炭素含有量も60%台に増え、発熱量は無処理木質ペレットより30%近く高い。
2）エネルギー密度（18～20GJ/m^3）は木質ペレット（10～11GJ/m^3）の2倍近くになり、運搬コストは40～50%削減できる。
3）疎水性を示すようになり、雨に濡れても膨潤しないため屋外貯蔵が可能になる。
4）粉砕性が高まるため、石炭もペレットも微粉にしてボイラに噴霧する混焼発電では粉砕経費の節減につながる。

したがって、焙煎ペレットはハイカロリーペレットとして、発電用あるいは発電混焼用、製鉄用あるいはその他産業用、非産業用燃料としての利用が期待されている。

（3）木質ペレットの種類

木質ペレットは原料と用途によって表4-13のように区分できる。

原料別区分では、原料に用いられる木材の部位によって木部ペレット（ホワイトペレット）、全木（混合）ペレットおよび樹皮ペレット（バークペレット）の3種類に区分される。全木ペレットは未利用間伐材等などの皮付丸太（全木）をそのまま粉砕した原料から製造されるもので、樹皮混入率は通常10%以下である。混合ペレットは木部と樹皮を混合した原料から作られる。

わが国ではこれら3種のペレットが生産されている、欧米では工場などから大量にでてくるおが粉で製造した木部ペレットが主流で、樹皮ペレットは非常に稀である。利用に当たっては、燃焼機の機種によって使用できる木質ペレットの種類が限られる場合があるので注意が必要である。

表4-13　木質ペレットの種類

区　分	名　称	内　容
原料別	木部ペレット	樹皮を含まない木質部を主体とした原料を用いて製造したペレットで、ホワイトペレットとも呼ぶ
	樹皮ペレット	樹皮を主体とした原料を用いて製造したペレットで、バークペレットとも呼ぶ
	全木（混合）ペレット（全木ペレットと混合ペレットの総称）	【全木ペレット】樹皮付丸太を原料として製造したペレット 【混合ペレット】樹皮と木部を任意の割合で混合した原料を用いて製造したペレット
用途別	非産業用ペレット	有害物質を含まない木材で製造したペレットで、燃焼ガス浄化装置を持たないストーブや小型燃焼機でも安全に燃焼できるもの
	産業用ペレット	有害物質を含む可能性のある解体材などを含む木材で製造したペレットで、燃焼ガス浄化装置を持つ大型ボイラで安全に燃焼できるもの

用途別区分では、非産業用ペレットと産業用ペレットの2種類に区分される。非産業用ペレットは一般家庭、公共施設、宿泊施設や各種事業所などで用いられるストーブや小型ボイラで燃焼することを前提として製造されたもので、有害な燃焼ガスや燃焼灰を出さない原料が用いられる。産業用ペレットは工場や発電所などの有害ガス除去装置が組み込まれた大型ボイラでの燃焼を前提としたもので、品質が少々劣っても利用できる。

（4）製造方法

図4-9は木質ペレット製造プロセスである。

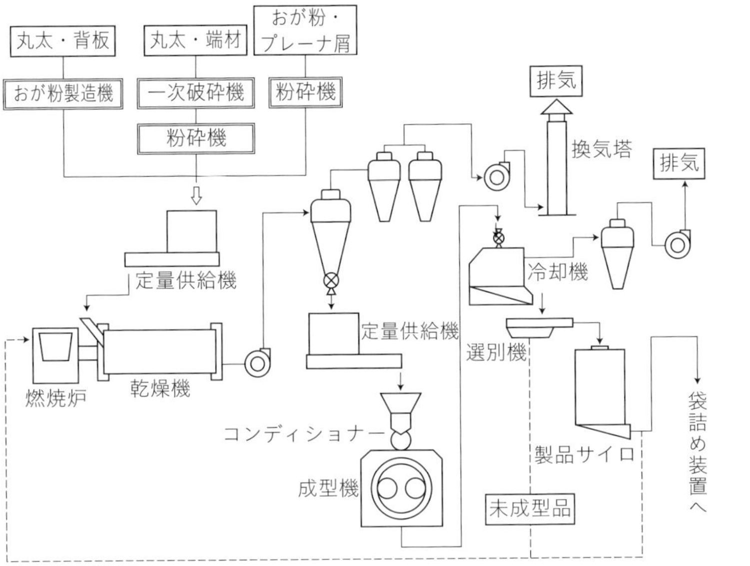

図4-9　木質ペレットの製造プロセス

①原材料

木質ペレットの原料としてはあらゆる木材を用いることができる。非産業用ペレットには、有害物質に汚染されていないおが粉、かんな屑、樹皮、端材などの工場残材と、森林の育成・伐採工程で発生する除・間伐材や林地残材、剪定枝、虫害木、風倒木などが使用される。産業用ペレットの原料には、非産業用の原料に加えて有害物質を含む可能性のある建築解体材なども用いられている。

木材はバインダー（接着剤）なしでもペレットに成型できるが、ヨーロッパでは成型を容易にする目的で少量の澱粉を添加する場合もある。わが国ではほとんどがバインダーなしで作られている。

②破砕・粉砕

ペレットの製造では、原料木材を成型に必要な粒径にまで破砕・粉砕する必要がある。成型機に投入する段階での粒径はダイ小孔径の2/3程度が上限とされている。

破砕・粉砕方法としては、小径丸太、製材端材や背板などは、おが粉製造機で粒径の揃った木粉にする場合がある。大きな原料などは、破砕機で一次破砕したのち一軸粉砕機やハンマーミルで二次粉砕する方法がとられている。工場から出てくるおが粉やプレーナ屑は、所定の粒度に揃えるために粉砕機にかけられる場合がある。

③乾　燥

粉砕された原料は乾燥工程に廻される。丸太の水分（湿量基準含水率）は通常50%以上、また未乾燥の背板やおが粉などの工場残材なども30%以上で、いずれもペレットの製造条件に合った水分状態にまで乾燥する必要がある。良質なペレットを効率良く生産するためには、原料の水分を10～20%の範囲に調整する必要がある。スギやヒノキの針葉樹樹皮の場合は、少し高めにした方が好結果を導くことがある。このように、原料によって最適な水分条件があり、原料ごとに調整する必要がある。

乾燥には、回転円筒の中に原料と熱風を通し、撹拌しながら比較的時間をかけて乾燥するロータリドライヤー方式、高速の熱風の中で原料を短時間に乾燥する気流乾燥方式、および金網製のコンベアーに原料をのせて乾燥機の中を移動して乾燥するコンベアー方式がある。いずれの場合も、熱源には化石燃料は使用せず、成型不良品のペレットや原料木材の一部が使われる。

④成型と冷却、選別

木質ペレットは、図4-10のような金属製のダイ

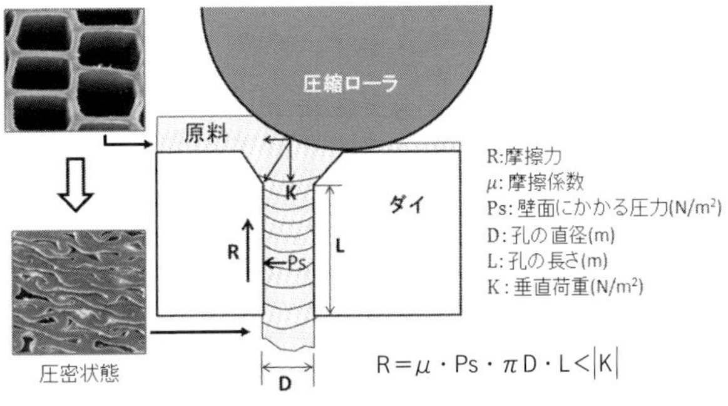

図4-10　ペレットの成型機構

（金型）の小孔に原料を圧入するだけで成型できる。ペレットが押し出される条件は、垂直荷重K＞摩擦力Rで、摩擦力Rは孔直径Dが一定の時は孔の長さ（L）によって変化する。その意味で細長比L/Dが重要になる。

圧入によって原料と孔内壁との間に摩擦が生じ、その摩擦力によって木材は圧縮され、ちょうどスポンジをつぶしたような圧密状態になる。そのまま力を抜くとまた元のかたちに戻るが、摩擦によって生じた摩擦熱と水分の作用によって木材中のヘミセルロースやリグニンが軟化して可塑化され､力を抜いても元のかたちに戻りにくくなる。その状態で小孔から押し出され、冷やされることによって圧密状態を維持したまま固まり、高密度のペレットになる。このとき原料内部および原料粒子間で形成される結合力は、ペレットを水につけると膨れることから想像できるように、水の作用で切断される程度の比較的弱いもの（水素結合など）である。それに原料粒子間の絡まりによる結合力などが形成され、ある程度強固なものになる。

木質ペレットの成型機（ペレタイザー）にはリングダイ方式とフラットダイ方式がある（図4-11）。これらには通常、定量供給装置と加湿装置（コンディショナー）が接続されている。加湿装置は原料含水率が設定含水率より低い場合にスチームあるいは水を噴霧できるように設計されている。成型機の本体は、多数の円筒形小孔を持つダイと圧縮ローラから構成され、原料は圧縮ローラで小孔に押し込まれてペレットに成型される。

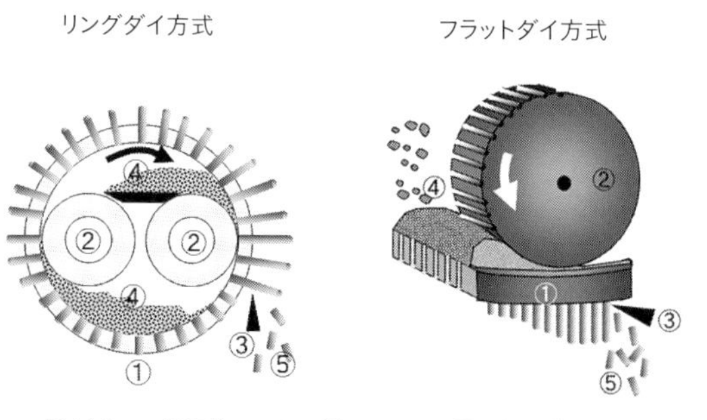

①ダイス、②圧縮ローラ、③カッター、④原料、⑤ペレット

図4-11　成型機の種類と成型方法

リングダイ方式の場合、生産能力は数百kg/h～数トン/hで稼働中に激しい騒音や振動を伴う。それに対してフラットダイ方式の場合は振動や騒音が少ないのが特徴で、生産能力は数十kg/h～数百kg/hのものを多くみかける。ペレット成型時のダイ温度は通常100～120℃の範囲にあり、成型機のみの消費電力は80～160kWh/トン程度である。

成型直後のペレットは温度が高く比較的軟らかいため、形くずれや破損を防止する目的で強制送風によって冷却して硬化を促進する。

冷却されたペレットは振動ふるいや回転ふるいなどを用いて成型不良品や微細なダストを取り除き製品となる。除去された不良品などは原料乾燥機の燃料として使われる。

（5）木質ペレットの品質規格

①品質規格を巡る世界の動向

1980年代の木質ペレットブームが一過性に終わった原因の一つに、市場に出回っている木質ペレットは品質が様々で、利用に際してのトラブルも少なくなく、燃料としての信用を失ったことを挙げることができる｡品質基準の明確化は､ペレット生産者には品質に関する製造指針を、燃焼機器メーカーには燃焼機設計の指針を与えるようになり、また品質が保証されていれば消費者も安心して使用できる。結果として品質基準あるいは規格の存在は木質ペレットの需要拡大にもつながる重要な役割を果たすことになる。

このような観点から、1980年代後半にスウェーデン、オーストリア、ドイツ、ノルウエーなどで国としての統一的な基準が作られた。また北米ではストーブメーカー、燃料生産者、燃料供給者などで構成されたペレット燃料協会（FPI）が、それぞれに共通する自主規格を作成し運用している。

しかし、すでに述べたように、木質ペレットの市場は国内に留まらず国境や大陸をまたぐ活発な国際貿易が行なわれるようになり、国別の規格では対応できなくなり、国際的に共通な規格が必要

表4-14　非産業用木質ペレットのEN規格（EN14961-2）

	項　目	単　位	A1	A2	B
測定基準値	原料		樹幹木部 化学的処理されていない木質残材	根を除く全木 樹幹木部 林地残材 樹皮 化学的処理されていない木部残材	林木、植林、その他木 未利用材 工場残材 再利用木材
	直径（D）	mm	6±1、8±1		
	長さ（L）[1]	mm	3.15≦L≦40		
	水分率（M）	%	≦10		
	灰分（A）	% dry	≦0.7	≦1.5	≦3.5
	機械的耐久性（DU）	%	≧97.5	≧97.5	≧96.5
	微粉率（F）	%	≦1.0		
	添加物（バインダー）[2]	%	≦2		
	低位発熱量（Q）	MJ/kg	16.5≦Q≦19	16.3≦Q≦19	16.0≦Q≦19
		kWh/kg	4.6≦Q≦5.3	4.5≦Q≦5.3	4.4≦Q≦5.3
	かさ密度（BD）	kg/m^3	≧600		
	窒素（N）	%	≦0.3	≦0.5	≦1.0
	硫黄（S）	%	≦0.03	≦0.03	≦0.04
	塩素（Cl）	%	≦0.02	≦0.02	≦0.03
	ヒ素（As）	mg/kg	≦1		
	カドミウム（Cd）	mg/kg	≦0.5		
	クロム（Cr）	mg/kg	≦10		
	銅（Cu）	mg/kg	≦10		
	鉛（Pb）	mg/kg	≦10		
	水銀（Hg）	mg/kg	≦0.1		
	ニッケル（Ni）	mg/kg	≦10		
	亜鉛（Zn）	mg/kg	≦100		
情　報	灰の溶融挙動[3]	℃	表　示		

注　1）L＞40mmは1%、最長は＜45mm
　　2）澱粉、コーンスターチ、ポテトスターチ、植物油
　　3）酸化条件下での収縮開始温度（SST）、軟化点（DT）、融点（HT）、溶流点（FT）を表示

になってきた。その要請にいち早く取り組んだのはEUで、約10年前から欧州標準委員会技術委員会（CEN/TS）は固形バイオ燃料のEU共通の基準作成に取りかかり、長期の検討を重ねた結果、2011年にEN共通のペレット品質保証システムENplusと非産業用木質ペレットのEN品質規格（EN 14961-2）が制定された（表4-14）。さらにEUの枠を越えた木質ペレットの国際規格策定作業がISOのTC238で進行中であり、今後はEU規格をベースに検討が進むものと思われる。

②わが国の品質規格

わが国にもこれまでにいくつもの木質ペレット品質基準が作られてきた。しかしその多くは諸外国の規格値を参考にして、わが国の実情にあうか

表4-15　木質ペレット品質規格（一般社団法人日本ペレット協会、2011年3月31日制定）

品質項目		単位	基準 A	基準 B	基準 C
直径の呼び寸法[1]（D）		mm	6、（7）、8		
長さ[2]（L）		mm	L≦30mmが質量で95%以上で、かつL＞40mmがないこと		
かさ密度（BD）		kg/m^3	650≦BD≦750		
湿量基準含水率（U）		%[3]	U≦10		
微粉率（F）		%[3]	F≦1.0		
機械的耐久性（DU）		%[3]	DU≧97.5		
発熱量（Q）	高位発熱量	MJ/Kg[3]	≧18.4（4,400kcal/kg）		≧17.6（4,210kcal/kg）
	低位発熱量	MJ/Kg[3]	≧16.5（3,940kcal/kg）		≧16.0（3,820kcal/kg）
灰分（AC）		%[4]	AC≦0.5	0.5＜AC≦1.0	1.0＜AC≦5.0
硫黄（S）		%[4]	S≦0.03		S≦0.04
窒素（N）		%[4]	N≦0.5		
塩素（Cl）		%[4]	Cl≦0.02		Cl≦0.03
ヒ素（As）		mg/kg[4]	As≦1		
カドミウム（Cd）		mg/kg[4]	Cd≦0.5		
全クロム（Cr）		mg/kg[4]	Cr≦10		
銅（Cu）		mg/kg[4]	Cu≦10		
水銀（Hg）		mg/kg[4]	Hg≦0.1		
ニッケル（Ni）		mg/kg[4]	Ni≦10		
鉛（Pb）		mg/kg[4]	Pb≦10		
亜鉛（Zn）		mg/kg[4]	Zn≦100		

注　1）6mmまたは8mmが望ましい
2）円孔径3.15mmのふるいに残るものを測定対象とすること
3）到着ベース（湿量基準）
4）ドライベース（乾量基準）

たちに編集し直したものがほとんどだった。その中で、2011年3月制定の「木質ペレット品質規格（一社・日本木質ペレット協会）」（表4-15）は、6年間にも及ぶ「市販木質ペレットの品質・性能調査とそれらの燃焼試験」を行ない、それらから得られた実証結果と市場調査を踏まえて、消費者、学識経験者、木質ペレットメーカー、燃焼機器メーカー、流通業者等の検討を経た上で策定されたものである。さらにこの「木質ペレット品質規格」は、今後世界基準の原型になると予想されるEN規格（表4-14）との整合性についても十分配慮されている点も評価できる。

この規格を運用するうえで留意すべき点は以下の通りである。

1）非産業用ペレットを対象とした規格で、原料は有害物質で汚染されていない木材に限定し、有害な化学物質で処理された木材、海中に貯木された木材、建築廃材などの解体木材、砂礫付着が多い根株および履歴不明な木材は、原料として使えないこととしている

2）基準A、B、Cは次の理由から灰分量で区分した。使用する燃焼機器によって、灰分の少ないペレットしか利用できないものや、

灰分の多いものでも利用できるものなどの燃料選択制があり、ペレットと燃焼機器との相性を簡単に判断できるようにした。木部、全木または混合、樹皮ペレットといった原料区分と品質・性能との相関は希薄であった。

3) 直径6mmをストーブなどの小型燃焼機用、8mmをボイラ用と想定、現在生産されている7mmペレットは今後なくす方向
4) 長さは国産、輸入のいずれのストーブでもトラブルが発生しない寸法に規定
5) かさ密度の高いペレットは不完全燃焼や燃焼機の過加熱を引き起こす場合があり、それを避けるためにかさ密度に上限を設けている
6) 発熱量は高位発熱量と低位発熱量との混乱を避けるため、両方の値を表示
7) 灰分規制値のEN基準との相違は、灰化温度がEN基準では550℃に対してJIS規格では815℃と異なることによる

さらに、この木質ペレット品質規格に基づく「燃料用優良木質ペレット認証制度（日本木質ペレット協会）」も発効し、わが国の木質ペレットの品質保証に関わる一連のシステムが整うようになった。

（沢辺　攻）

V

ストーブ、ボイラの活用法

1 薪ストーブ

(1) 薪ストーブとは

近年、薪ストーブへの関心が非常に高まってきた。それは薪ストーブが再生可能な森林資源を燃料とし、かつ電気を使わない環境に優しい暖房器具として認知されてきたためであろう。それと同時に薪ストーブが家全体を暖め、身体の芯から暖まる心地よさをもたらす本来の特性が少しずつ浸透してきたからだと思われる。また、踊るような炎が疲れた現代人の心を癒してくれ、薪ストーブ料理ができる、火を囲んでの家族団らんが持てるなど寒い冬の楽しみが得られるところからも導入する人が増えてきた。

つい先頃まで薪ストーブは、別荘での使用やセレブのステータスのためのもの、ログハウスでの利用、特別な思いを持った人の趣味性が強いものと思われていた。しかし現在では、公務員、自営業、普通のサラリーマンの家でごくごく日常的な道具として使われるようになってきた。薪ストーブ本体と煙突部材、炉台などストーブ周りとそれらの適切な設置工事を含めると100万円を超えるような初期投資が必要になるが、その負担をかけてでも多くの人々が求める魅力がある。

燃えさかる炎を必要以上に恐れずに、そして、その火を管理活用できるか否かが人と獣との大きな違いのひとつである。太古より人類は火を料理のため、明かりをとるため、そして暖房の熱源として利用してきた。焚き火など屋外での使用に限定されていたものが、次第に室内での使用ができるように創意工夫されてきた。最初は住居の中央の土間に穴を掘り、そこで直火を燃やして暖をとっていた。中世以降、建築技術の発展とともに石材や煉瓦で形成された炉の中で燃焼をさせるようになってきた。石や煉瓦で排煙用の煙道も作られ、室内を汚すことなく燃焼させるようになった。

現在のような薪ストーブのルーツは、現100米ドル札に描かれアメリカ独立宣言にも署名をしたベンジャミン・フランクリンが1742年に発明したフランクリンストーブがその起源とされている。また、北欧では、囲炉裏のような囲暖炉の上下左右を煉瓦や石でおおったログストーブといわれるものが、煉瓦や石に代わり鋳物でつくられ、それが進化発展して現在の鋳鉄ストーブとなってきたともいわれている。

現在の薪ストーブは、燃焼室全面が鋳物もしくは鉄板で密閉（正面には火を楽しむための耐火ガラスが使用されているものが多い）されており、移動が可能（一般的にはしないが）なものである。古典的な開放型の暖炉に比べて密閉型の薪ストーブは、燃焼空気の調整がしやすく二次燃焼システムも取り入れやすいので燃焼効率に優れているといえる。

(2) 種類と構造

①普及がすすむ燃焼効率が高い薪ストーブ

薪ストーブの先進地である欧米から輸入されるブランドは、日本で正規代理店のある主なものだけでも20以上ある。それらの薪ストーブは、この30年間で大幅に進化した何らかの二次燃焼システムを持っており、熱効率を高くし排出ガス量を抑え環境にかかる負荷ができるだけ少なくなるようにつくられている。

現在欧米から日本に正規輸入されているブランドストーブは、年間1万台ほどと推計される。また、様々な形で並行輸入されるものも数千台はあり、さらには主に中国で生産され量販店などで安価で大量に売られるもの、個人や鉄工所でつくられる鋼板製手づくりストーブを加えれば3万台以上が市場で販売されていると考えられる。

近年の薪ストーブへの関心の高まりとともに薪ストーブの販売施工店も毎年増加しており、北海道から鹿児島県まで全国400店以上あると思われる。安価なストーブに関してはDIY（Do It Yourselfの略、日曜大工、自家施工とも）で設置されていることも多い。

②再燃焼システムと触媒の有無で違う種類と性能

薪ストーブはその燃焼方式によって再燃焼システムのあるものとないものに大きく分けることができる。前者は欧米からの輸入ブランドストーブ、後者はダルマストーブや時計型ストーブ、手づくりストーブなどに代表される。また、形ばかりの二次燃焼をうたうものも数多くある。再燃焼システムのない薪ストーブは熱効率が悪いばかりでなく、室内で焚き火をしているのと同じことなので、煙をそのまま煙突から排出するようになる。

再燃焼システムには、触媒を使った方式と触媒を使わない方式のものに分けられる（図5-1）。薪ストーブの触媒は、プラチナまたはパラジウムでコーティングされたハニカム構造（蜂の巣状）の金属もしくはセラミック製で、一次燃焼時に発生する未燃焼ガスをこの触媒を通過させることにより、通常550℃以上でしか燃焼できない未燃焼ガスを230℃の低温域でも再燃焼させることができる。その結果、不純物を大幅に減少させると同時に新たな大量の熱を得ることができる。この触媒は消耗品であり、5年程度で交換が必要になる。

触媒を使わない方式には各メーカーで工夫がされ様々な方式（クリーンバーン、クアドラバーンなど）があるが、その中でもクリーンバーン燃焼

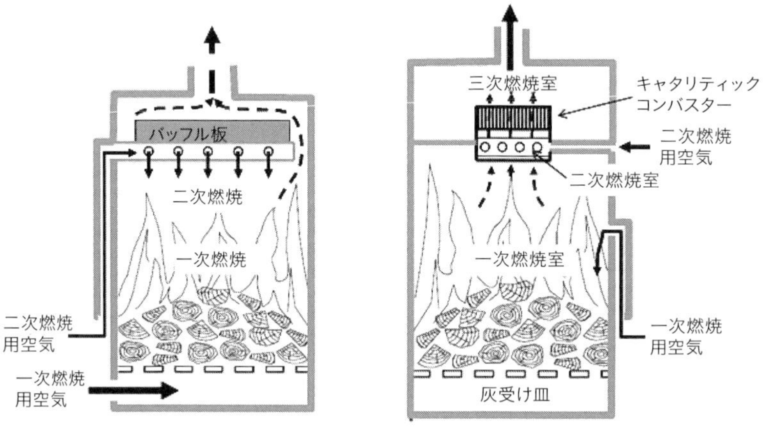

クリーンバーン燃焼方式

キャタリティック（触媒）
燃焼方式

図5-1　薪ストーブの再燃焼システム

写真5-1　輸入薪ストーブのデザイン

と呼ばれるものが代表的なものである。クリーンバーン燃焼は、一次燃焼時に発生した未燃焼ガスを、燃焼室上部に開けられた空気孔から送られた新鮮な空気により二次燃焼される方式で、構造がシンプルで適切なメンテナンスがあれば長期間クリーンな二次燃焼を継続することができる。メンテナンス性とコストパフォーマンスに優れており、欧州製の製品に多くに採用されている。

なお、薪ストーブには鋳物で造られたものと鋼板で造られたものに大別できる。それぞれに炉内の保護と燃焼室の保温のため、耐火煉瓦やスカモッレックスなどの石が組み込まれているものもある。

今までの日本の輸入薪ストーブは箱型のトラディショナルなタイプが主流だったが、近年、北欧を中心としたヨーロッパから台頭してきたモダンなスタイルも増加してきて選択肢が広がっている（写真5-1）。主にリビングルームに設置され、占有面積も大きくなる薪ストーブは、性能だけでなくデザイン性も重要である。

(3) ストーブと煙突の施工法

①設置場所による必要な工事

新しく家を建てる時に薪ストーブも一緒に計画するケースが多くみられるが、テレビや家具などの配置と同じように考えるのではなく、薪ストーブと煙突は建物の構造の一部として考える必要があり、基礎、土台、床、天井、屋根の全てが大きく関わってくる。出来あがった間取りに器具としてどう配置するのではなく、薪ストーブを設置するためにはどのような間取りにすべきかを検討する必要がある。設計段階から設計士やプロに十分な相談をすることが肝心である。

また、近年既存の建物に薪ストーブを設置することが増えてきた。おおよそ全ての家屋に薪ストーブを設置することは可能だが、薪ストーブは自重が100kg～200kg以上と重く、炉台の重量もかかるため、床や基礎の補強工事が必要な場合もでてくる。

②薪ストーブの性能を発揮させる煙突の施工法

薪ストーブの本来の性能を発揮させるには煙突が重要である。煙突は単なる排煙装置ではなく、燃焼の良否を左右する重要な役割を持っている。煙突の内部の空気が暖まると浮力が発生する。この浮力がドラフト（吸引力）となってストーブの中に空気を引き入れ、このドラフトの強さがストーブの燃焼に大きく影響する。ドラフトは、煙突の高さが高いほど、温度が高くなると強くなる。

ドラフトの強弱は煙突の構造によって以下のように変化する。

1）煙突の垂直長さが長いほど強くなり、曲がりや斜め、水平の部分が多くなると弱くなる。

2）煙突の長さによるが煙突径が太いほうが強い。

3）煙突が冷えた状態よりも熱せられることにより強くなる。当然、ススがついてくるとドラフトは弱くなる。

ドラフトが弱くなると燃焼不良を起こしやすくなる。強火で燃焼している状態では、排気の温度が高くなるので多少不利な条件でも吸引するが、常に強火で焚くとは限らない。むしろ一般的な使い方としては長時間弱火で連続燃焼する場合が多くなる。その場合には排気温度も下がり、条件の悪い煙突では燃焼のコントロールできなくなってしまう。さらにその場合にはススがつきやすくなる。

かつては、室内に出来るだけ長く煙突を露出させ煙突から放熱をさせるために水平になる部分を長くした施工がされていた。熱効率の悪い古いストーブは、煙突からの発熱を得ることが大切であり、またそれらのストーブは熱効率が悪いために煙突から排出する熱が多く、それにより強いドラフトが発生して多少不利な条件でも燃やすことができた。また、昔は建物の中に多少煙が漏れてくることがあっても、それほど気にしなかったこともある。ただし、現代の熱効率の高いストーブでは煙突からの熱を利用する必要はない。

煙突には単管のシングル煙突、外筒と内筒の間に空気層を設けた中空二重煙突、外筒と内筒の間に断熱材を入れ込んだ断熱二重煙突などがある。シングル煙突と中空二重煙突は室内用煙突として使用する。断熱二重煙突は前者に比べて高価になるが、可燃物が近くにある場合、屋根や壁の貫通部分、屋外に露出する部分に使用する。一例をあげると米デュラベント社の断熱二重煙突デュラテックでは、煙突内部を1,148℃に加熱しても外部温度は97℃以下であるUL103HTという米国安全規格に適合している。

図5-2と図5-3は標準的な室内の取付けと屋根上の煙突設置図である。コストの面も重要ではあるが、火災が起きないようにすることと薪ストーブ本来の性能が十分に発揮できるようなストーブ本体と煙突の設置施工が必要である。

薪ストーブ本体と煙突部材を購入して日曜大工で設置工事をする人もある。また、建築のプロである大工さんに工事を依頼する人も多い。しかし、安全性を確保し、性能を最大限に引き出すためには、餅は餅屋、プロの薪ストーブショップに工事を依頼した方が間違いないであろう。自動車と同様に、薪ストーブは適切な維持管理をすれば10年以上長く使用できる。そのためにも薪ストーブに関心を持ったら、まず信頼のおけるストーブショップに相談することをお奨めする。

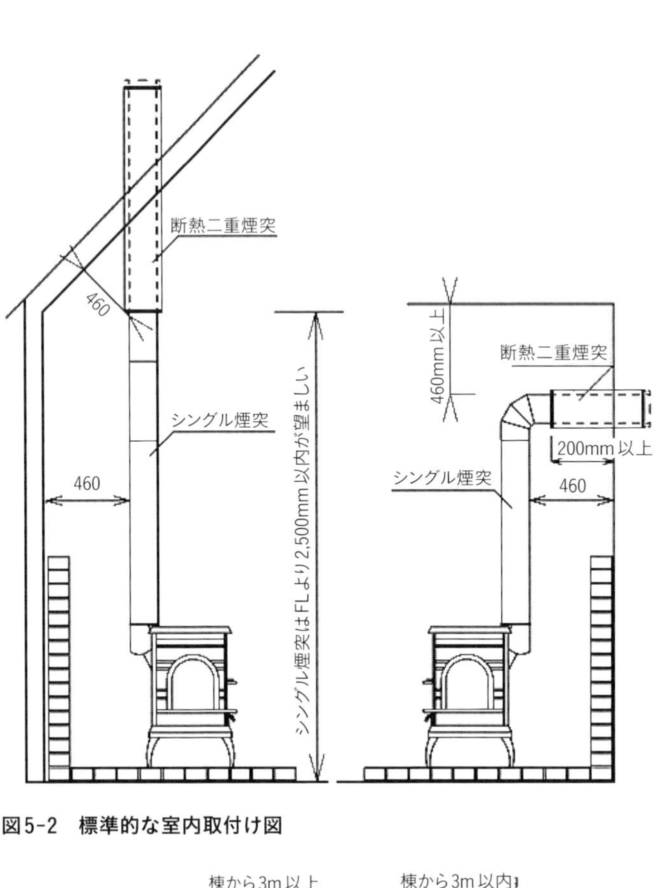

図5-2　標準的な室内取付け図

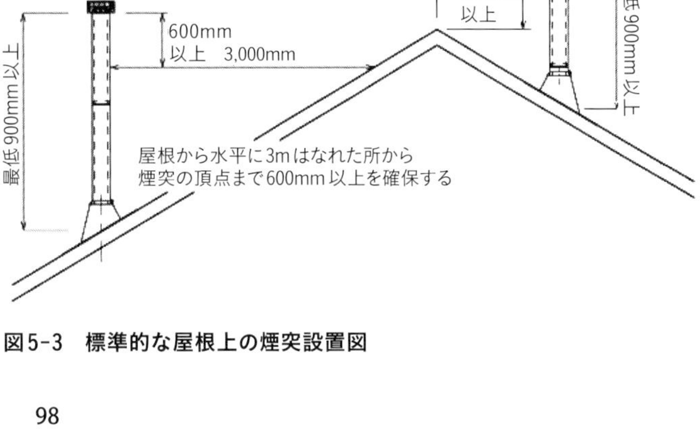

図5-3　標準的な屋根上の煙突設置図

(4) 効果的な使用法とメンテナンス

①ライフスタイルにあった薪ストーブの選択

近年の住宅は相対的に性能が高く十分な断熱がなされているので、厳冬の地域でも冬の暖房は薪ストーブ1台だけという家庭が数多くある。そのためにも、そして薪ストーブの本来の性能を引き出すためにも、設置する部屋ばかりではなく住宅全体の構造間取りまで考慮することが重要である。

薪ストーブの使われ方は千差万別である。寒冷期には24時間火を絶やさない家もあれば、昼間は外出するため夜間と週末を中心として使う人も、別荘などセカンドハウスで休日だけ使う人もある。冬の暖房は薪ストーブ1台だけの家もあれば、薪ストーブの他にファンヒータや炬燵、床暖房などを補助暖房として使用する家、また、その反対に薪ストーブを補助暖房として使う家もある。

以上のように、個々のライフスタイルによって使用方法が大きく異なってくるので、そのことを念頭において機種の選定や設置場所、薪の準備をする必要がある。薪ストーブ、特に鋳物製のストーブは、冷え切った状態から厚く重い鋳物が熱せられ十分に熱くなるまでには概ね30分以上かかり、冷えた室内を急速に暖めることは不得手だが、一度暖められた鋳物は継続的に薪を投入することによって適切な暖かさが持続される。一方、鋼鉄製の薪ストーブは、鋳物製より比較的早く暖まるが、薪の燃焼が終わるとともに冷えるのも早くなる。

②薪の効率的な投入法と空気調節

ストーブ本来の性能を発揮するためには、必要十分な量の薪を投入して燃焼させることが肝心である。薪を節約しようとして、燃焼スピードをゆっくりするために空気コントロールレバーを絞りすぎると、空気量が足りなくなり不完全燃焼を起こし、排煙が多くなるとともに木タールなどのススが付きやすくなる。

ススはストーブ本体の内側にも付くが、煙突内に付くことが問題になる。ストーブ内では、ガラスが黒くなったりするが、火室内で再び火力を強くすることによってススは再燃焼してしまう。煙突内に付いたススは少しずつ張り付いていき、最後は煙突の詰まりとなる。ススが多く付いた状態の煙突に何らかの形で高熱がかかると、そこが発火して煙突内部が炎上することがある。この状態を煙道火災と呼ぶ。断熱二重煙突を使用していれば、一般的には安全性が保たれる。

燃焼をコントロールするには適切な空気調整が必要になる。この調整法もストーブの機種によって異なる。バイメタルなどを使用したオートマチック（自動空気調整装置）がついているものもあるが、多くの薪ストーブは手動で空気調整を行なう。当然、空気量を多くすれば燃え方は大きくなるし、逆に空気量を絞れば小さくなる。実際には、毎日の使用の中でガラスから見える炎の状況から判断をして調整をしている。アナログ的な部分であるが上手に火が焚けるようになることは喜びでもあり、薪ストーブの楽しみの一つでもある。

薪に関しては広葉樹、針葉樹とも樹種は問わず、十分に乾燥させることが必要である。乾燥が不十分な薪を使うと薪に含まれる水分を蒸発させるためにエネルギーが使われ、暖かくならないばかりではなく、排煙の量も増加して木タールなどのススの原因になる。

③年に一度は徹底したメンテナンスを

適正に薪ストーブを使用していても、年に一度はメンテナンスが必要である。主にストーブシーズンが終了した春から秋にメンテナンスを行なう。メンテナンスにはストーブ本体の整備と煙突掃除がある。ストーブ本体は使用しなくなった時点でまず炉内の灰を取り除く。灰をそのままにしておくと梅雨など湿度の高い時期に灰が吸湿して錆の原因に繋がるおそれがある。燃焼室内の点検をする時にはバッフル（燃焼室内の天井部品）やバックグレート（壁板）、耐火煉瓦の破損や歪みを確認して必要に応じて交換する。

ストーブのフロントやサイドのドアなど開口部に使われているガスケットは消耗部品である。このガラス繊維で作られたガスケットで開口部の気密性を維持しているので、硬化している場合や、ほつれて劣化してきていれば交換する。また、天板に鍋やスティーマー（加湿器）を置いておくため、1シーズン経つとその部分の汚れが目立ったり、錆がでていたりする。こびりついた汚れや錆はワイヤーブラシで削り落とし、専用スプレーやポリッシュで仕上げると綺麗になる。オフシーズンの薪ストーブはリビングの大きなオブジェになる。綺麗に管理をしておけば、その部屋の雰囲気が大きく変わる。

1シーズン使用した後の煙突内には、かなりの量の木タールが付着している。十分に乾燥した薪を使用して、くすぶらせることなく適正な焚き方をしていれば、その量は比較的少なくて済む。しかし、その場合も必ず点検をして必要に応じて煙突掃除をする。原則的には屋根の上に登り、上から下へ煙突ブラシを通すようにする。

廉価なブラシだと強度がなく、頑固な汚れには対応できない。逆に硬すぎるブラシも煙突内部を傷つけてしまう。調度よい硬さのワイヤーを使用したブラシがよい。ロッド（棒状で長さ1m程度）をつないでブラシを通していくため、ロッドにも強度が求められると同時にロッドとロッドをつなぐジョイント部分が取り付けやすく外れにくいものがよい。万が一煙突内でブラシが外れてしまうと取り出すのが大変である。また、曲がりのある煙突に対しては柔軟性のあるものでないと対応できない。

特に煙突トップは直接冷気にさらされるため、木タールが付着しやすくなっているのでしっかりと汚れを落とす必要がある。室内から上に向けて煙突ブラシを通す方法もあるが、上から落ちてくるススが室内を汚すことに加え、一番の汚れが考えられる煙突トップの掃除ができないので、屋根上からの掃除を推奨する。屋根の上に登りそこで作業をすることは危険が伴うので、慣れない場合には専門のプロに依頼することも検討する。

（5）灰の処理と煙対策

薪の樹種や、どれくらい燃やすかによって灰の量は変わってくる。おおよその目安として1シーズンにバケツに3～5杯程度となる。灰はカリウムとカルシウムなどを主成分としており、アルカリ性を示すため畑や庭の土壌改良として再利用できる。ゴミとして出す場合、燃えるゴミか燃えないゴミかは各自治体によって異なるので確認する必要がある。

触媒などの二次燃焼機能のある薪ストーブは、それらのない薪ストーブと比べて巡航運転時の排煙量はかなり減らすことができる。実際に、目視では煙突トップからは水蒸気がもたらす揺らぎがみられる程度である。しかし、焚き始めなどストーブ本体が冷えている状態では、二次燃焼機能が働かないため排煙の量は多くなりがちである。

煙の成分の一つであるPM（粒子状物質）は呼吸器や循環器の疾患に影響を与える。PMは燃料の未燃分なので二次燃焼機能の付いた燃焼効率のよいストーブを選択することが大事である。また、防腐剤等で化学処理のされた木材はダイオキシンや重金属、硫黄酸化物（SOx）、窒素酸化物（NOx）、塩酸（HCl）を発生させるもとになるので薪ストーブには使用しないようにする。

最近、薪ストーブの普及が進むにつれて煙による近隣トラブルが増えている。高効率の薪ストーブでも排煙をゼロにすることはできない。対策としては、燃焼効率のよい薪ストーブを使うと同時に、薪ストーブ設置時に隣家との距離、風向き、煙突の高さなどを十分に検討する必要がある。また、煙に伴う匂いの問題もある。匂いこそ主観的要素が強く、木材の燃焼臭がよい匂いと感じる人もいれば、反対に嫌な臭いと感じる人もある。匂いは風向きによっては意外と広範囲に広がるので、その点にも留意が必要である。

（白鳥政和）

写真5-2　国産第1号のペレットストーブ「ひまわり」
写真提供：上伊那森林組合、寺澤茂通氏

2 ペレットストーブ

（1）ペレットストーブとは

①ペレットストーブの特徴

ペレットストーブは文字通り木質ペレット（以下、ペレットと略す）を燃料とする室内用暖房機である。燃料であるペレットは、直径6～8mm、長さ数～30mm程度と小粒で自動供給や供給量調整が可能であり、乾燥燃料で良好な燃焼性と安定した高発熱量を有している。ペレットストーブはこれら燃料特性を生かして、①連続自動運転が可能、②点火や火力調節も自動化できる、さらに③完全燃焼に向けた燃焼条件の自動調整システムの導入など、薪ストーブでは得難い機能を備えることができる。ただし薪ストーブとは燃料を自動供給ができ連続運転ができるか否かが基本的相違点であるものの、機能的には薪ストーブに近いものから、多くの機能を取り込み、木質燃料ストーブでありながら石油ストーブと同等の機能・能力を持つものまで多種多様である。

②ペレットストーブの開発と利用

国産ペレットストーブの誕生は、ちょうど国産ペレットが製造開始された1982年のことで、徳島県のコロナ工業（株）が木質系ストーブ「ひまわり（写真5-2）」を発売したのが先駆けと言われている。この製品は燃焼部と燃料タンクの並列構成で、ペレットは電動スクリューフィーダーで供給・マッチ点火方式を採用していた。同様の機構を持つ製品や、燃焼バケットに充填したペレットが燃え尽きたら、予備のペレット充填燃焼バケットと交換するといった電気を使わない製品なども相次いで発売された。しかし、1980年代後半の第一次ペレットブームの終焉により、ほとんどのものは姿を消すことになった。

一方、海外では、オイルショック後もペレットやペレットストーブなどの木質燃料や木質燃焼機の研究開発が進められ、機能と性能の進化した製品が利用されていた。わが国でも地球環境問題が顕在化しはじめた1990年代後半からは、再度木質ペレット燃料のもつ環境貢献効果が注目されるようになり、デザインも機能・性能も新規性のある海外製ペレットストーブが徐々に導入されるようになった。

再度の国産ペレットストーブの登場は2003年になってからである。海外製に劣らず高機能化された「岩手型ペレットストーブ」が岩手県と民間業者との共同研究で開発され、生産・発売されるに到った。海外製品との主たる相違点は、FF式給排気システムを取り入れていたこと、耐震自動消火装置を備えていたことなどである。これをきっかけに、その後も各地でそれぞれ性能、機能に特徴のあるペレットストーブが開発され、輸入製品も含めて需要に適った製品を選択できる段階にまでなりつつある。現在わが国で生産を続けているペレットストーブメーカーは15社以上に達すると思われる。

また日本木質ペレット協会の調べによると、木質ペレットストーブの累積導入数は、2010年次までで13,000台以上と推計されている。地域的には東北が最も多く3,600台程度、次いで北信越の3,200台程度、北海道の2,300台程度で、寒冷地に多く普及しているのが分かる。また導入台数の半数が一般家庭、次いで学校等教育施設と民間会社（事務室、会議室、ショールーム）、公官庁がそれぞれ十数%となっている。

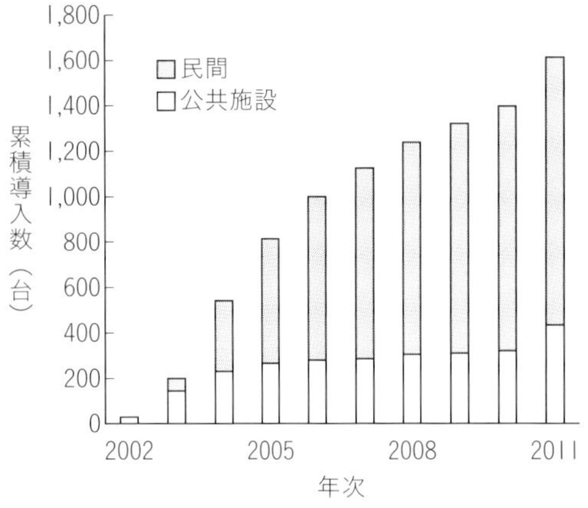

図5-4　岩手県の木質ペレットストーブ導入経過

ちなみに岩手県でのペレットストーブ導入実績（図5-4）をみると、2006年までの立ち上がり時期は急で、その後の増加速度は若干鈍化している。いずれにしても石油ストーブと比べて高コストであることが普及のマイナス要因だが、立ち上がり時期には学校施設、公民館などの公共施設利用が目立ち、地方自治体などが普及の先導的役割を果たしてきたことが分かる。その後も地方自治体によるペレットストーブ購入補助金制度の制定なども、民間需要の喚起に一定の役割を果たし、木質燃焼機に対する魅力と、石油ストーブと同等の扱いやすさが評価されて増加基調を維持し、現在に至っている。

(2) ペレットストーブの種類

①ペレットストーブの構造

ペレットストーブの基本構成は、燃料タンク、燃料定量供給装置（逆火防止機能）、燃焼皿、燃焼室、給排気装置、灰箱からなり、種類によっては点火装置、熱交換などの機構を持つものもある。

図5-5は典型的なペレットストーブを示したもので、ペレットは燃料タンクの底部から定量供給装置（スクリューフィーダ）で上方に運ばれ燃焼皿に落とされる。この時タンクと燃焼部とは分離しているため逆火防止の役割を果たしている。燃焼皿でペレットは点火・燃焼され、発生した熱はストーブ本体からの輻射熱として、あるいは温風に熱交換して室内暖房に利用され、熱放出した排気ガスは煙突から室外へ排気される。熱量調節はペレットの供給量と供給空気量の加減で可能であり、燃料供給を止めれば燃焼皿のペレットが燃え尽きて消火する、燃焼灰は燃焼皿下部の灰トレーに回収される。

すでに述べたように、ペレットストーブは燃料の自動供給機能を持つのが最大の特徴である。燃料供給装置としては、回転速度の変更で供給量を精度良く調整できる電動式のスクリューフィーダが一般に用いられる。そのほかに電気を使用しない特異なものとして、自然落下式のもの（http://www.craftman-pe.com/pelletstove/pelletstove-sikumi.html）、ゼンマイ仕掛けのもの（http://j.tokkyoj.com/data/F23B/3125817.shtml）が開発されている。

点火の仕方については、着火剤などを用いてマッチで点火するものと、電気ヒータ等で自動点火する方式のものがある。また温度調節はペレット供給量の調節で行なうが、最近のストーブではマイコン制御で温度、風量などを自動的に調整できるものが多くなっている。

②給排気方式による区分

図5-6に給排気方式による区分を示した。

ストーブは燃焼空気を取り入れ、燃焼後の排気

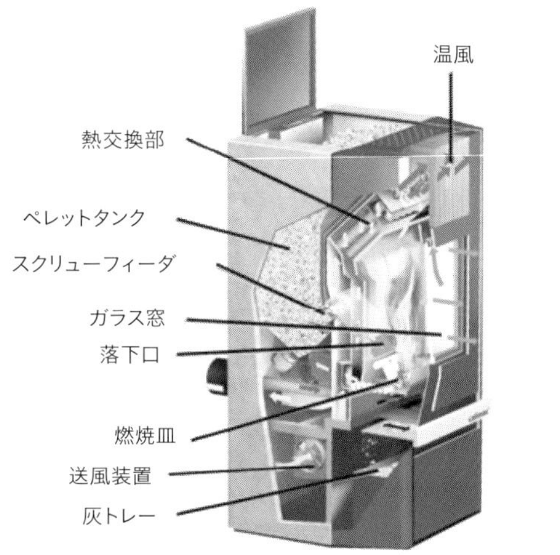

図5-5　ペレットストーブの構造

出典：Pelletheitungen, Fachagentur Nachwachsende Rohstoffee. V. 2010

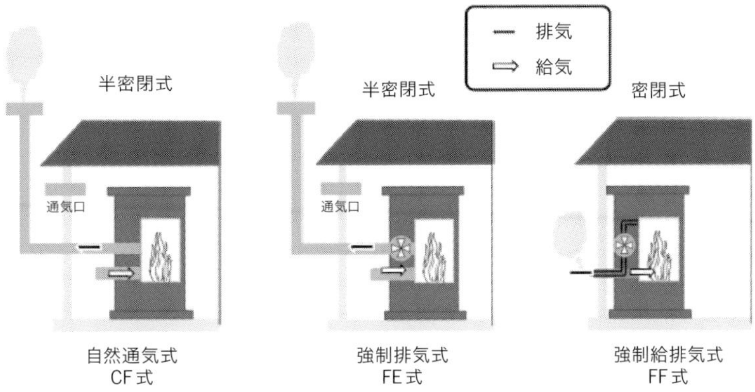

図5-6　ペレットストーブの給排気方式

ガスを排出する。これは石油やガスのストーブも同じだが、石油ファンヒータは室内空気を取り入れ、排気ガスを室内に排出する開放式の暖房機である。この方式を採用するには排ガスの安全性が十分確保される必要があり、木質燃料の場合はその確保が難しく、排気ガスは必ず室外に排出する。ただし給気に室内空気を用いるか、外気を用いるかによって次の半密閉式と密閉式に区別される。

半密閉式

燃焼用空気を室内から採り、排気ガスは室外に排気する方式で、自然通気によって排気する自然通気式（CF式：Conventional Flue-system）と送風機を用いて強制的に排気する強制排気式（FE式：Forced-Exhaust-system）とがある。いずれの方式も、燃焼に必要な空気を温度変化が少ない室内から自動的に取り入れるため、着火しやすい特徴を持つ。

CF式は、給排気の全てを煙突のドラフトに依存しており、停電の影響を受けないがその分煙突設計に留意する必要がある。FE式ストーブを気密室内で利用する場合、供給空気量不足や停電時の対策として煙突ドラフトの性能が重要となる。

ちなみに欧米からの輸入ペレットストーブはFE式が主流になっている。国内製品でもこのFE式が多いが、「電気不使用」と低価格を売りにしたCF式も市場に出回っている。

密閉式

外気を取り入れ、燃焼ガスを室外に排気するもので、燃焼室が室内に対して密閉構造となっている方式。ペレットストーブでは給排気用送風機によって強制的に給排気を行なう強制給排気式（FF式：Forced-Draught-Balanced-Flue-Type）が採用されている。この方式では、燃焼部は室内からは遮断されているため、気密性が保持されていれば室内に燃焼ガスが漏れることはない。また、室内の空気を使用しないため室内の気密性にも関係なく利用できる。しかし給排気を電気に依存するため停電時には利用できない欠点がある。

③用途（放熱）方式による区分

ストーブの放熱方式は輻射式と対流式に区分されている。

輻射式は、ストーブ本体から発せられた輻射熱（赤外線など）によって直接人体や壁、床などを温める暖房方式で、ストーブ本体が高温になるタイプがこれに相当する。輻射熱があたるこ

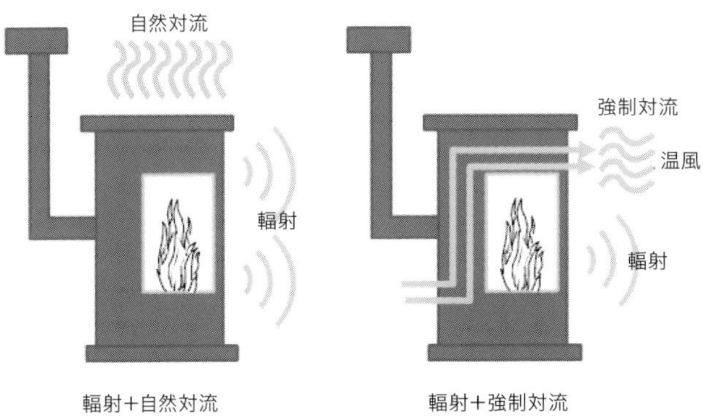

図5-7　ペレットストーブの放熱方式

とによって、その物質（空気、人、物など）の分子が振動して発熱する。この方式のストーブでは、周辺が大変熱くなるため家具や可燃物、さらには壁面との離隔距離に十分注意が必要で、時には遮熱板などの設置も必要になる。

対流式は、ストーブで暖められた空気が上昇または移動して熱を伝えるタイプのもので、自然対流式と強制対流式とに区別される（図5-7）。

自然対流式は、暖められた空気が上昇し、冷えた空気が下降することによって室内空気が自然循環して、室内温度を高める方式で、前述の輻射式のものはこの方式でも放熱する。静かで余計な電力も消費しないが、温かい空気が上部に滞留するため、室内温度を均一化するために回転扇などを設けることが望ましい。

強制対流式は、ストーブ内で熱交換した温風を内蔵の送風機で拡散または放出して室内温度を高める方式である。燃焼熱の多くを温風に熱交換するためストーブ本体の温度は比較的低く、壁面に近接した設置も可能となる。送風機の回転音を耳障りとする人もいる。また、電力消費量も自然対流形にくらべて大きくなる。

以上のように放熱方式は2つの方式に区分されるが、実際は「輻射＋自然対流方式」または「輻射＋強制対流方式」とするのが妥当で、暖房に果たす輻射の寄与率によって輻射式と対流式に振り分けられている。

④燃料との適性による区分

Ⅳの3. 木質ペレットの項（p.83）でも述べたように、木質ペレットは原料によって木部ペレット、全木ペレット、樹皮ペレットに区分される。燃料性能に関する主な相違点は、燃焼時の火勢と燃焼後の灰分発生量の違いにある。このうち樹皮ペレットの火勢や火力は、木部ペレットと全木ペレットと比べて若干低く、燃焼灰の発生量は1～数%と数～10倍も多い。このためペレットストーブの生産設計において、耐熱や材料設計、構造・形状や機能設計を使用燃料によって対応したものにする必要が生じる。とりわけ燃焼灰発生量の違いは重要で、燃焼灰を燃焼皿に貯めると火格子や空気穴を閉鎖し燃焼に支障をきたすため、燃焼灰の速やかな除去が必須要件である。

以上の理由から、国産ペレットストーブには、多量に発生する燃焼灰が処理できる特殊な灰だし装置を取り付けた樹皮ペレットも利用できる機種と、樹皮ペレットは利用できない機種とがある。したがってペレットストーブの選択に際しては利用できるペレットの種類を、またペレットの選択に際しては燃焼するペレットストーブ種類をよく確認する必要がある。

なお、欧米でのペレットは木部ペレットが基本であり、欧米からの輸入ペレットストーブは灰分発生量の少ない木部および全木ペレットは燃焼できるが、樹皮ペレットは利用できない場合もあると承知すべきである。

（3）煙突の重要性

ここでいう煙突とは、ストーブ一般に使用されている排気筒や給排気筒も含めた広義なものである。煙突は、ストーブの性能や安全性を確保するうえで、非常に重要な部品である。なぜなら適切に選定施工しないと燃焼に問題が発生するばかりか、煙突管内（煙道内）にススやタールがたまりやすくなり、ひいては煙道火災になる場合があるからである。特に、半密閉式強制排気式ストーブの場合、自然の上昇気流（ドラフト）に依存するため、煙突出入口の温度差の確保が不可欠になる。そのためには、各メーカーが指定するものを用いて適切な施工を行ない、使用期間中はもちろんのことシーズン前後に掃除を行なって煙道内を常にきれいに保つことが重要である。また、煙突には、社団法人日本燃焼機器検査協会が認定するものもあり、耐食性や気密性に優れたものを使うことも重要なことである。

煙突は、ストーブの給排気方式の違いによってその構造が大きく異なる。以下にその種類と特徴を述べる。

半密閉式ストーブの場合

半密閉式ストーブの給気は室内から取り入れ、排気を室外に出す構造になっているため、煙突を壁に穴を開けて貫通させ、外壁に沿って立ち上げる。煙突の施工では、煙突を支える金具や貫通部に使用するめがね石や煙突トップに鳥の巣が作られないよう工夫した部品（一般的に防鳥網と呼ばれるもの）などが必要になるので、全体として大掛かりなものになる。

煙突は、材料をひと巻きした一重構造の煙突が一般的だが、この煙突では外気温度の影響を受けて、室外に出ている煙突内温度が低くなりドラフトが弱くなる。それを克服するためには価格は高くなるが断熱性の高い二重管を使う方が好ましい。

密閉式ストーブの場合

密閉式は、排気を室外に排出するばかりでなく、給気も室外から取り入れる構造になっているため、一般的に二重管にするのが主流である。ただし、二重管を使う意味は半密閉式と異なり、給排気を1本ですませて施工を簡単にすることが目的である。二重管の直径は各メーカーによって様々だが、半密閉式にくらべ小径であり、内径部が排気、外径部が給気として使用される。

（4）法規と設置方法

①設置に関わる法規

ストーブに適用する法令は、国の消防法や消防法施行令に基づいて各自治体が定めた火災予防条例である。条例は必ずしも全国同一ではないため、ストーブを使用する場所が置かれている自治体の条例に従わなければならない。条例では、ストーブの基準として、位置・構造・離隔距離・管理を規定しているほかに煙突の基準として構造等も規定している。また、設置する場所の内装基準については、建築基準法や建築基準法施行令によって規定されている。

②設置する場所の選択と注意点

ストーブを設置する場所は、周囲に可燃物や障害物がなく、煙突が適切に施工できるところを選定する。また、小さい子どもが簡単に手を触れられる場所や人の往来が頻繁な場所は避けるべきである。

設置するときに留意すべき点は、火事を起こさず安全に利用できる目安となる隔離距離である。ストーブに関する離隔距離の法規は火災予防条例に規定されている。ただし薪ストーブやペレットストーブに特定されたものではないため、ペレットストーブに最も該当する規定について見ると以下のようになる。たとえば東京都の場合、ペレットストーブの離隔距離は上方100cm・側方60cm・前方60cm・後方60cm以上とされている。ただし、これは輻射式の温風暖房機に対するもので長い距離となっている。消防庁告示1号では、住宅事情で上記離隔距離の確保が困難な場合には、近接する可燃物の表面温度が100℃を超えないことを条件に離隔距離を短縮できるとしている。実際のペレット設置の現場を見ると、上記離隔距離よりも短い例が多い。

ただし重要なのは火災を誘発するような設置は厳に慎むべきである。とくに木材などの可燃物は、100℃以下の低温であっても長期間にわたって熱に曝されると徐々に炭化し、熱を蓄積して発火する、いわゆる低温発火を起こすことがあり、要注意である。最近の住宅棟では柱などが壁の内部に隠れている場合が多く、炭化の進行を直接把握できないため、十分安全側に設置すべきである。

そのほか、以下のような点にも注意する。

1）燃料を入れたストーブ全体の重さに十分耐えられる床であること。

2）高気密住宅で半密閉式ストーブを使用する場合は、ストーブ用に空気取入口を設ける。

3）積雪地帯では煙突トップが雪で覆われないようにする。

4）標高1,000m以上では別途メーカーに確認すること。

5）ストーブ用電源は、決してタコ足をせず独立したコンセントを使用する。

なお、東京都火災予防条例の場合、半密閉式の煙突とともに密閉式の給排気筒も煙突とみなされ、煙突の基準に順ずる必要があるが、この条件に適合した排気筒では、屋根からの離隔距離を基準値より低くすることが認められている。

（5）使用方法

ストーブで木質ペレットを燃やすにあたっては、基本的に燃焼の3条件「燃焼物があること」「酸素があること」「燃焼が起こるまで加熱すること」が満足されることで、ストーブは本来の性能を発揮して暖房機としての役目を果たすことができる。

3条件の1番目「燃焼物がある」とは、木質ペレットのことをいい、指定された燃料がストーブの燃焼室に供給されるということである。2番目の「酸素がある」ということは、ストーブへの給気が十分に確保され、燃焼に必要な酸素が本体へ送り込まれていることを意味する。3番目の「燃焼が起こるまで加熱する」とは、燃料が酸素のある空間で、点火ヒータなどで加熱されることを意味する。

使用上の具体的な注意事項は以下のとおりである。

〈運転前〉

1）本体と煙突が適正に施工されているか確認する。特に本体が水平に設置されているか、離隔距離が確保されているか確認する。

2）指定燃料がストーブのホッパに入っているか、その量が十分であるか確認し不足している場合は補充する。

3）ストーブ各部のカバー類がきちんと組み付けられているか、外れている場合は確実に組み付け直す。

〈運転中〉

1）初めて使用する場合、本体の塗装が加熱され異臭が発生する時があるので、窓を開けておく。

2）石油ストーブと違って点火まで数分かかり、本格的な燃焼まではさらに時間がかかるため、その間はいたずらに操作ボタンや各スイッチ類を操作しない。

3）本格燃焼になったら燃焼レベルを変え、炎の大きさや温かさを確認する。

4）消火するときに消火ボタンを押しても、石油ストーブと違ってすぐ火は消えないので、すぐに電源コードを抜かない。また、炎が見えるガラス面は高温状態になっているので手で触らない。

〈運転後〉

1）灰は灰受け箱に溜まるので、こまめに処理し、溜まりすぎないように注意する。灰の中には、燃殻が残っている場合もあるので、完全に火が消えたことを確認して処分する。

2）燃焼室内の燃焼皿（ロストル）上にクリンカー（灰が溶融固形化したガラス質）が生成されている場合は処分する。クリンカーが変色していたり、形が大きく高頻度で生成される場合は、燃料購入先に問い合わせる。

3）そのほか、ストーブに付属している取扱説明書に従い、各部を掃除点検する。

〈メンテナンス〉

1）シーズン前後に煙突内部のススを掃除する。また煙突トップに鳥の巣等の障害物がないか確認する。

2）定期的にメーカーや販売店による専門的なメンテナンスを依頼する。この時、消耗品の交換や各部の調整や掃除、給油箇所などがあれば給油もしてもらう。

3）ストーブは、木質ペレットという固形燃料を燃焼させるため、灰が発生する。灰の主成分はカリウムやカルシウム、マグネシウムなどの無機質で吸湿しやすい特性を持っているので、掃除を怠ると各部に不具合を発生させる可能性がある。常日頃のこまめな手入れが大切であること忘れてはならない。

（沢辺　攻・安達洋一）

3 木質焚きボイラ

（1）木質焚きボイラの特徴

①木質焚きボイラと焼却炉との違い

「ボイラ」とは、熱利用を目的として燃料を燃やす装置で、燃料として木質を用いるものを「木質焚きボイラ」または「木質ボイラ」とよぶ。木質を含む廃棄物の焼却を目的としてその廃棄物を燃やす「焼却炉」とは区別される。

法律的には木質焚きボイラは、一定以下の伝熱面積と燃料消費量のものを除き、「大気汚染防止法上のばい煙発生施設」に該当し、「番号1.ボイラ（熱風ボイラを含み、熱源として電気または廃熱のみを使用するを除く）」に分類される。さらにボイラに該当するための目安条件は以下のとおりである。

1）燃料には燃料として製造された純粋な木質燃料を使用

2）木質燃料は、燃料として価値のあるものとして有価で購入

3）ボイラは熱利用が目的なのでボイラ効率は80％程度以上

この条件を満たす場合、廃棄物焼却炉などには該当せず、地方自治体公害条例などのダイオキシンや排水の排出基準には触れないと解釈できる。

また木質焚きボイラが該当する煤煙発生施設を対象に、大気汚染防止法では、①硫黄酸化物、②煤じん、③有害物質（窒素酸化物、カドミニウム、塩素、塩化水素、鉛の6種類）およびそれらの化合物について排出基準が定められており、半年に1回以上の測定義務がある。

②木質焚きボイラと石油焚きボイラとの3つの違い

木質バイオマスは、石油燃料などと比べて、1）重量当たりの発熱量が低い、2）燃焼の妨げになる水分を含んでいる、3）均質でない、などの燃料としてマイナス因子を内在している。そのため木質焚きボイラは、石油焚きボイラとは異なった対応と技術展開が必要である。

1）に関しては、同じ熱量を得るためには、薪は石油の6倍、ペレットは3倍、チップでは11～16倍の容積が必要となり、搬送や保管の面で木質燃料は石油燃料に比べ、大きなスペースが必要になる（Ⅱ章　表2-5参照、p.39）。

2）に関しては、重量当たりの発熱量は湿潤チップと乾燥チップは最大1：2もの差があり、同じ出力を得るためには燃料チップの搬送速度をその発生熱量によって調整する必要が生じ、それに伴い燃焼空気量も併せて調整が必要になる。

3）に関しては、含水率、形状・寸法、発熱量など燃料の条件によって変動する。これらの変化に対する燃焼制御や必要な熱量を供給できるシステムが必要になるが、「ボイラが継続して一定の出力を出す」ためには、少なくとも以下の2点を満足する条件を整えることが肝要になる。

i. 燃料の性状・条件を一定の許容範囲内に収めること

ii. 用途ごとの負荷を満足する熱供給システム（ボイラだけでない）を組むこと

（2）木質焚きボイラシステムの種類

木質焚きボイラには、使用する木質燃料の種類によって「薪ボイラ」、「ペレットボイラ」および「チップボイラ」に区分される。またガンタイプのペレットバーナも用いられている。

①薪ボイラ

薪ボイラ（図5-8）は文字どおり薪を燃料とするボイラで、火炎が薪の上方に立ち上る上部あるいは貫通燃焼タイプのものと、薪の下方に誘引される下部燃焼タイプのものとがある（Ⅱ章　図2-8参照、p.49）。前者は薪を随時補給する必要があるが、後者はボイラ本体内に薪を充填し、燃え尽きるまで薪補給は不要で、欧州ではこのタイプのものが高度に機能化されている。ここではこの下部燃焼タイプの薪ボイラの一例について説明する。

ボイラ効率は最大90％強を達成し、省エネルギーを実現する経済的なボイラになっている。特

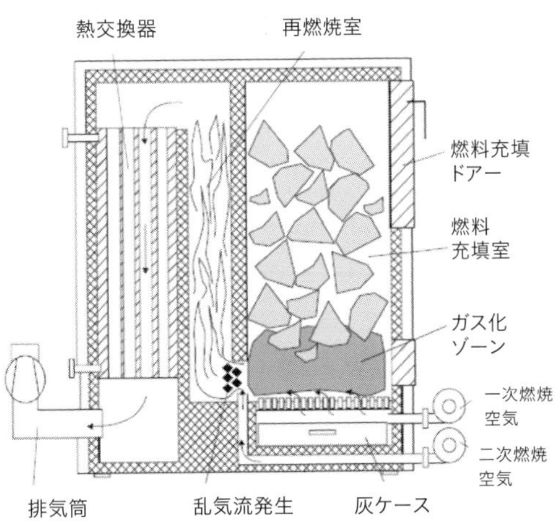

図5-8　下部燃焼式の高性能薪ボイラ模式図

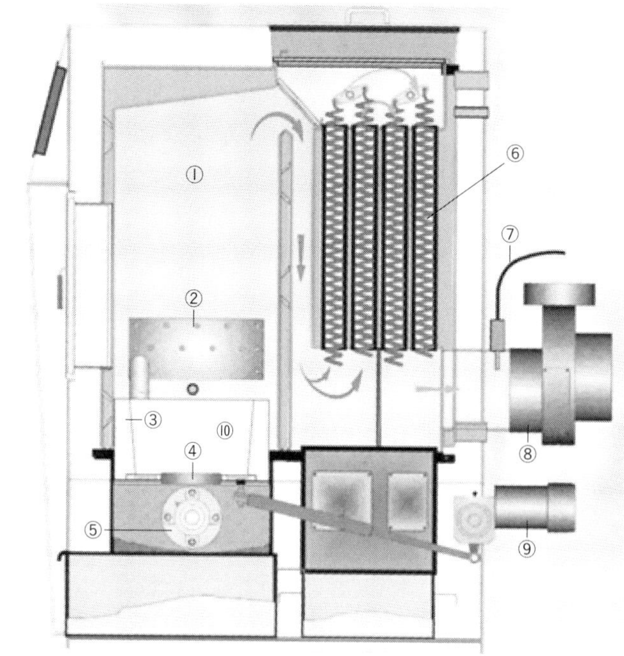

図5-9　小規模ペレット/乾燥チップ焚きボイラ
①燃焼部、②二次空気吹出し口、③耐火ブロック、④回転格子バーナ、⑤下込め用スクリューコンベア、⑥熱交換部（高効率型―4行パイプ）、⑦O_2センサー、⑧排気筒、⑨燃焼部空気取入口、⑩燃焼炉

にO_2センサーによる最適燃焼が維持されて、スス、タール、灰の発生を極力抑え、クリーンな環境を保つことができる。また外装は頑丈なスチールのケーシングと100mmの厚みを持った断熱材を装備し、高効率が実現されている。

出力80kWのボイラの例では、薪の充填容量は330lと大きく、フル充填で4～6時間燃焼が継続でき、薪をくべる頻度が少なくてよい。蓄熱タンクと組み合わせると温水による長時間の熱供給が可能になる。熱交換部の掃除も簡単な手動のレバー操作で行なえる工夫もされている。

薪ボイラでは、チップやペレットボイラと異なり燃料は手動投入で、その分手間がかかる。しかし燃料を貯留するサイロが不要のため、設置スペースはほぼ石油焚きボイラと変わらず、石油焚きボイラからの取替えが容易にできる（ただし薪を保管するスペースは必要）。

②ペレットボイラとチップボイラ

木質バイオマスボイラには、ペレット専用ボイラ、ペレット／チップ兼用ボイラおよびチップ専用ボイラがある。ペレット専用ボイラはペレット／チップ兼用ボイラとほぼ構造と機能が似かよっているため、ここでは出力規模と燃料の含水率によって次の3タイプに分けて説明する。

小規模ペレット／乾燥チップ兼焼焚きボイラ（図5-9）

利用できる燃料はペレットまたは水分33％以下のチップが対象で、出力は200kW以下である。燃料は下込め式で燃焼炉に送られて燃焼空気と混合し燃焼する。燃焼炉は水冷壁で囲まれて断熱効果が高いものもある。燃焼ガスは熱交換部に送られて高効率で温水に変換される。

業務用ペレット／乾燥チップ兼焼ボイラ（出力180～2,000kW）

燃料はペレットまたは水分44％以下のチップが対象で、下込め式または横込め式で燃焼炉に投入される。横込め式の場合、チップの移動方向と火炎の進む方向とは並行する並流燃焼方式（Ⅱ章　図2-12（a）、p.51）で、一段の燃焼炉で燃焼空気と混合した後に熱交換部で温水を作る。水分40％以下で自動着火が可能となる。この方式のボイラに含水率の高いチップを投入すると、不完全燃焼もしくは消火することがある。

業務用生チップボイラ（出力100～5,000kW）

燃料は水分55％以下のチップが対象で、横込め方式で燃焼炉に投入される。燃焼方式はチップの移動方向と火炎の進む方向とが対向する対向燃焼（Ⅱ章　図2-12（c）、p.51）で、1段目の燃焼炉で燃焼空気と混合して燃焼し、投入された高含水率のチップを乾燥させたあとに二次燃焼炉に入り、二次燃焼空気で完全燃焼し、熱交換部に送られて温水を作る。この方式のボイラに含水率の低いチップを投入すると、投入口付近で燃焼し、火勢が強く炉体の損傷につながる。

(3) ガンタイプペレットバーナ

一般的に木質焚きボイラは燃焼炉と熱交換部で構成されるが、石油ボイラのようにボイラ缶体とバーナ部で構成するペレットボイラシステムがある。このとき使われるのがガンタイプペレットバーナ（図5-10）である。その仕組みは以下のようになっている（以下の丸付き数字は図中のナンバー）。

燃焼用の空気はバーナ頂部のファン①によって燃焼エリアに送られる。一方、ペレットは搬送スクリュー②でバーナドラム燃焼室の中に送られ投入される。燃焼炉内では、回転するドラム③内で、出力に合わせて適正な空燃比に調整された燃焼空気が、内側全周面に設けられた一時空気送風孔から送られ、投入されたすべてのペレットが燃焼できる仕組みになっている。

またドラムの内側にはガイド板④が溶接されており、ドラムが回転することによって燃料や灰分などがドラムに付着しないような機構になっている。一次空気のゾーンのうしろ⑤では二次空気が送風され、アフターバーナ室⑥で燃料は完全燃焼する。燃焼によって発生する残った灰は燃焼空気の送風圧によりドラムの外に排出される。

このタイプのペレットボイラは石油燃料と同形の缶体を使用でき、石油ボイラのバーナをガンタイプペレットバーナに取り替えることで、木質ペレットボイラに転換できるのがこのシステムの特徴である。ただし、石油ボイラの時と比べてボイラ出力は小さくなる。また缶体底部には灰の掃除装置や灰出し装置を追加で搭載する必要がある。

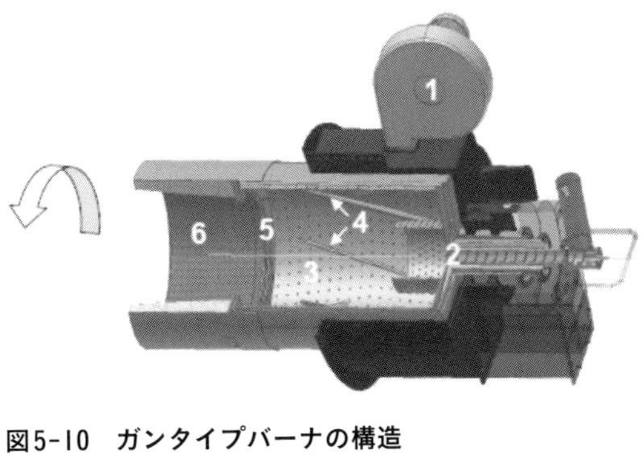

図5-10　ガンタイプバーナの構造
1：ファン、2：搬送スクリュー、3：回転ドラム、4：ガイド板、5：二次空気口、6：アフターバーナ室

(4) 燃料の貯留と搬送装置・方法

バイオマスボイラでは、ボイラに燃料を運び入れるために、燃料を保管するサイロ、そこからの燃料の積出し装置、ボイラまで燃料を運搬する搬送装置などが必要になる。これらはボイラからの制御信号や各所に設けられたセンサーにより、必要な燃料だけをボイラに運ぶもので、ボイラの規模、燃料の種類やサイズによっていくつかの種類があり、最適な方式を選択する必要がある。

①サイロ

サイロには、地上式チップサイロ、地下室チップ用サイロ、ペレット用サイロなどがあり（図5-11）、敷地の面積、冬季の積雪状況、燃料の運搬方法（ダンプの有無、トラックの大きさ、搬入頻度など）、燃料投入方法（シャベルカーやユニック車などの存在）などによって選定する。

地上式サイロは地下を深く掘らずにすみ安価である。しかし屋内地上サイロは広いスペースが必要で、チップも散乱しやすい。コンテナ型サイロはコンベアやシャベルローダーなどでチップをコンテナ上部から投入する必要があり、手間がかかりやすい。やや掘り下げた半地下型はダンプからの直接投入も可能である。

チップはダンプカーで運ぶケースが多いので、運転手だけでもサイロへの投入が可能な地下式が望ましい。

ペレット用にはチップと同様に地下式もあるが、フレコンパックで運ぶケースも多いため地上式でもよい。ペレット燃料ではブリッジは発生しにくいのでFRP製サイロがよく使われる。

②燃料の搬送方法

各種サイロからボイラへの燃料搬送システムにはいくつかの方式がある（図5-12）。それらはバイオマスボイラと制御システムによって選定されるが、同時に使用する燃料のタイプと現場の制約条件によって具体的な形が決められる。それによってバイオマスボイラシステムが全体的に効果

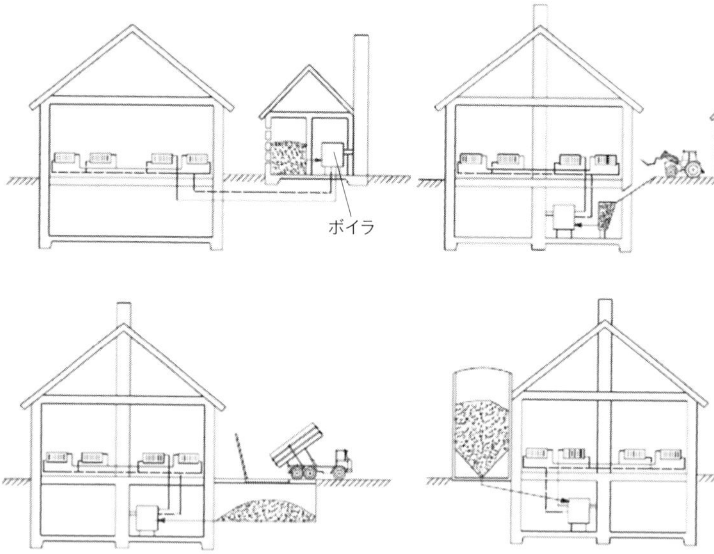

図5-11　サイロの種類
上：地上式チップサイロ（左；燃焼室に隣接、右；燃焼室と分離）、
下左：地下室チップ用サイロ、下右：ペレット用サイロ

的かつ効率的に稼動するかどうかが決まる。

ロータリーアーム方式
（スウィーベルアーム方式）

このシステムは、弾力性のある鉄製のアームを持った回転アームを使い、バイオマス燃料をかき寄せて、中央のスクリューコンベアに落とし込み、ボイラに送るものである。これは木質チップでも木質ペレットでも使うことでき、一般的に負荷が500kW以下の施設で使用される。ロータリーアームは四角いサイロの底部に水平もしくはやや傾斜のある状態で設置される。2本のロータリーアームがそれぞれ燃料をかき寄せ、独立したコレクティング・スクリューコンベアに落とし込む。

セントラルディスチャージ方式

このシステムでは、傾斜したサイロ側壁の底部に取り付けられたスクリューコンベアを使う。燃料は自重でスクリューコンベアへ落とし込まれ、ここから自動的にボイラへ搬送される。このシンプルなシステムは木質ペレットでしか使われない。木質チップではサイロから燃料が運び出されることを妨げるようなスクリュー内での空洞や、ブリッジを作ったりするので使われない。この方式は500kWまでの木質ペレットボイラや施設で使用される。

ムービングフロア方式（プッシュフィーダー方式）

このシステムでは、平行で、スライドするいくつものバーからなるラダー（はしご状のもの）が前後に動き、燃料を燃料庫の一方の端から他方にあるコレクティングスクリューの方向へ燃料を徐々に送る。燃料は直接ラダーの上に投入されるので、ムービングフロアは地下の燃料庫の中に取り付けるのが一般的である。サイロ蓋（手動または油圧式）を開けるだけで、燃料をトレーラーやトラックでサイロに直接投入できる。この方式のタイプは500kW以上の施設や建築設計に地下式サイロを設けることが可能な新設建築プロジェクトで使用できる。この方式はほとんどチップで使用される。

大規模システム

かなりの量のバイオマスを扱う非常に大きな設置現場では、燃料搬送装置を独自に設計して建設する。このシステムでは自動クレーンで大きな燃料貯留倉庫から小さなムービングフロアに燃料を移動する。この場合大きなムービングフロアは不

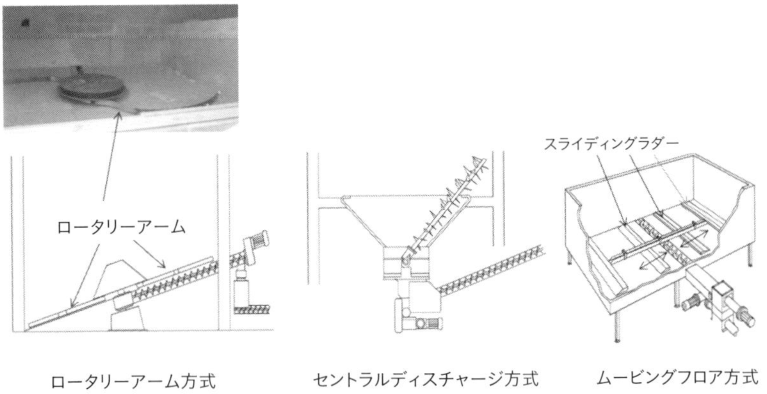

図5-12　燃料搬送方法

要で、サイロのスペースだけが必要となりコストが低減できる。全システムはボイラの制御により自動制御され、システムが必要とするだけの燃料を供給する。このシステムは工場のプロセスプラントやバイオマスCHPプラント、あるいは地域暖房システムなどの大規模バイオマスプラントに向いている。

③燃料搬送装置

木質燃料搬送装置にはスクリューコンベアとチェーンコンベアとがある。

スクリューコンベアは一定の径のスクリューが回転することによってペレット、チップを搬送する。搬送量は比較的高い精度で調節できる。このスクリューが搬送できる木質のサイズの範囲は原則80mm×20mm×10mmあるいは40mm×40mm×10mm以内のものが許容され、その規格外であれば燃料はスムーズに搬送されない恐れがある。サイロから搬送装置へ、あるいは搬送装置の中継箱などでは、木質のサイズが適切でなければ、ブリッジを発生する可能性がある。特に、破砕型チップは圧縮されやすく、容易にブリッジが発生するので注意を要する。

また、規定より長いチップは、スクリューに噛んでモーターに過大な負荷をかけたり、搬送路上のセンサーに引っかかって動作エラーを発生させることがある。スクリューの傾斜は45度以内に収める必要がある。

チェーンコンベアは搬送する燃料寸法の制約が少なく、通常長さが25cm程度まで可能である。それより長いチップ（バークを含む）を搬送する場合は幅の広いチェーンコンベアを選択する。またほとんど垂直な方向にもチップを搬送できるため、サイロの位置の自由度が高くなる。ただし、搬送量の精度はスクリューコンベアに比べて低い。

（5）高含水率チップ（生チップ）ボイラの仕組みと活用法

①高含水率チップを直接燃焼するための二段階燃焼

高含水率チップ（水分55％以下＝含水率120％以下）を直接、完全燃焼させるために二段階に分けて燃焼する方式が採用されている。以下、その仕組みを具体的に紹介する（図5-13）。

1）燃料の搬送と炉への投入：燃料はサイロから搬送装置を経て横込め式で燃焼炉に投入される。搬送路は逆火を防止するために多段式になっており、また温度センサーにより異常高温になった時は機械式バルブによって消火水を送る装置がついている。

2）可動火格子による一次燃焼：燃焼炉に投入されたチップは、炉底の「可動火格子（ムービンググレート）」によって主燃焼炉の奥に送られる。燃焼空気が送風され、その過程で、乾燥されながらガス化燃焼が行なわれる。

3）チップの乾燥工程：ボイラ内の燃焼炉は耐

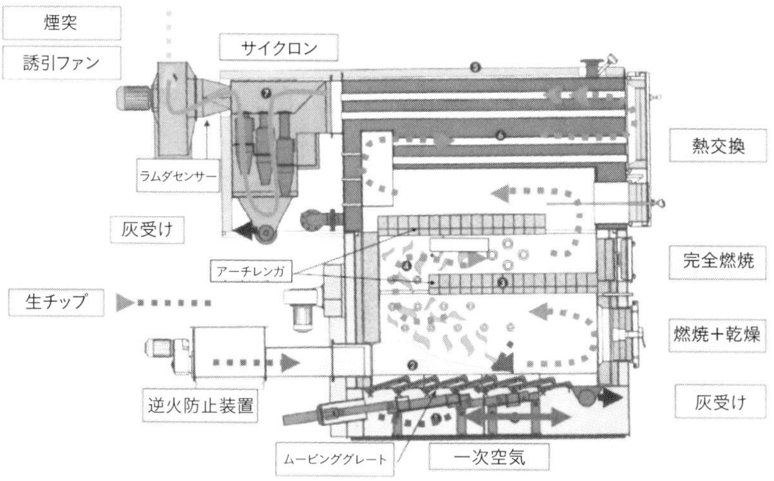

図5-13　生チップボイラの構造と燃焼システム

火煉瓦などの熱容量の大きい材料で囲まれ、燃焼炉内に蓄えた熱と燃焼ガスそのものの熱を利用して炉に投入された木材チップを乾燥させる。

4）二次燃焼室での完全燃焼：一次燃焼室でガス化された燃焼ガスは二次燃焼室で二次空気によって完全燃焼し、熱交換部に送られる。

5）温水への熱交換：二次燃焼室から送られた燃焼ガスの熱エネルギーは3パスの熱交換部で効率よく温水に熱交換される。ドア部に取り付けられた自動煙管掃除装置によって伝熱部に付着した灰やススを空気圧で吹き飛ばし、伝熱効率を維持する。

6）マルチサイクロンと誘引ファン：熱交換を終えた燃焼ガスはマルチサイクロン集塵機で灰や媒じんを分離し、クリーンな排気ガスになり、誘引ファンによって煙道を通り煙突から外気に排出される。小型のものを除き、バイオマス燃焼機での燃焼ガスの排出は燃焼炉内の負圧を保つために煙突のドラフトに加え、基本的に誘引ファンが用いられる。マルチサイクロンと誘引ファンはボイラに一体で搭載されている。

7）ラムダセンサー（O_2センサー）：煙道部に取り付けられているラムダセンサーは排ガス中の酸素濃度を測定するために取り付けられており、これにより適切な空気費を保つように燃焼空気量を制御し（ラムダ制御）、常に好燃焼を維持する。

8）煙道と煙突：煙道と煙突は保温されて、結露による煤じんやタールの付着を防止する。

9）灰の自動収納：燃焼灰と飛灰はそれぞれ燃焼炉底部とマルチサイクロンの底部からスクリューコンベアにより灰受けボックスに送られ収納される。

②生チップボイラは連続運転が原則

乾燥チップを使う場合には、燃料が乾いているので点火・消火の繰り返しが比較的容易である。しかし、生チップでは着火しにくく、点火・消火を繰り返す「断続運転」は実質上不可能である。断続運転で一旦燃焼炉の温度を下げてしまうと、次の運転開始時点ではボイラの温水を温めるよりも、燃焼炉の昇温にエネルギーが利用され、立ち上がりに時間がかかり、ボイラ効率も悪くなる。

そのため生チップボイラでは、燃焼炉の温度を一定以上に保つように制御しながら「連続運転」することが、利用上でもエネルギー効率上でも最も望ましい。

③生チップボイラの最適燃焼にむけた制御方法と運転

制御方法

生チップボイラでは、ON-OFF運転で頻繁に行なわれる停止・起動動作を大幅に減らし、必要以上の燃料（着火も含む）消費を抑え、かつ公害成分の発生を最小にする目的で、最大出力の100%から30%までの広い負荷範囲で、「連続的比例制御」ができる制御機構を採り入れている。

また、燃料の含水率や樹種の変動に対しても、「O_2センサー」による最適燃焼制御で、燃料の送り量と燃焼空気の調整を常に行ない、不完全燃焼やススやタール、煙などの公害成分を極力発生させない機構が採用されている。

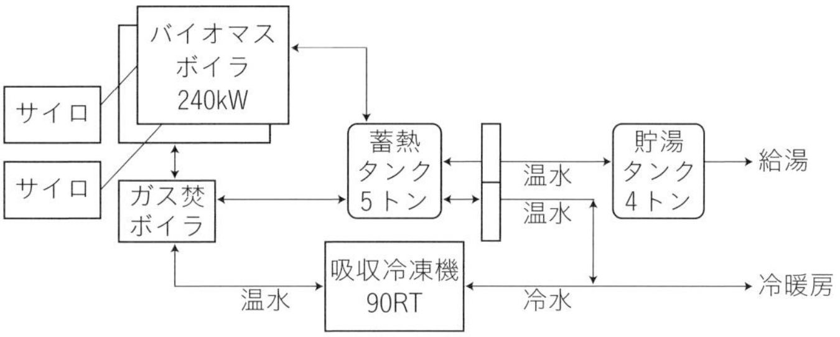

図5-14　冷暖房・給湯システムにおける概略フロー図例

運転

生チップボイラでは使用チップ燃料の含水率が高いため、冷缶状態からのチップへの着火は手動である。稼働中は負荷の変動に合わせて最大出力100%から30%の間は連続比例制御運転モードで高燃焼を維持するが、負荷が30%未満になると種火維持モードになり、わずかな燃料消費量で運転を継続し、保守点検などで停止しない限りボイラは長期間稼働することになる。

ただ、負荷が小さく長時間種火維持モードが続くときは、炉全体の温度が下がり、チップの乾燥ができないため不完全燃焼気味になる。これを長時間放置しておくとタールなどが熱交換部に付着して熱交換が妨げられ、ボイラのトラブルの原因になりやすい。これを避けるためには次のような対応が望まれる。

1）主たる熱供給（暖房や給湯）以外の時間帯で「融雪」や「サイロ乾燥」などの負荷を別途設けて種火運転の時間帯を短縮する。

2）「蓄熱タンク」を組み合わせると、蓄熱タンクの温水温度変化を利用して、種火運転時間を短縮することができる。すなわち負荷がないとボイラは種火モードが続くが、蓄熱タンクからの放熱でタンクの温水温度が低下してその下限設定温度になると、ボイラは種火維持モードから連続比例制御運転モードに転換する。タンクの温水が沸き上がって上限設定温度に達すると種火運転にまた切り替わるが、この切り替えが交互に行なわれて、種火運転は断続的に行なわれることになり、上記のトラブルの可能性が低下する。

④負荷に見合う熱量と温度を維持するためのシステムの組み方

バイオマスボイラの導入にあたってのシステム設計は、以下の設定に従うことが望ましい。図5-14は冷暖房・給湯システムでの概略フロー図例である。

1）バイオマスボイラはベース負荷に見合い、低負荷にも対応しやすい大きすぎないボイラを選定し、極力24時間連続運転を行なう。

2）蓄熱タンクを設置し、要求される一定の熱量を一定の温度で蓄えておき、速やかに負荷変動に対応できるようにする。

3）化石燃料によるバックアップボイラを設置し、ピーク負荷に対するバイオマスボイラの出力不足をカバーする。また85℃以上の高温の温水が求められた場合に対応する。

4）複数台のバイオマスボイラを設置し、負荷に応じて運転台数を制御する。

（6）木質ボイラ特有の運転特性と対策

①追随性の緩慢さを見込んだ木質ボイラの選定

固形燃料によるボイラの運転は「船の舵」に似ていて、冷缶状態のボイラは着火から所定の出力が出るまで、また稼働中に停止ボタンを押してからボイラが完全に停止するまで、それぞれ数時間程度かかり、木質焚きボイラは追随性が緩慢であるという特性を持っている。そのため木質ボイラでは、特に停止するときに次のような特有の現象が起こる。

高負荷状態でボイラが燃焼しているときに負荷がゼロになった場合、炉内の残り火の熱を利用できず、ボイラ缶水温度は一時的に上がる。ボイラは炉内の木質燃料がなくなるまで燃焼を継続し、炉内の燃料がなくなりかけてからようやく缶水温度は下がり始める。このように、ボイラの停止指示をしても、完全停止までかなりの時間差が生じる。特に負荷が急になくなった場合に、残り火によってボイラの缶水温度が上昇し、その設定上限温度を超えることがある。これを「オーバーシュート」と呼ぶ。この場合、ボイラ缶水が沸騰しボイラ外にあふれる危険性もあるので、通常、缶水が沸騰しないような範囲にハイリミットスイッチが作動する温度を設定するが、缶水がこの上限温度を超えるとこのスイッチが作動し、ボイラはエラー警報を発して強制停止する。

この例から分かるように、木質ボイラの運転ではできるだけ発停を繰り返さず、一定出力での連続運転が好ましい。そのため導入する木質ボイラの選定に際しては、設計最大負荷の40～70％程度の出力レベルのものを選定し、ピーク負荷に対してはバックアップボイラなどでカバーすることが好ましい。さらに言及すれば木質ボイラは24時間運転を前提に考えるべきである。

②燃焼炉内の負圧制御

木質ボイラでは、煙道部に取り付けた誘引ファンによって燃焼空気を引き込んで燃焼炉内を負圧状態に保って燃焼が行なわれる。これは、木質焚きボイラではバーナ側からのみ燃焼空気を送る加圧燃焼がなじまないことと、木質ボイラでは燃料投入部などに隙間があり、強制誘引でないと有毒な燃焼ガスが機械室内に逆流する恐れがあるためである。

停止時には炉内の負圧がなくなるので、燃焼炉内に残り火があるときは機械室内への燃焼ガスの逆流を起こさないために、煙突のドラフトの働きが必要不可欠であると同時に、機械室内は停止時でも残り火がある限りは加圧状態を保つことが肝要である。

③電源停止時の沸騰と逆火

木質焚きボイラでは突然の電源の停止がある場合、次のような現象が起こる可能性がある。

1）停止直後に温水循環が止まって熱の行き場がない場合は、残り火の燃焼が続いて、缶水が沸騰し、ボイラ缶水量が十分でないと沸騰水がボイラから噴出する可能性がある。温水のハイリミットの設定温度の検討とボイラ缶水容量を大きめにするなどのボイラ側の対策と同時に、負荷側のシステムでは負荷をいきなりゼロにしないことが大切である。

2）突然の停電時には燃焼室の燃料の残りからサイロの方へ逆火する可能性がある。その対策として燃料搬送装置が多段式で燃料の経路をいったん区切り、空気流の遮断を行ない、また緊急停止および緊急警報システムの搭載、またセンサーによって燃料搬送路の高温を感知し、異常温度センサーと消火水の給水装置その搬送路に消火用の水が送られる仕組みもあり、3重、4重に火災の防止対策がとられている。

④煙道・煙突での結露とタールや木酢液の発生と対策

含水率の高い木質燃料を燃焼させる場合、水分の発生も多くなるが、通常の燃焼では燃焼ガスとともに煙道から排出される。しかし、次のようなケースでは問題が起こり、故障や事故などにつながる恐れがある。

1）含水率がボイラの許容限度を超えて高い場合、水分の乾燥にほとんどのエネルギーを奪われ、炉内の温度が低下するため不完全燃焼が起こりやすくなる。この場合には黒煙が発生し、排気ガス温度も低く、木質燃料から発生した水分が煙突から十分排出されないで、抜けきらないうちに再び結露する可能性がある。

〈対策〉

・サイロへのチップ投入時に含水率チェック作業のマニュアル化。

2）負荷がかなり低い場合にも、燃焼エネルギーが低くなり上と同様な現象が起こりうる。特に負荷があまりないときは、ボイラは発停を繰り返し、燃料と空気のバランスが崩れやすくススが出て、黒煙と煤じんが多量に発生しやすくなる。

〈**対策**〉

- ・負荷が低い場合の対策には、緩衝用の貯湯タンクを組み合わせるなどして、発停が頻繁に行なわれないようなシステムを組む。
- ・負荷が多すぎる場合でも、還水温度が低下して炉内温度が下がる場合もあり、3方弁を組み合わせるなどして、ボイラへの負荷をかけすぎないようにする。

3）外気温が低く、煙突の断熱や高さが不十分な場合にも結露が起こりうる。これらの状態では、タールや木酢液も相当量発生する可能性があり、煤じんなどとともにボイラ熱交換部の煙管、煙道、煙突部に付着するため、燃焼ガスからの熱交換が十分に行なわれず、高温になった燃焼ガスで発火すると、煙道や煙突火災を引き起こす恐れがある。

〈**対策**〉

- ・煙突・煙道には十分な断熱を施す必要がある。
- ・逐次、煙管などのボイラ点検を励行し、場合によっては一定頻度で掃除をする。

（7）木質燃料からの廃棄物と対応

①灰の処理と利用法

灰の発生量は、絶乾重量当たり木部で0.2～0.7%、樹皮では2～7%が目安である。樹皮では木部の10倍程度の灰が発生する。これらの灰はチップボイラに付属する「灰処理ボックス」に自動的に送られ、定期的に廃棄すればよい。灰処理の頻度を調整するためには灰処理ボックスの大きさで対応する。灰は原則として産業廃棄物として処理するが、有害でないことを確認すれば、畑の土地改良剤などとして利用できる。

表5-1　生チップボイラの排気ガスに含まれる有害物質などの濃度

測定項目		排出基準	ボイラ出力	
			240kW	450kW
ダスト濃度（g/m^3N）		0.30	0.02	0.03
硫黄酸化物	濃度（vol ppm）	—	48未満	49未満
	排出量（m^3N/h）	0.74	0.020未満	0.038未満
窒素酸化物濃度（vol ppm）		350	84	69
塩化水素濃度（mg/m^3N）		—	47未満	46未満

注　出典：岩手県林業技術センター

表5-2　生チップボイラからの灰および排気ガスに含まれるダイオキシン量

測定項目	排出基準	測定結果	測定対象および適用基準
灰（焼却灰）（単位：ng-TEQ/g-dry）	3	0.00018	廃棄物焼却炉から発生する廃棄物（煤じん、焼却灰など）
煙（排出ガス）（単位：ng-TEQ/m^3N）	5	0.0000014	廃棄物焼却炉（火床面積0.5m^2以上、焼却能力1時間当たり2,000kg未満）

注　出典：岩手県林業技術センター

②煤じん対策など

煤じんに対する対策としては、その発生を少なくすることが重要で、燃焼空気の十分な供給、燃料の適正含水率および炉内温度の低下防止によって好燃焼を維持することにある。

燃焼機器での対応では、ボイラにサイクロン集塵機および（必要があれば）フィルター集塵機を搭載することで煤じんを回収できる。

掃除では、煙管部のエアコンプレッサーによるブロー（自動掃除）およびサイクロン、誘引ファン、煙管および煙突の定期的掃除によって煤じんを除去、回収できる。

なお、木質チップを燃焼した後に燃焼炉で発生した灰の大部分は、搬送スクリューによって「灰受けボックス」に自動的に送られ、収納される。

ちなみに表5-1と表5-2は、岩手県林業技術センターが生チップボイラ（Schmid社製、出力240kWおよび450kWの計2機）からの燃焼ガスおよび灰分について、環境汚染物質などの測定を行なった結果である。使用チップはスギとカラマツが混じった製紙用切削チップで、乾量基準含水率61%であった。

表5-1からは燃焼ガス含まれる粉じん濃度およびSOx、NOxおよびHClの有害物質濃度はいずれも大気汚染防止法で定めている排出基準を大きく下回っており、クリーンな燃焼が行なわれていたことが分かる。また表5-2からは、煙と灰のいずれについてもダイオキシン類（ポリ塩化ジベンゾフラン、ポリ塩化ジベンゾ-パラ-ジオキシン、コプラナーポリ塩化ビフェニンをまとめてダイオキシン類と呼ぶ）は廃棄物焼却炉の基準値を極めて大きく下回り、発生量はゼロに近い値を示した。

（8）導入の実際と導入のポイント

木質焚きボイラは、学校給食センター、学校や公共施設、温泉施設など各地で導入されている。以下、その事例と導入するときに注意したいところを紹介する。

①学校給食センター

温水が昼の給食後の食器洗浄として使われる事例では、1時以降3時までが洗浄のための温水負荷のピークがあるので、貯湯タンクを設け、この時間帯の前に貯湯タンクを上限の設定温度で温水を蓄えている。ピーク負荷には、このタンクに大量に蓄えられた温水で対応する。それ以外の時間は種火維持モードで運転される。

②学校や公共施設などの事務棟

現在導入されている施設には次のような特徴がある。

1）一般的にはボイラは24時間稼動するが、全自動運転のため人は介在しない。

2）ボイラシステムの各所の状態のデータを収集する『熱管理システム』を設ける場合は、ボイラの状態の監視なども離れた場所で行なうことができる。

3）夜間や休日のような負荷のない時は基本的には種火維持モードになるが、蓄熱タンクと組み合わせた場合は、その蓄熱タンクに十分な温水が常時蓄えられるように、ボイラは日夜関係なく稼動する。この蓄熱タンクにより、暖房時の朝や負荷が急に増加した場合でも速やかに熱供給が行なわれる。

4）融雪、園芸ハウス暖房、サイロ乾燥などの負荷を別途設けることにより、種火維持モードの時間帯が短縮される。

5）負荷がほとんどない状態が数週間続くような『冬休み』や『春休み』は、種火運転を避け、ボイラを停止させ、また熱供給が必要な時に再度ボイラを起動させることが望ましい。ただし融雪、園芸ハウス暖房などの負荷が必要な場合は運転を継続させる。

6）日常的に管理する人の作業は、

・燃料のサイロの量の監視と補充指示：チップの投入頻度についてはサイロの大きさにもよるが、1週間に1回ないし3回程度。
・灰の処理：1週間ないし2週間に1回、灰箱をスペアの箱と差し替え、灰の処理をする。
・ボイラの運転状態の点検：毎日1回程度、ボイラの決められた箇所に異常などがないかを確認する。

7）ボイラに異常やエラーがあった場合、ボイラは安全側に停止し、その情報を管理者に伝えることができる。情報の内容により対応の方法はさまざまであるが、メーカーとの定期メンテナンス契約の締結をすることなどによって、ボイラはよい状態に管理され、長い耐用年数が実現できる。

③温浴施設の事例

1）温水供給は、①張り込み時のお湯の加温と供給、②浴槽温水のろ過昇温、③シャワーやカランへの給湯、④あふれ湯に対するお湯の補給からなる。①と④の回路、②の回路、③の回路と系統を分けてシステムを組む。

2）蓄熱タンクをバイオマスボイラに併置して、急激な負荷変動に対応できるようなシステムを組む。

3）①と②〜④とは同時には行なわれないので、ボイラの大きさはいずれかの大きいピーク負荷を基準に決める。

4）③の給湯負荷は入浴者数によるので、貯湯タンクを別に設け、入浴者数の急激な増加に対応できるようにする。

5）ボイラの点検や掃除を行なう時など以外は年間を通して連続運転で行なわれる。管理作業は同じだが、年間の運転時間は暖房運転よりも長いので、メンテナンスの頻度は多い。

（岡本利彦）

4 施設園芸ハウス用暖房機

（1）日本の施設園芸と木質燃料ボイラの役割

木質燃料は有力な再生可能エネルギーだが、単位エネルギー当たりの体積が大きく、輸送や貯蔵の点で弱点がある。しかし、日本の施設園芸産地は、主な供給基地である山林に近い位置に展開していることが多く、燃料供給地と消費地が一体となった地産地消的な展開がしやすい。

ハウス暖房では広い面積と空間があり、そこで必要とされる熱量は比較的多く、また熱をうまく拡散して栽培に適した温度環境を作る必要がある。さらに、夜間無人のハウス内で運転するところから、自動運転や安全性も必要である。一方、経営基盤に弱い面があるため、できるだけ低コストでの設備投資が望まれる。

施設園芸ハウス用の機器は燃焼装置本体のほか、自動制御装置、燃料の貯蔵設備や自動供給装置、排ガスからの燃焼灰の分離装置（サイクロン）および煙突などが組み合わせたシステムとなっているものが代表的である。機器の種類には温風式と温水式がある。

（2）温風式と温水式とのちがい

温風式は、ハウス内に熱を供給する媒体として温風を使用するもので、基本的には燃焼室内で燃料を燃焼させ、燃焼室と熱交換器（総称して「缶体」と呼ばれることが多い）に送風し、室内の空気を間接的に加熱して吹き出す方式のもの。一方、温水式はハウス内に熱を供給する媒体として温水を使用するもので、湯を沸かし、それを適時ハウス内に供給して暖房を行なうものである。

温風式では、ハウス内に温度ムラなく拡散させるため、温風ダクトが接続されることが多い。そのため送風装置は比較的大きな能力のものが選定される。送風装置が非力なものは小さな空間での暖房利用が主体となる。

温風式の場合、木質燃料は、石油やガスと比べて着火と消火に時間がかかり、ハウス内を栽培に必要な温度に保つための追従性があまりよくない。そのため、いくら温風ダクトを調整しても、装置自体から出る熱量が変化してしまい、満足できる温度管理ができないケースも少なくない。そこで、温度制御方式や燃焼量を調整して温度追従性を向上させるなど、さまざまな工夫をした機器もでている。

温水式では、空間暖房では60～80℃程度、地中（栽培ベッド）加温では40℃程度の温水が供給され、放熱管や熱交換器などの放熱装置で放熱を行なう。石油やガス利用も含めて温水式では、放熱装置を介して間接的に暖房する形となるため、温風式と比べてハウス内の温度変化はなだらかで安定しやすい傾向にある。木質燃料の欠点である着火性や消火性も、温水式なら直接的な室温への影響がでにくく、ほとんど問題にならない。そのため、室温管理に精度が要求される場合には温水式の方が望ましい。

ただし、温水式にはコスト高という大きな欠点がある。ひとつは、熱源としての温水機のほかに必ず放熱装置が必要であり、設備全体として割高になること。2つ目は総合的な熱効率が低く運転経費も割高になることである。これは、温水からの放熱ロスが起きやすく、特に朝方ハウス内に日射が入ると急速に暖房負荷が低下し、せっかく作った温水の放熱が十分終わらないうちに暖房が不要となり、温水が放熱管内に無駄に高温のまま残ってしまうことによる。

そのため、一般に温水式の燃料消費量は温風式より1～2割程度多めになる。ただ、温水式はなだらかで安定した室温管理とそれによる栽培環境が期待できる。また、放熱管による加温が一般的な地中（栽培ベッド）加温や、小さな設備が点在するなどセントラルヒーティング的な集中管理のメリットが見込める場合は、温水式が適している。

さらに、木質燃料の着火と消火に時間のかかる燃焼性を原因とする温度変動も、温水による間接加熱で縮小できるため、石油やガス以上に木質燃料での温水式の選択余地は大きい。

なお、施設園芸ハウス用のペレット焚き温水機は、温風機と同様にいくつか商品化されているが、低コストの温風機に押されている感が強い。

(3) ペレット焚き温風機

①機器の選択と利用上の注意点

施設園芸ハウス用のペレット焚き温風機にはいくつか種類があるが、選択にあたっては価格面だけでなく、施設園芸に適した仕様として熱出力や送風能力を主体に、自動制御や安全対策、操作性、日常の維持管理などさまざまな視点から吟味したい。

特に燃焼性能の幅は大きく、可能であれば実際に使用している状況を確認してみたい。灰は燃料でも性状が変わるが、燃焼のよい装置ほどさらさらで燃え残りがなく、同じ燃料を同量燃焼させても灰の量は少なくなる。木質ペレットのような固形燃料ではよい燃焼をさせることが重要なので、燃焼灰の状態は機器選択の大きな参考となる。

燃焼ガスを直接温風としてハウス内に吹き出した方が効率はよいが、硫黄分などが多い燃料や建材などの不純物が混合した場合、有毒ガスが出て作物被害を招く恐れがある。また、燃料由来の有毒性がなくても、完全燃焼が維持できなくなると一酸化炭素やエチレンが発生し、作物被害を招くだけでなく、最悪の場合、人身事故に繋がる恐れもあるため、効率がよいからといって燃焼ガスを安易に直接利用してはならない。燃焼ガス中の炭酸ガスを生育促進のために利用する場合も同様で、十分な安全配慮がされたもの以外、利用してはならない。

②経済性

一般に石油やガスと比べ、設備費は高いが運転経費は安い。石油やガスとの価格差から運転経費の節減をし、設備費の増加分を適当期間で償却できることが必要である。

償却期間＝設備費差／運転経費差

導入検討者からは3～5年程度の償却期間を望まれることが多いが、実際は厳しいことも多い。補助金などでかなり短縮されるが、経済的には機器の耐用年数より長くなっては導入する意味がない。一方、農業用設備装置の法定償却年数は7年なので、できるだけこの範囲内には収めたい。

設備費

ペレット焚き温風機は、広く普及している石油焚きに比べて構造が複雑で高コストであり、まだ量産効果も進んでいないことから、現状では付帯設備を含め2～3倍程度の設備費となっている。一般に新技術は普及に至るまでは割高になることが多く、普及策として設備に対する補助金のような制度が必要である。

運転経費

運転経費は燃料費が大半で、木質ペレットの入手価格で左右される。木質ペレットの製造所は全国で60カ所以上あり、それぞれ原料や製造設備が異なり、価格の幅が大きい。また、12～3月の4カ月間で年間使用量の大半を消費するため、風呂や給湯用など周年消費するものと比べ保管場所や管理負担は大きい。

実際の納入価格は輸送費含めて25～50円/kg

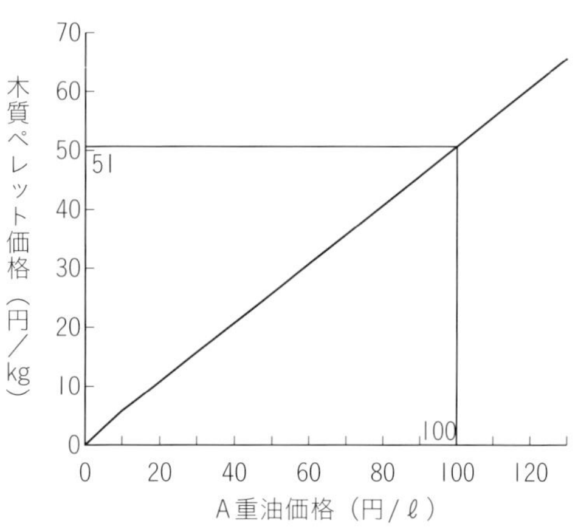

図5-15　発熱量を考慮した価格比較

表5-3　暖房期間中の木質ペレット消費量試算比較例（単位：kg/年）

地　区	暖房管理温度		
	10℃	15℃	20℃
仙　台	22,600	43,000	79,500
名古屋	14,600	32,400	64,600
宮　崎	6,600	21,000	49,900

注　ハウス条件：床面積1,000m^2、カーテン2層

となっている。石油との価格比較では、施設園芸の主要燃料であるA重油1*l*当たりの発熱量を概ね木質ペレット2kgで賄える割合となっており、A重油のリットル単価の半分より木質ペレットのkg単価が安いと優位になる。発熱量から見合うA重油価格と木質ペレット価格の関係（図5-15）から、例えばA重油価格が100円/*l*なら木質ペレット価格は51円/kgが同等で、それ以下で入手できれば木質ペレットが有利なことになる。実際はその価格差に燃料消費量を乗じた金額が燃料経費差となる。ただし、地域やハウス構造、暖房管理温度などによって燃料消費量も変わる（表5-3）ので注意する。

なお、木質ペレット温風機は石油焚きに比べて構造が複雑なため、点検費などの維持管理費も割高になりがちである。業者任せにすれば楽な反面、費用負担は大きくなる。逆に、日常の点検や掃除を自ら励行することで、維持管理費は節減できる。

③設置場所と設置上の注意

一般に本体は付帯装置も含めて大きく、屋外には貯蔵設備（サイロなど）が必要なので、機器の搬入方法まで含めて吟味が必要となる。設置上で主に注意すべき点は以下のとおり。

a. 近隣への騒音を配慮した場所を選定
b. 地盤のしっかりしたところを選択し、適切な基礎工事を施す
c. 周辺に危険物や可燃物を置かない
d. 点検・掃除などのメンテナンススペースを維持する
e. 関連法規（火災予防条例など）に配慮する

④設置の方法

設置関連工事では、以下のような点に注意する。

電源工事

ハウスでは電源容量に不安のあるケースが多々あり、配線の太さも含めて十分に配慮したい。石油焚き温風機でも電源容量不足から電圧降下を起こし、運転不能や故障を引き起こすことがある。付帯装置も多いペレット焚きでは、さらなる注意が必要である。

煙突工事

木質ペレットの着火と消火時には発煙しやすい傾向があり、また排気ガスにはどうしても灰が混ざってしまうので、ハウスだけでなく近隣に迷惑をかけないような高さや位置の配慮が必要となる。さらに、ハウス内に燃焼ガスが漏れないようにパッキンを使用したり、強風で煙突が外れることのないようにしっかり固定しておく。

⑤制御法と安全対策

ハウス暖房は夜間無人状態の中で行なわれるため、制御面では自動運転と安全対策がキーポイントになる。ただし、温度制御は通常着火や消火を繰り返して一定の温度に保つ方法がとられ、着火性と消火性のよくない木質ペレットでは対応がやや難しい。そのため、室温に応じて燃焼をHigh-Low-Offの3位置制御や比例燃焼制御として可能な限り燃焼停止しないで温度制御することにより従来の化石燃料と同等以上の温度制御法を持つものもある。

そのほか、いったん運転したら燃えっぱなしのストーブに近い暖房機もある。その場合は、室温管理は成り行きに任せるか、別にバックアップ用の石油焚き暖房機を併用してそちらに温度管理をゆだねることになる。

燃料の着火と消火

木質ペレットは着火しにくい燃料のため、自動着火のためには石油焚きバーナや大型電気ヒータなど、比較的熱量の高い加熱源で着火することが多い。その比較を以下に示す。

a. バーナ
・熱量が高くより早く着火できる
・着火までにバーナの熱量自体で室温低下を防止

・構造にもよるがバックアップ熱源利用が可能
・設備コストが割高
・燃料管理の手間が必要

b. 電気ヒータ

・構造が簡易で設備コストが割安
・着火に時間がかかり室温低下が大きくなる
・燃料として木質ペレットのみで他の燃料管理が不要

いったん着火した後は、炉内に残った木質ペレットが種火となり、ある程度の停止時間内なら次の着火は比較的スムーズにできるようになっている。とはいえ、最初の着火も含めて本来の熱量供給までには時間がかかるため、その間、室温は低下し続けることになる。

一方、消火は燃料供給を停止して行なうが、固形燃料の特性上すぐに消火できるわけではない。燃焼炉内に残った燃料が発熱して、必要以上に室温を上昇させてしまう要因となる。

このように、着火と消火に時間がかかると、室温低下と上昇の幅が大きい温度管理になりやすい。焼却炉は単に燃焼すればよいが、温度管理を行なう暖房機では、この点は木質ペレットを含む固形燃料全体に係る大きな課題である。

自動燃料供給

暖房機では、所定の能力が出るように燃料消費量が調整される。木質ペレットは固形物であるため、一般的には移送管内にスクリューを配置し、スクリューの回転で燃料を送るものが多い。回転数を変えることによって燃料消費量を変えることが可能である。他にはベルトコンベア式の移送装置もある。

自動温度制御

ハウス暖房は作物の栽培に適した温度管理をすることが必要なので、効率的な生産のために自動温度制御は不可欠である。いくら木質ペレットで省エネルギーが図れても、肝心の温度制御が思うようにならず、栽培に支障が出るようなら導入する価値はないことになる。

a. 温度制御

温度制御は、目標温度を設定することにより、

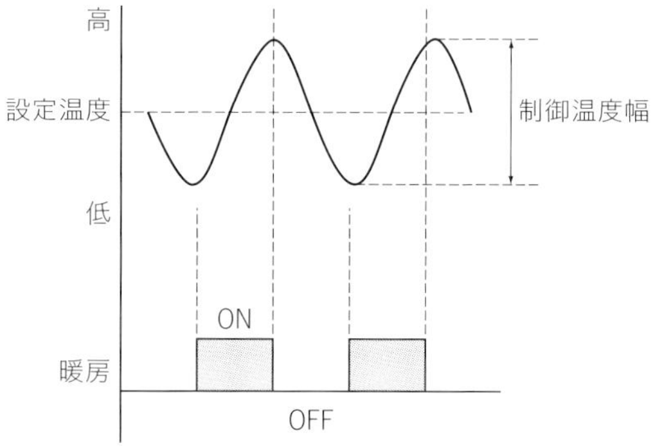

図5-16 基本的な温度制御

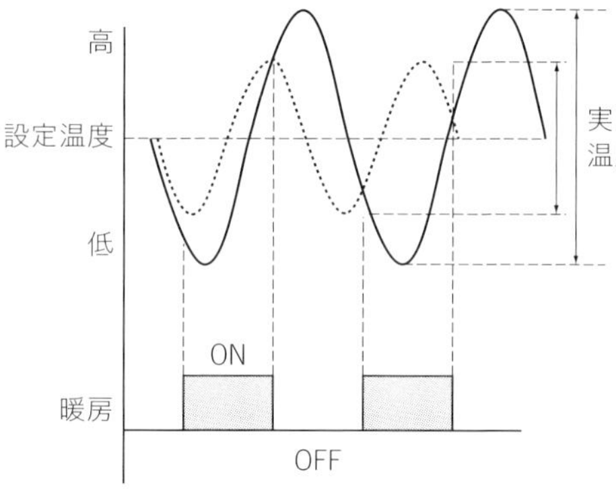

図5-17 ペレット温風機の温度変化例

目標温度になるように自動的に着火と消火を繰り返すものが主体である。ただし、着火・消火に時間のかかる木質ペレット焚き温風機では、実際の室温変化幅が大きくなりやすく、注意が必要である。

基本的な温度制御では、目標となる設定温度になるように一定の温度幅で燃焼機器を運転・停止させている（図5-16）。ただし、実際の燃焼機器は着火後燃焼炉温度が上昇するまでに時間がかかるなど、熱供給が100%になるまでに時間遅れが生じる。また、消火後も燃焼炉の余熱でしばらく熱供給が続き、制御温度と実際の温度幅にズレが生じる。木質燃料のような固形燃料では、燃料自体の着火と消化に時間がかかることも加わり、この傾向が強く現われ大きなズレが生じて温度幅が大きくなり（図5-17）、意図した温度管理ができなくなることもある。

この温度幅を構造的な部分に加え、制御の工夫

も加えて改善している例がある。構造的には、燃焼性を追求して着火や消火時間の短縮化を図り、温風ダクト配置の自由度が高まるように送風能力を確保して実際に適切なダクト配置を探って地点間の温度ムラを軽減する。さらに制御上は、温度上昇や低下の変化状況を捉え、その変化を予測しながら着火や消火動作タイミングの適切化を図るような工夫を加え、改善前の1/2～2/3程度に温度幅を低く抑えている。

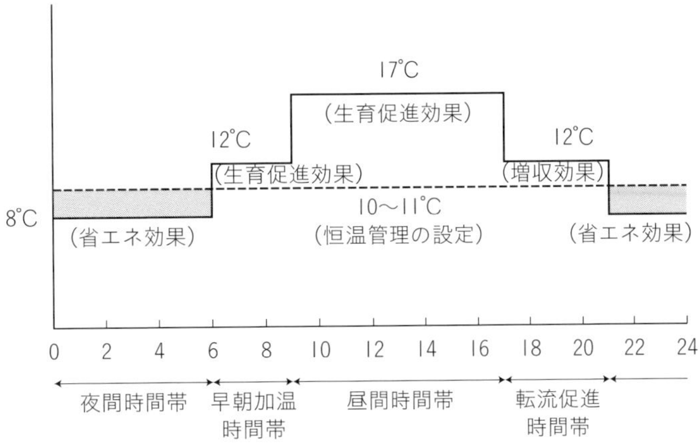

図5-18　変温管理のトマト暖房温度設定例

また、単なる着火と消火の繰り返しではなく、燃料の燃焼量を室温に応じて調整し、温度変化の幅を小さくする技術もある。ただし、燃焼機構や構造が複雑になり、設備費が割高になるが温度変動幅が少ないことを要求される作物については非常に有効である。

b.　変温制御

変温制御は、暖房温度を一定にするのではなく、時間帯によって変動させるものである。作物生理に合わせた温度設定をすることで、生育の促進と省エネルギーを図る技術であり、ハウス暖房では広く行なわれている。夕方と早朝に温度を上げ気味にして生育の促進を図り、夜間は必要最低限の温度にして省エネルギーを図るところがポイントになっている（図5-18）。

ペレット焚き温風機でも適用可能だが、夜間の省エネルギーを図るために設定温度を通常より低めにした際、温度低下が大きいと限界温度を下回り生育に障害を起こす恐れがある。そのため、制御温度幅の大きな機種では、温度を高めに設定するか、利用を控えた方が無難である。

燃焼安全装置

燃焼安全装置は、燃焼を常に監視し、異常が発生したときには安全に機器を停止させる装置で、火を扱う自動燃焼機器では石油やガスも含めて不可欠な制御装置である。一般的には燃焼を監視する火炎検出機構と、その状態に応じて制御する燃焼制御機構で構成されている。

その他の安全装置

燃焼安全装置以外の安全装置には、主に下記のようなものがある。

・耐震自動安全装置：地震を検知したときに運転を停止
・過熱防止装置：異常高温時に運転を停止
・モータ過負荷保護装置：過電流時にモータ運転を停止
・炉圧検知監視装置：燃焼経路の異常圧力を監視して運転を停止

安全構造

木質ペレットは可燃物であり、移送経路内を逆火の形で遡り、貯蔵設備側の火災事故に繋がる恐れがある。石油やガスでは移送経路内に燃焼に必要な空気はないが、固形燃料であるために空間が存在し、危険性を大きくしている。

そのため、構造上の空間や遮断装置、その他の工夫によりそれを防止している。とはいえ、せっかく対策がなされても機器近くに燃料を放置するなど安全意識に欠けた状態も見られるので、可燃物を扱う際の安全意識は高く保ちたい。

⑥日常の維持管理

日々の点検やお手入れのポイントを表5-4に示す。石油やガスと比べて大きく違うのは、燃焼灰の掃除が必要な点と燃料供給に関連する点検ポイントが多い点にある。

表5-4　日常の点検やお手入れのポイント

項　目	内　容
周囲の可燃物など	機器・煙突周辺などに燃えやすいものや危険物がないか
煙突・煙道	外れや接続部から燃焼ガスが漏れていないか
燃焼状態	異常な煙や異音の発生はないか
燃焼空気取り入れ口	燃焼空気取り入れ口がふさがれていないか
送風機	運転中の異音や異常がないか カーテンなどの吸い込み、巻き込みがないか
ダクトのつぶれ	ダクトがつぶれたり、折れたり、破損していないか
貯蔵タンク（サイロなど）	燃料が十分に入っているか、詰まっていないか 雨水などの侵入はないか
燃料移送装置	モーターの動きに異常はないか、詰まっていないか
灰出し口、点検口など	しっかり閉まっているか
灰掃除	灰がたまりすぎていないか

灰の掃除

木質燃料では必ず灰が発生し、その掃除や処理の手間を覚悟しておく必要がある。灰の量は基本的には木質ペレットが含む灰分量によるが、燃え残りも含めると機器の燃焼性能によって総量は異なってくる。樹種にもよるが、灰分の少ない木部で少なく、灰分の多い樹皮で多い。

一方、燃焼性能が悪いと燃え残りが多く、燃焼灰も粗くなって量が多くなる。同じ燃料を同じ量だけ燃焼しても、機種によって、片や毎日掃除が必要なのに、片や10日に1回程度ですむようなケースもある。まずは燃焼性能の高い機器を選択することが必要だが、初期性能を維持するための日常管理も大事である。

燃料の供給

木質ペレットは、移送時にペレット形状が崩れることがある。特に濡れると崩れやすく、保管時にも注意が必要である。また、燃料タンク内でペレット同士が絡み合うようにして詰まるブリッジという現象も起こすことがある。燃料タンクへの供給量が不足しないようにすることも重要だが、きちんと供給できているか、定期的に点検したい。

なお、長期間休止する場合、タンクや移送経路内に雨水が侵入したり、木質ペレットが吸湿して崩れることがあるので、タンクや供給経路内のペレットはできるだけ除いておいた方がよい。

温風ダクトのつぶれと破損

温風ダクトは使用中に道中でつぶれたり破損したりしやすいので、定期的に点検する。木質ペレットを燃焼した熱を無駄なく回収し、ハウス内の攪拌効果を維持するためにも、ダクト抵抗はできるだけ少なくなるように維持したい。

⑦現場の事例

宮崎県のピーマン栽培

ピーマンの施設栽培では暖房温度が18℃程度と比較的高く、温暖な宮崎県でも燃料消費量はかなりの負担となっている。そのため、省エネルギーは大きな課題であり、九州全体に山林が多いことから木質燃料への期待も高く、木質ペレット焚きの温風機が導入された（116kW、木質ペレット価格は25～30円/kg）。ただし、既設ハウスに導入したため、やや大型の本体や付属装置がすんなり収まらず、設置場所は増設されている。燃料供給や温度制御も自動化されており、従来の石油焚き温風機とそのまま置き換わって違和感なく使用されている。燃料の違いは意識されるが、燃料切れさえ起こさないようにしておけば特に問題ない。

大きく異なる点は灰掃除が必要なことである。灰にはほとんど燃え残りはなく、非常にさらさらとした状態で、概ね2週間に1回程度灰掃除を行なっている。灰の量は1回でバケツ1杯程度。栽培上も、温度管理面で暖房時にやや温度幅の変動が大きくなっているが、特に支障はなく、従来と同様の管理ができている。省エネ効果は、石油価格の変動が大きく一定していないが、A重油価格が80円/*l*を超えれば3割以上のコスト削減になっている。

群馬県のイチゴ栽培

イチゴは他の作物に比べて暖房管理温度が低

く、燃料消費量も比較的少ないが、それでも石油価格の高騰は経営を圧迫している。また、現場は摘み取りの観光イチゴ園となっており、再生可能な循環型エネルギーである木質ペレットの利用は、環境対策に積極的に取り組んでいる姿勢が来場者に対して大きくアピールできている（温風機は116kW）。機器は自動化されているため、灰掃除以外はほとんど手がかからない。灰掃除は10日に1回程度、バケツ1杯弱の灰を排出している。木質ペレット価格は35円/kgとやや高く、石油価格が以前のように安値になると省エネ効果としてはやや厳しい。

（4）ペレット焚き温水機

ペレット焚き温水機は、温風機と似通うところが多く、温風機と違う部分に絞って説明する。

①経済性

設備費として本体に加えて放熱装置も必要なことがあり、さらに運転経費でも温水からの無駄な放熱があって不利な面も重なり、温風機に比べて経済性は低い傾向にある。ただし、温風機にない特徴や室温管理面の優位性を生かせれば、収益の向上が期待でき、単純な設備費や運転経費だけに留まらない検討も必要である。

設備費

機種や機能によるが、温風機と比べて本体部分の価格差は小さいが、放熱装置を含めると高額となる。ただし、能力の大型化が図りやすく、規模の大きなセントラルヒーティング式の熱源装置として利用する際は、コスト差は縮小してくる。

運転経費

単純な燃料費の比較は温風機と同様だが、放熱装置として放熱管を利用する場合は、温水からの放熱ロスを考慮して1～2割高めに設定しておく必要がある。

②制御と安全対策

ペレット焚き温水機はいったん昇温した温水を暖房に利用するため、温風機ほど頻繁な着火や消火で温度制御を行なう必要がない。大きな蓄熱タンクを用意すれば、いったん運転したら燃えっぱなしのストーブ状態でもさほど支障がない。その面では、温風機より簡易な制御でも支障なく、低コスト化できる要素をもっている。

安全対策については、水を扱う部分の違いはあるが、基本的には温風機と同様である。

自動温度制御

ペレット焚き温水機は温水の温度制御を行なうが、ハウス内の温度管理は、基本的には変温管理も含めて放熱装置側で行なう。ハウス内の温度に応じて循環ポンプや熱交換器が運転・停止を繰り返して室温を維持管理する。さらに高度な制御では、室温に応じて温水温度を変化させるが、この場合は温水機で作った温水とハウスからの戻り水とを混合させて所定の水温に調整する。

安全装置

空焚き防止を図る水位検知装置（水位が低下したときに運転を停止。温度上昇で空焚き検知する場合もあり）が追加されていることが多い。

③現場の事例（岡山県内の某学校）

学校内にはハウスが点在しており、従来は石油焚き温水機でセントラルヒーティング的に温水を供給して暖房を行なっていた。石油焚き温水機が老朽化し、入れ替えが必要となったことがきっかけとなって機器選定が検討され、環境対策への取り組みが教育的にも価値あることと、県内に比較的安価な木質ペレットの供給基地があることもあり、木質ペレット焚き温水機の導入となった。当初は機器的なトラブルもややあったが、メーカー側の対処により従来と同様に使用できるようになっている。ただ、従来の石油焚き温水機では日常的な手間はほとんどかからなかったが、灰掃除は10日に1回程度、バケツ1杯程度を排出している。ハウスの温度管理の方は、いったん温水を作り、以前と同じ放熱管を使って暖房しているので、従来どおりの管理ができている。木質ペレット価格は25円/kgである。

（馬場　勝）

（5）チップ焚き温水ボイラ

①システムの特徴と選択のポイント

比較的大規模の園芸ハウスでは、集中式熱源に

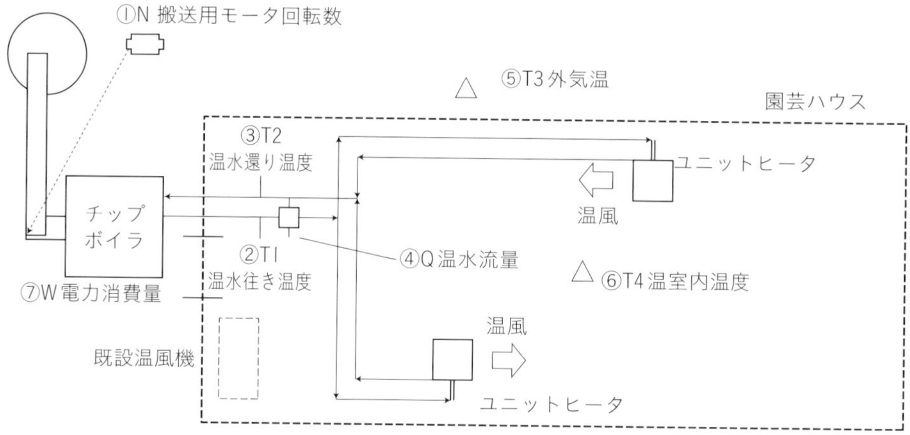

図5-19　チップ焚きボイラと温室の配管例（山形県遊佐町・ユリの温室）
①N：搬送用モータ回転数→入力、②T1：温水往き温度、③T2：温水還り温度、④Q：温水流量→出力＝（②−③）×Q、⑤T3：外気温、⑥T4：温室内温度、⑦W：電力消費量

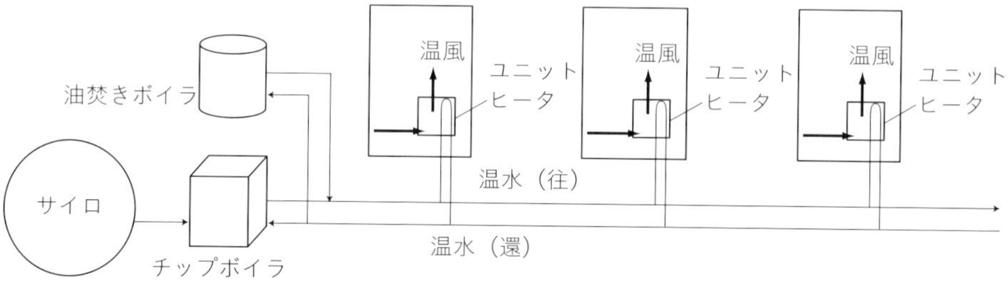

図5-20　複数の温室を暖房するチップ焚きボイラ暖房システム

よる温水暖房や間接温風暖房などがある。温室の中を温水を通すフィンチューブによる輻射熱で暖房を行なうシステムとしては、東京都新宿御苑のキク栽培温室、山形県最上町ウェルネスタウンの一般用温室、高知県の西島園芸団地などでの暖房システムなどの事例がある。

ここで紹介するチップ焚き温水ボイラのシステム（図5-19）は、既設のエアハンドリングユニット（外部熱源設備から供給される冷水・温水・蒸気等を用いて、空気の温度・湿度を調節して部屋へ供給する、比較的大きな一体型の空気調和機）に温水を送り、温風で加温するものである。

②システムの構成と活用方法

各温室に既設の温風機がある場合、1基の木質焚きボイラから複数回路で各暖房エリアの熱交換器（ユニットヒータ）に温水を送り、各ハウス棟内の既設の温風機の給気加熱を行なって、温風を送る。

原則的には木質焚きボイラだけで温風をハウス内に送る。つまり、バックアップの既設温風機（油焚き）はファンだけが回り、燃焼は起動しない。しかし、厳冬期など負荷が大きく、木質焚きボイラからの温水では十分温室内の温度が上がらない場合は、既設の油焚き温風機が起動し、室温を維持する（図5-20）。ただしシーズンを通すと、木質が暖房エネルギーの大部分に寄与し、既設の油焚きボイラに対しての木質焚きボイラの稼働率は十分に高いと予想される。

万一、木質焚きボイラが使えない状態になったら、このバックアップの油焚き温風機で熱供給を行なって、暖房を途切らさないようにする。

（岡本利彦）

Ⅵ

木質燃料で地域の冷暖房

1 木質燃料によるバイオマス地域熱供給システム

（1）木質燃料を使った農山村型の地域熱供給システムの現状

地域熱供給システムとは、1カ所または数カ所のプラントから複数の建物に配管を通して、温水や冷水、蒸気を送り、冷房、暖房、給湯などを行なうものである。欧州では化石燃料を用いた地域熱供給が古くから数多く導入されてきたが、木質燃料はこの地域熱供給の新しいエネルギー源として各国で導入が進んでいる。

日本では木質燃料を使った地域熱供給の事例はまだ少ないが、天然ガスなどをエネルギー源とする化石燃料の地域熱供給はある。1970年頃から大気汚染防止対策として導入が始まり、その後コージェネレーションやごみ焼却場などの排熱利用を図るために導入されている。加熱能力21GJ/時（5.8MW）以上のものは熱供給事業法の適用を受け、熱料金は認可を受けなければならない。現在、81社、141地区が事業認可を受けているが、ほとんどは冷房のための冷水も供給している。プラントの能力は冷熱、温熱それぞれ30MW前後のものが多く、都市部の大規模開発などで導入されることが多い。その中でも、新宿新都心地区の地域熱供給は冷凍能力が59,000RT（約207MW）と、世界最大規模である。また、東京都、大阪府、名古屋市、横浜市、浜松市は地域冷暖房の導入を推進するための地域を指定する指導要綱もある。

このように日本でも地域熱供給は導入されてきたが、その多くは大都市における公害対策のための集中システムとして導入されてきたものである。地方都市や農村部では大きな施設も少なく、住宅も点在しているため、熱需要が小さい割に導管が長くなり、ロスばかりが多くなって地域熱供給は成立しないと考えられてきた。しかし、そうした地方であっても木質燃料を利用する地域熱供給であれば話は変わってくる。木質燃料をエネルギー源とする地域熱供給ができれば、それによって結ばれる地域は一気に再生可能エネルギーで自給する地域になり、二酸化炭素の排出もゼロとみなせるからである。この威力は大きく、従来の都市型地域熱供給施設ではこうした効果は実現できない。木質燃料を利用した地域熱供給システムは、日本の都市型地域熱供給の常識を覆すものとなり得る。

課題になるのはやはり地域導管の整備コストだが、こうした大きな環境効果があればグリーン熱供給のための新しいインフラとして積極的に評価していくことができる。日本ではこうした森林による地域熱供給施設はまだ発展途上にあるが、ここでは欧州のバイオマス先進国であるスウェーデンとオーストリアの事例を紹介する。

(2) 木質燃料の特質と地域熱供給システム

木を自動供給可能な燃料にしたのがチップであり、さらにそれを進化させたのがペレットである。ペレット燃料は薪やチップといった木質燃料に比べて容積が小さく、含水率も低く安定しているという特徴があるため、燃焼機器を小型化でき、小さな施設でも比較的導入しやすい木質燃料になる。

一方、切削あるいは破砕しただけのチップは加工コストが小さく、間伐材などを簡単に燃料化できる。また、従来から製材所では製紙用のチップを製造しているところも多い。また、製材所で発生する樹皮は再利用用途が少なく、エネルギー利用することは重要な手段になっている。ただし、生木からつくられたチップや樹皮は含水率が高く、そうした木質燃料でも燃やせるような大きなボイラが必要になる。そして、チップや樹皮は形状がばらつくため、燃料供給装置でのトラブルが発生しやすく、設計には細心の注意が必要になる。また、木質燃料は全般的に石油に比べてかさが大きくなる。同じ熱量でペレットでも石油の3倍、チップだと10倍程度のかさになる。このため、大きな燃料サイロが必要になり、住宅のような小さな施設にはペレットなら導入できても、チップの導入は難しくなる。

このようにチップは燃料コストが安いというメリットがあるものの、設備の初期投資コストが高く、設置スペースも大きくなる。そのため、ペレットは用地の制約の多い都市部に向くのに対して、チップは原料になる森林資源の近郊にあって用地制約の比較的少ない山間部への導入が適する。また、チップは比較的単純な工程で、コストをかけずに製造できることから、林家や農家が自ら燃料生産することも可能になる。しかし、チップに向く大型の施設が山間部では少ないという課題がある。このギャップを埋めてくれるのが地域熱供給である。住宅のようにチップボイラの設置が困難な小さな施設も、地域熱供給という形態を取れば複数の建物でまとめてプラントを共有することができ、安価なチップを使っての熱供給が可能になる。

日本の住宅で近年使われるようになった木質燃料はペレットストーブだが、ペレットストーブで全館暖房を行なおうとすると大きなペレットストーブを複数台置かなければならないし、ストーブでは給湯ができない。ペレットストーブへの燃料補給は10kgのペレット袋を持ち上げながらの作業で楽な作業とは言えない。オール電化住宅のようにスイッチ一つで何でもできる操作の楽な設備が普及している現在、同列に並べることはできない。また、こうした課題を解決できる住宅用ペレットボイラがまだ普及していないため、日本の現状ではペレットも住宅の補助的なエネルギー源にとどまる。

しかし、地域熱供給システムが導入できれば、場所を取り、手間のかかる木質燃料の調達や保管、ボイラの運転管理に需要家は煩わされることがなくなる。こうしたことから、地域熱供給施設は木質燃料を利用していく上で非常に有効な方法になるのである。

(3) スウェーデンのバイオマスと地域熱供給

EUでも再生可能エネルギーの導入が最も進むスウェーデンでは、2010年にバイオマスエネルギーがついに石油を上回る32%を占めることになり、最大のエネルギー源となった。スウェーデンがここまでバイオマスを大量に導入することができるのは、その豊かな森林資源があるからこそだが、もう一つの要因は地域熱供給の木質燃料転換があげられる。スウェーデンではもともと地域熱供給の普及が進んでおり、熱需要の半分を現在賄なっている。導入が進められた1950年頃は石油をエネルギー源にするものであったが、石油危機によって1980年頃から石油に変えて石炭、天然ガス、電気、ヒートポンプ、排熱、そしてバイオマスなどエネルギー源の多様化がすすめられた

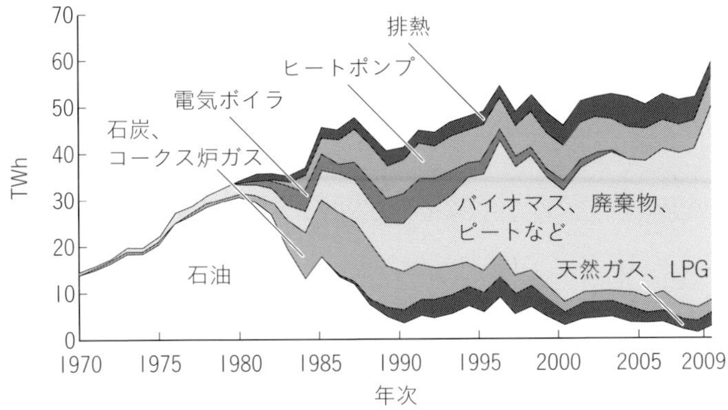

図6-1　スウェーデンの地域熱供給プラントにおけるエネルギー消費構成
出典：Energy in Sweden 2010, Swedish Energy Agency, 2010

(図6-1)。そして、1990年頃から地球温暖化対策としてカーボンニュートラルな木質燃料への転換が加速され、電気やヒートポンプは縮小され、現在ではエネルギー源の半分を木質燃料が占めるに至っている。こうした大きな燃料転換を可能にしたのが地域熱供給システムであったといえる。地域熱供給配管はそのままで、熱源となるボイラを石油から木質燃料のものに入れ替えるだけで、末端の需要家はすべて新たなエネルギー源を使うことになる。地域熱供給配管は変わらぬインフラとして、熱源を変えることで時代の要請に応えていくのである。

スウェーデンの地域熱供給は多くは自治体が運営するが、自治体の地球温暖化対策として木質燃料への転換が積極的に進められ、二酸化炭素削減にも大きな成果となって表われていく。例えば、スウェーデン南部に位置する人口82,000人のヴェクショー市は周囲の森林資源を活用することを検討し、1980年にスウェーデンではじめて地域熱供給プラントに木質燃料を導入した。そして、京都議定書が策定される前の1996年には、ヴェクショー市が化石エネルギーフリーな都市になること、1人当たりの二酸化炭素排出量を2010年には1993年比で50%削減することを決定した。その後、この目標は改訂され、2030年には100%削減することになった。ヴェクショー市には中心部に位置する熱電併給プラントと周辺の小規模な熱供給プラントが4つあるが、すべて木質燃料を活用する。中心部の熱電併給プラントは66MWの熱供給と38MWの発電能力を有し、340kmの導管で6,300件（うち戸建住宅5,300件）の需要家を結ぶ。そのほか様々な対策を講じ、2009年にヴェクショー市は34%の削減となる。輸送部門の排出が抑制されなかったことから当初の目標達成は厳しい状況だが、暖房からの排出量は74%削減、電力は51%削減された。

森林バイオマスの先進国であるスウェーデンでは、既存の地域熱供給プラントの熱源を木質燃料にリプレースすることが戦略的に行なわれ、その成果もあってバイオマスがエネルギー需要全体に占める割合が32%にまで伸びてきた。

その一方、日本では、森林資源に恵まれていても地方の農山村地域のようにエネルギー需要の小さなところでは、地域熱供給には向かないと考えられてきた。また、スウェーデンはなだらかで広大な森林を持ち、人口1人当たりの森林面積が日本の10倍以上ある。こうしたことから、スウェーデンのようなバイオマス利用は日本ではまねができないと言われる。では、日本のような国で森林資源を活用した地域熱供給はどのように考えればよいのか。そのヒントを与えてくれるのがオーストリアである。オーストリアはスウェーデンやフィンランドに次いで森林バイオマスを使用するウエイトの高い国であり、木質燃料による地域熱供給も普及している。

(4) オーストリアの木質バイオマスによる地域熱供給

①オーストリアの森林とエネルギー利用

オーストリアは人口約800万人、国土8万km^{2}ほどの小国だが、その46%が森林に覆われる。林業が盛んだが、アルプスで知られる森林は急峻で険しく、高度な林業技術を持つ。日本の6分の

1程度の森林面積しかないが、木材生産量は年間約1,600万m^3とほぼ同量であり、森林の生産性がいかに高いかが分かる。

日本の中で人口規模が比較的近い東北地方の人口は約900万人だが、森林面積も近く、人口当たりの森林面積は5,000m^2と、ほぼ同規模である。また、比較的小規模な森林所有者が多いのも日本と共通する。こうした条件をみると、オーストリアで可能なことが日本全体でとはいかなくとも、北日本のような寒冷地でなら可能ではないかと考えられる。

エネルギー政策としてオーストリアは、かつて原子力発電を完成させながら、国民の反対運動の高まりから実施された国民投票の結果、1978年に運転開始を禁止したという歴史を持っている。そのため、再生可能エネルギーの導入推進は重要な政策目標となり、木質燃料はその中心的な存在となっていく。

現在、オーストリアは全エネルギー需要の約17％程度を木質燃料でまかなっている（図6-2）。この木質燃料は薪とチップが中心だが、近年はペレットも増えている（図6-3）。オーストリアにおける木質燃料の種類と規模による利用パターンをみると、ペレットは基本的に住宅の暖房給湯用ボイラに、薪は農家の住宅で使われ、それ以上の公共施設や事務所ではチップが使われている。チップボイラは単体で使われるものが50～150kW当たり出力だが、それ以外に100～3,000kWクラスのボイラが地域熱供給のプラントで使われている。

②木質燃料によるバイオマス地域熱供給

現在、木質燃料によるバイオマス地域熱供給はオーストリア全土に1,000カ所以上もある。しかし、それらはスウェーデンのものと比べて規模が小さく、化石燃料からの熱源リプレースではない新規の導入がほとんである。その規模は、導管延長100mほどの小さなものから、数十kmの大きなものまである。そして、最近は再生可能エネルギーによる電力の買取制度ができたため、バイオマス発電を行なう例も増えているが、地域熱供給を基本としながら発電を行なう熱電併給、コージェネレーションプラントである。

オーストリアはウイーンに代表されるように、もともと化石燃料による地域熱供給が都市部で普及していた。しかし、木質燃料によるバイオマス地域熱供給の建設が始まったのは1980年頃からで、農村部においてであった。製材所で使われていた木質ボイラの技術と、都市部で普及していた地域熱供給の技術を農村部で実現可能なように融合する新しい概念のものであった。バイオマス地

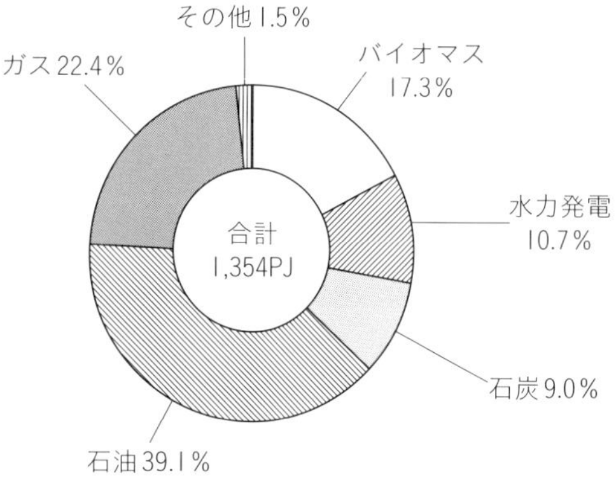

図6-2　オーストリアのエネルギー需要（2009年）

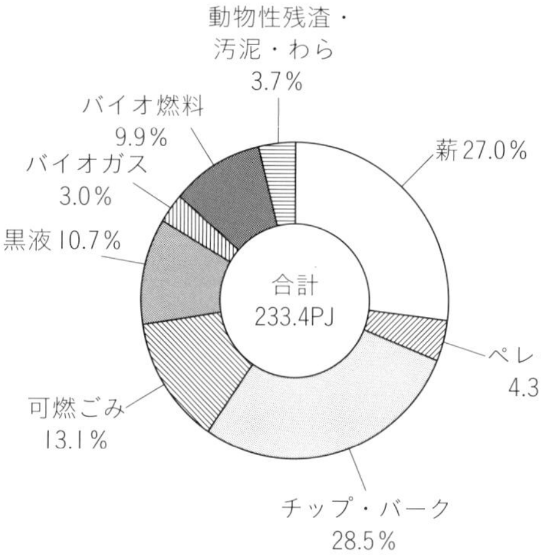

図6-3　オーストリアのバイオマスエネルギー（2009年）

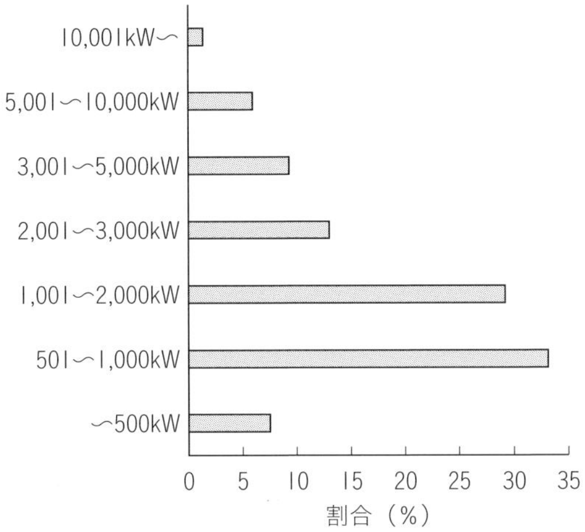

図6-4　オーストリアにおけるバイオマス地域熱供給の出力規模

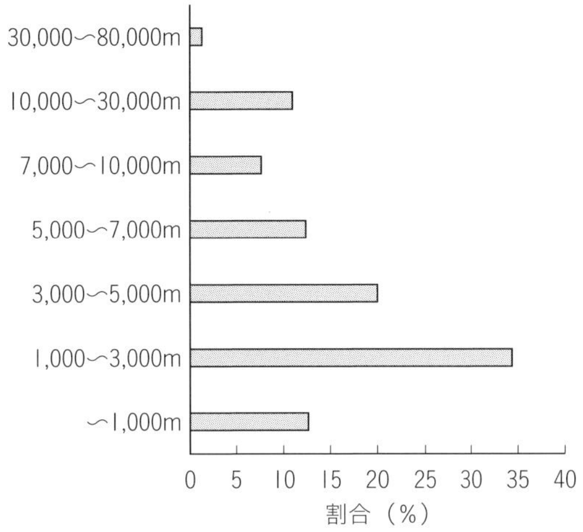

図6-5　オーストリアにおけるバイオマス地域熱供給の導管延長

域熱供給を成り立たせるシステムは、森林整備から木材原料調達、チップ燃料製造、運搬という山側の流れと、ボイラから配管をめぐらせ、地域の住民と熱供給契約を結ぶというまち側の流れを結び付けるノウハウが必要になる。これは森とまちを結ぶシステムづくりであり、ハードのみならず住民の合意形成まで求められるまちづくりそのものであるといえる。

オーストリアでこうしたバイオマス地域熱供給が普及していったのは、政府主導ではなく、草の根的な取り組みと州レベルの支援によってであった。それはバイオマス地域熱供給施設の建設目的になったのが、環境対策という側面だけでなく、所得低迷に悩む農家に向けた新たな事業創出という側面も大きかったからである。バイオマス地域熱供給の課題は初期投資であったが、その対策として農家が実施するプロジェクトへの補助金制度が大きな役割を果たした。結果として、多くのバイオマス地域熱供給は農家の手によって建設され、運営されている。

③バイオマス地域熱供給施設の規模

オーストリアでは、小さなバイオマス地域熱供給が農山村のあちこちにあるが、森林に近い地方都市の市街地やリゾート地などでは大規模な熱供給施設が建設されている。これらは森林を所有する林家達が組合をつくり、自ら燃料となる木材を供給し、熱供給事業を運営するものがほとんどである。バイオマス地域熱供給の規模を熱源出力でみると、最も大きなもので10MW程度であり、1,000kW前後の施設が多い（図6-4）。日本の熱供給事業法でいう、21GJ/h（5.8MW）以上のものは少なく、都市型の地域熱供給から比べると規模は小さい。導管延長は、1～5kmが大半だが、中には10kmを超えるものもある（図6-5）。需要家数は100件以内がほとんどだが、戸建て住宅なども多く含まれる。

たとえばドルンビルンのハトラードルフ地域熱供給は一般的な中規模の地域熱供給施設だが、1,800kWのチップボイラから5.5kmの導管で97件の需要家が接続されており、その2/3は一戸建て住宅である。

一方、レッヒ地域熱供給はスキーリゾート地にある大規模な地域熱供給施設であり、5MWのチップボイラから19kmの導管で250件の需要家が接続されているが、ホテルなどが多い。

④地域熱供給プラントの木質ボイラ

自動供給できるバイオマス燃料としてはペレットとチップがあるが、地域熱供給のボイラではより安価なチップが燃料として使われる。マイクロ地域熱供給では乾燥されたチップが使われるのに対して、大量の燃料を必要とする大きな地域熱供給では、乾燥していない伐採直後の木からつくるチップが使えるチップボイラを導入する。こうした未乾燥材は水分が半分以上を占めるほど含水率が高く、投入されたチップ燃料を炉内の熱で徐々に乾燥させながらガス化して燃焼する可動式ストーカー炉が用いられる。木質ボイラの効率は90%を超え、大型ボイラでは煙突からの排熱も利用するエコマイザーを装備するものが多く、排ガス対策も進んでいる。

チップはペレットほど形状が安定しておらず、燃料の供給経路で詰まらないようなシステムが必要になる。施設によっては製材所で発生する樹皮を燃料にするところもあり、非常に長い形状の燃料になる。一般的なチップはスクリューを回転させながらチップを搬送するコンベアが用いられるが、樹皮の部分を燃料にする場合は詰まってしまうので、押し出し式の搬送器やバケットコンベア式が用いられる。

チップボイラのような木質ボイラは初期投資が大きい。また、石油ボイラよりも負荷の変化に合わせて出力を変える反応が遅く、ON-OFF制御には向いていない。そのため、木質ボイラの規模をできるだけ抑えるために、2つのピーク負荷抑制方法がとられる。一つは石油ボイラの設置であり、もう一つが蓄熱タンクの設置である。

木質ボイラを使うのは少しでも石油を使わないようにするためだが、一時的に表われる負荷の最大値はそう長く続くものではないため、そこに要するエネルギー量はそう大きくない。また、負荷の最大値に合わせて木質ボイラを導入すると非常に高コストになる。そのため、木質燃料だけによるシステムにこだわるのではなく、設置コストの安い石油ボイラを入れてピークに対応する。また、石油ボイラがバックアップボイラとしての役目も果たす。

また、ピーク時以外ではボイラに余力が生じている場合も多い。そうした時間帯に蓄熱タンクを加温しておくことで、熱需要の増加時にその熱を利用できる。このため、木質ボイラでは大型の蓄熱タンクを設置することが多い。

⑤プラントの燃料

大型のバイオマス地域熱供給プラントでは年間数万m^{3}もの燃料を使う。そのため、大きなプラントでは数千m^3、小さなものでも数百m^{3}規模の大きな燃料貯蔵倉庫があるのが特徴になる。そのため、プラントの立地は大きな敷地を確保できる市街地外縁部となる場合が多い。大型の燃料貯蔵倉庫は屋根だけの建屋になり、燃料貯蔵倉庫からホイールローダーなどでボイラに直結するもう一つのサイロに燃料を毎日補給する。このサイロは数日分の燃料が入るボリュームになる。小さめのプラントで市街地に立地する場合は、地下式のサイロにする施設もあり、そのままボイラに直結するサイロだけになる。

燃料の多くは農家らの山の間伐材だが、大規模なプラントでは製材所から廃材を購入する場合もある。製材所から廃材を購入する場合は、チップがプラントに搬入されてくるが、間伐材の場合は丸太をプラント内でチップ化（写真6-1）する。そのチッパーはトラックで牽引する移動式チッパーで、そうした機器を保有する専門業者にチップ化を依頼する。チップ化すると、かさが丸太の3倍になることから、丸太で輸送し、現場でチッ

写真6-1　燃料貯蔵倉庫で丸太をチップ化する作業

写真6-2　地域熱供給に使われる配管のカットサンプル
断熱性能の非常に高い配管。往きの管と返りの管の2本が一体化された管もある

表6-1　チッパーの能力とチップ化料金

	チッパー能力	チップ化料金
マニュアル	10～15m^3/時間	4～8ユーロ/m^3
クレーン	30～60m^3/時間	2～6ユーロ/m^3（チップ）

注　資料：O.Ö. Energiesparverband, Biomass heating in Upper Austria

プ化した方が輸送コストは下げられるからである。移動式チッパーも小型のものから大型のものまであり、大規模なプラントでは大型のチッパーが使われる。小型、中型のチッパーはトラクターのエンジンで駆動させて使い、大型のチッパーは専用のトラックで運搬し、駆動させ、クレーンで丸太を破砕機に投入していく。それらの能力やコストは表6-1のとおりである。これらのチッパーは20万ユーロ（約2,000万円）から50万ユーロ（約5,000万円）である。チップを生産するために伐採、輸送、チップ化に要するエネルギーは、燃料として使えるエネルギーの2～5%ですむという効率的なものである。

こうした規模の大きな熱供給事業も、農林家らが中心になって熱供給会社を設立して事業を運営している。農林家らは燃料の調達からボイラの運転管理や需要家の確保、サービスなど、すべて自ら行なう。ボイラ自体は自動運転のため、プラントには通常誰もいない。トラブルが発生した場合には、熱供給会社で管理を担当する農家の携帯電話にメッセージが届き、現場に出向いて対応する。

⑥バイオマス地域熱供給の地域導管

バイオマスで地域熱供給を行なうために必要なのが地域導管である。熱供給プラントからは80℃程度の温水が供給されるが、温水を供給する導管は大規模な施設では鋼管、小規模な施設ではポリエチレン管が使われる。配管で温水を供給する時に心配されるのが配管からの熱ロスだが、配管には断熱材がしっかりと巻かれているため熱ロスは非常に小さい（写真6-2）。また、配管からの漏れが生じた場合も、漏えいセンサーが付けられているため、漏えい個所が特定できるようになっている。鋼管は高温高圧に耐え、大口径のものがあるが、ポリエチレン管は最大85℃から95℃程度である。往きの管と返りの管が一体化された2重管は施工が容易でもある。導管は直埋設されるが、道路下に埋設するだけでなく、宅地内に埋設される場合も多い。

導管コストは都市部よりも埋設物が少ないために低くなるものの、バイオマス地域熱供給の導管は数キロにおよぶため、この投資が全体の半分前後を占めることになる。そのため、この導管コストを抑えられるような供給エリアの選定プランニングが重要になる。効率的なプランニングができれば、熱供給配管からの熱損失は年間発生熱量の10%未満に抑えることができる。そのために熱需要の大きな施設が供給対象に入るように計画は進められ、その上で、戸建て住宅なども接続対象にしていく。熱供給事業としての適否を判断するために、導管延長当たりの年間熱需要密度が使われる。補助金を受けるためには、この年間熱需要密度が900kWh/m年以上あることが要件となる。

⑦熱交換器と温水暖房

地域熱供給施設によっては冬期の暖房のみ供給する施設もあるが、需要家へのサービスを高めるためにも給湯にも使えるように通年供給するところが多い。地域導管から需要家となる建物には引き込み管が入るが、通常はこの引き込み管の温水

写真6-3　建物側に設置される熱交換器

を直接家の中に入れて暖房や給湯に使うわけではなく、送られてくる温水から熱だけを取得し、建物内の温水回路にまた熱を交換していく。このために需要家側には熱交換器（写真6-3）が設置されるが、非常にコンパクトで日本のガス給湯器程度の大きさである。ここに熱量メーターがあり、使用量に応じて課金されることになる。プラント側では、すべての顧客における利用状況や温度などが管理されており、トラブルなどに対しても迅速に状況を確認できる。

地域熱供給を利用することで建物にはボイラ設置スペースや燃料保管スペースなどが不要になり、小さな熱交換器を設置するだけになるため、利用者にとってのメリットは大きい。また、チップ燃料の補給やメンテナンスのことも心配する必要はなく、スイッチ一つで暖房や給湯が使えることになり、バイオマスも電気や都市ガスと同じような感覚のエネルギー源になる。そして、暖房は温水パネルを部屋の中に配置したり、温水式床暖房にして行なうが、輻射式の非常に快適な暖房となる。日本で暖房というと温風式のファンヒータがこれまでよく使われるものであったが、欧米ではこうした温風式の暖房はあまりみられない。日本でも輻射式の暖房が快適性では優れることはよく知られていたが、断熱性能の弱い建物ではその効果が得にくいことからあまり普及してこなかった。しかし、日本の建物の断熱性能が向上してくる中にあって、近年、快適な温水輻射式の暖房が求められるようになっている。そうすると、地域熱供給による温水暖房が日本でも導入しやすくなってくる。

⑧バイオマス地域熱供給の管理評価システム

森林資源を使ったバイオマス熱供給施設の計画は、森林伐採から燃料加工の燃料供給計画、ボイラを中心とした熱源プラント計画、熱供給を行なうための地域導管計画と、川上から川下に至る多面的な計画と運営管理が求められる。

1980年頃からバイオマス地域熱供給は建設されていくが、必ずしも成功事例ばかりが生まれていくわけではなかった。中にはエネルギー効率の低いものがあることが判明していくが、その原因となっていたのは、過大な熱需要の想定、過大なボイラの能力、燃料種類の不適合、過大な導管距離、過大な燃料倉庫、低いボイラ稼働時間などであった。

そのため、オーストリア、ドイツ、スイスが共同で、2005年にバイオマス地域熱供給の性能評価を行ない、改善する地域熱供給品質管理システム（qm heizwerke）を開発している。バイオマス地域熱供給の設計から運転に至る性能を最適化するための管理システムであり、出力500kW以上、導管延長1,000m以上のバイオマス施設が補助を受ける際にはこの活用が義務化されている。このシステムが導入されたことにより、それまで熱ロスが平均21%あったのが14%に下がるという効果を上げている。また、このシステムによって管理データが蓄積され、さらなる技術改善や補助金などの政策立案にも活かされていく。

⑨事業化と補助金

オーストリアのバイオマス地域熱供給で一番多い規模は導管延長で1～3kmの施設である。その平均的な事業費は約7,000万円となっている（図6-6）。ボイラ出力は1,000kWほどだが、ボイラのコストが16%、配管コストが30%を占めている。

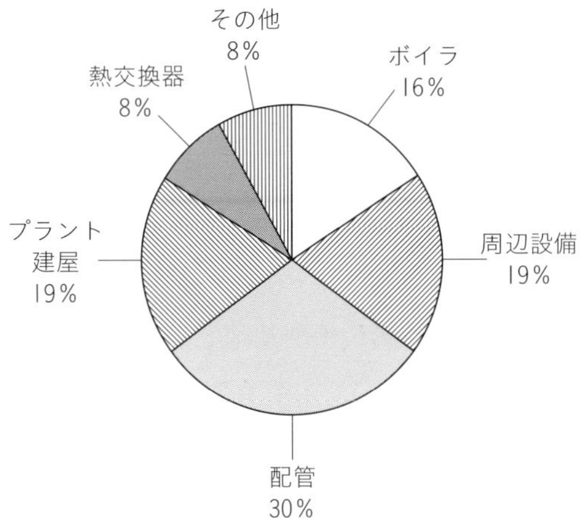

総事業費：7,150万円
ボイラ出力：1,018kW
地域導管延長：1,875m
接続需要家：29件
熱需要量：2,495MWh/年
100円/ユーロで換算

図6-6　オーストリア・シュタイヤマルク州におけるバイオマス地域熱供給の平均事業費（導管延長1～3km）

配管コストも含め、これら全体の事業費に対して、EU、国、州からの補助金がある補助制度が開始された頃には、これら合わせて40％ほどの補助率があったが、現在では400kW以上の施設に対して25％になっている。ただし、地元の林家達が事業主体の中心にならないと補助金は出ない。林家達は熱供給事業組合をつくって出資金を集め、融資や補助金を使いながら事業を立ち上げていく。

今でこそ、こうしたバイオマス地域熱供給の事業はオーストリアで一般的なものになっているが、最初から出資を希望する林家達が多かったわけではなく、懸念を抱く者が多かった。しかし、事業の意義に確信を持つ地域のリーダーが率先的に出資しながら参加を呼びかけ、事業を遂行してきたことが今の状況をつくり上げている。そうした住民主体の事業主体を形成するだけでなく、熱供給の需要家を確保することが事業成立の必須条件になるが、これもまた、彼らが石油から森林エネルギーに切り替えることの意義や経済的なメリットを説明しながら住民を説得していくのである。こうしたプロセスには時間も労力もかかるが、バイオマス地域熱供給はそれを乗り越える農山村コミュニティの力によって生まれる賜物なのである。

（5）オーストリアのマイクロ地域熱供給

①小規模タイプのマイクロ地域熱供給が301カ所に

オーストリアの森林バイオマスによる地域熱供給には大小様々な規模のものがあるが、非常に特徴的なのは小規模なタイプで、数も多い。オーストリアでは数棟の建物を数百mの導管で接続する小規模なバイオマス地域熱供給をマイクロ地域熱供給（Mikronetz）と呼んでいる。学校や役場などの公共施設の中に木質ボイラを入れ、その施設へ熱を供給するだけでなく、周辺の戸建て住宅などへ導管を接続して熱供給を行なうような形が多い。戸建て住宅だけを数棟接続するものもあり、一番小規模なものは同じ敷地内で別棟になった家族の家を1台の木質ボイラから導管でつなぐようなものである。

1985年頃からこうしたマイクロ地域熱供給の試みが始まったが、その中心になったシュタイヤマルク州では15年後の2001年には176カ所になり、さらに2008年時点では301カ所と劇的な増加を遂げている。シュタイヤマルク州は人口118万人、日本でいうなら山形県などと人口規模は同程度であることを考えると、驚くべき状況である。通常日本でいう地域熱供給事業は規模も大きく、調整と計画や建設に膨大な時間がかかる。しかし、数棟を接続するだけのマイクロ地域熱供給は合意形成や建設に時間がかからず、しかも経済性の高い事業であったために、このように短期間の間に普及したといえる。

②林家によるエネルギー契約事業

森林のマイクロ地域熱供給が普及したのは、小規模であることともに、その事業形態に要因がある。それは、森林を所有する林家が事業を行なうエネルギー契約事業という形態である。通常林家は木材やチップを原料として製材所や製紙会社に販売するが、エネルギー契約事業は原料供給だけでなく、熱供給組合をつくり、ボイラ設備や地域導管を整備し、彼らがチップ燃料の補給や運転メンテナンスをしながら最終需要家に熱としてのエネルギーを提供するサービスを行なうものである。林家による森林エネルギーの直売方式ともいえる。この林家による熱供給組合は通常2～10の林家、主に3～5の林家が一緒になってつくる。

オーストリアは欧米諸国の中でも大規模林家が少ない国であり、20ha程度の小規模な林家が多い。そして、彼らの多くは農業も営む農家林家であり、自ら伐採を行ない、丸太を販売する者が多い。決して経済的に豊かではない彼らにとって、エネルギー契約事業は農閑期の大事な冬仕事になるのである。

③事業規模

森林エネルギー契約事業はシュタイヤマルク州だけで212の事業が1995年から2008年までに実施されている。エネルギー契約事業には一つの施設だけを供給対象とするものもあるが、この単独供給は全体の2割で、残り8割はマイクロ地域熱供給事業である。マイクロ地域熱供給は導管延長100m前後のものが多く、300m以内がほとんどである（表6-2）。また、ボイラはチップを燃料にするものが基本となるが、出力100kW前後のものが多い。供給対象として接続する建物は4～8棟ほどである。

マイクロ地域熱供給で導管コストをカバーできるような事業性を確保するためには、ある程度の熱需要がなければならない。そのため、まとまった熱需要のある学校や役場などの公共施設を対象に入れる場合が多い。戸建て住宅だけの場合は、配管距離が長くならない住宅同士の熱供給という形になる。熱供給による利益によって投資コストを回収するためには、導管延長とボイラ出力の比は一般には1kW/m以上、最低0.5kW/m以上になることが求められている。

④事業費と補助制度

マイクロ地域熱供給の平均像は、100kWのチップボイラで100mほどの導管を敷設し、事業費は約8万ユーロというようなものになる（表6-3）。日本円に直して1千万円弱という非常にローコストな事業となっているが、建設費の半分は導管の敷設費である。導管の建設費は条件によって異なるが、1～5万円/mで行なわれている。

マイクロ地域熱供給事業には通常25～30%の補助金が付くため、残りを林家の出資と需要家の接続料金で賄う。結果として林家の出資は概ね1/3程度であり、300万円程度になる。これを熱供給組合のメンバーで分担することになるが、たとえば3名の組合なら一人100万円程度の出資となる。

森林資源を燃料としたマイクロ地域熱供給には費用の25%が補助される。そして、燃料が地域産のチップが80%を超える場合には、さらに5%

表6-2　オーストリア・シュタイヤマルク州におけるエネルギー契約事業の規模

導管延長	件　数	割合（%）
単独供給	44	21
0～50m	30	14
50～100m	42	20
100～200m	51	24
200～300m	34	16
300～400m	7	3
400～500m	4	2
合　計	212	100

ボイラ出力	件　数	割合（%）
0～50kW	24	11
50～100kW	114	53
100～200kW	66	31
200～300kW	12	6
300～400kW	0	0
合　計	216	100

表6-3　オーストリア・シュタイヤマルク州におけるマイクロ地域熱供給の平均像

ボイラ出力：105kW
地域導管延長：118m
チップ消費量：305m^3/年（石油換算：23,250ℓ/年）
事業費：7.8万ユーロ（110円/ユーロで換算：860万円）

の割り増しを受けることができる。地域産のチップとして扱われるのは50km圏内で産出される丸太や枝から作られたチップのことで、剪定材や製材所から出る端材やバークは含まれない。

また、補助対象となるためには事業が農業者によって行なわれ、熱供給事業による収入が副収入であることが条件になる。マイクロ地域熱供給の補助制度は総投資費用20万ユーロ（約2,000万円）以内のものを対象にしており、それ以上の費用がかかる施設は別の補助制度を利用することになる。

⑤需要家との供給契約

森林エネルギー契約事業では、15年間の契約を結ぶことが定められており、熱料金は物価上昇分以内にとどめなければならない。実際の料金は表6-4のように、需要家が熱供給を受けるためには、最初に配管を引き込み、熱交換器を設置し、接続するための接続料金が必要になる。その後は、契約容量に応じた基本料金と、熱量メーターによって測られる月々の使用量に応じて従量料金を支払うことになる。熱量単価が1kWh当たり6セント前後なので、1ユーロ100円のレートで換算すると灯油が60円程度で購入できるのと同程度の価格であり、非常に安価である。需要家はこうしたエネルギー契約によって、初期投資の負担がなく、石油よりも安く安定した料金で再生可能エネルギーによる暖房や給湯が使えることになり、環境的な意味合いだけでなく、経済的にも大きな魅力になる。

表6-4　森林マイクロ地域熱供給の料金

接続料金：200～400ユーロ/kW
基本料金：20～25ユーロ/kW・年
熱量単価：6～7セント/kWh
メーター：7～12ユーロ/月

表6-5　フランケンベルク集合住宅団地における森林マイクロ地域熱供給の概要と費用

概　要	チップボイラ出力	150kW
	地域導管延長	280m
	サイロ容量	50m^3
コスト	チップボイラ	290万円
	電気暖房設備	190万円
	地域導管	220万円
	その他	520万円
	合　計	1,220万円

そして、事業を行なう林家にとっては、小さな投資で15年間の安定収入を確保することができる。森林エネルギー契約事業によるマイクロ地域熱供給は、需要家にとっても、供給する林家達にとっても経済的なメリットがあるために、次々と新しい事業が誕生していったのである。

⑥森林マイクロ地域熱供給の事例

森林マイクロ地域熱供給はオーストリア各地にあるが、シュタイヤマルク州フランケンベルクの集合住宅団地は森林マイクロ地域熱供給が導入された例の一つである。このプロジェクトは2009年に完成した6棟の集合住宅からなる、46戸の住宅団地である。欧州では建築業界も環境対策に積極的に取り組んでおり、建物自体の断熱性能の水準は日本の水準をはるかに越える。そうした省エネ対策だけでなく、再生可能エネルギーの導入にも熱心で、この団地の開発者はエネルギー契約事業を手掛けていたウンガードルフ熱供給組合にマイクロ地域熱供給を入れるよう依頼した。住宅としての断熱性能も高く、マイクロ地域熱供給に入っているために暖房費が安く、料金が安定していることから人気の高い物件となった。

一つの棟の地下に機械室が設けられ、そこに150kWのチップボイラと容量50m^{3}のチップサイロが設置され、ここから延長280mの導管によって他の5棟が接続されている。熱供給を請け負ったウンガードルフ熱供給組合の投資額は1,200万円ほどである。チップボイラは周辺機器合わせて290万円で、導管は220万円である（表6-5）。

この森林マイクロ地域熱供給で使われるチップは年間300m^{3}で、林家が30m^{3}のトレーラーをトラクターでけん引しながら地下に設けられたチップのサイロに運び入れる。通常150kW以内のチップボイラはあまり含水率の高いチップを燃焼させることはできないため、含水率30％以下のチップを使う。こうした含水率の低いチップを生産するために伐採した丸太を1年程度乾燥させてからチップにする。伐採の8割は委託せず自分で伐採しているが、チッパーを所有している林家はいないので、チップ化は委託している。

ウンガードルフ熱供給組合は11世帯の林家からなる組合である。林家の所有する森林は10～20haで、ほとんどが5km圏内にある。かつて彼らも製紙会社にチップを売っていたが、あまり利益にならないことから、20年ほど前から組合をつくってエネルギー事業を行なうようになった。現在ではこの住宅団地以外に4つのプロジェクトにチップを供給しており、全体で使うチップは年間15,000m^3になる。メンバーの持っている森林はちょうどこれをまかなえる程度の面積である。

⑦森林マイクロ地域熱供給の計画支援

マイクロ地域熱供給は林家のエネルギー契約事業として普及したものである。小規模な熱供給であるとはいえ、通常、林家にはエネルギー事業に対する知識やノウハウはない。そうした中で、ここまで大きな広がりをみせたのは、その計画を支える組織的なバックアップがあったからにほかならない。林家のエネルギー事業の計画支援は各州にある再生可能エネルギー推進組織が行なっているが、地域の農林会議所（Landwirtschaftskammer）が関与している場合が多い。シュタイヤマルク州の場合も、この農林会議所の関連団体である地域再生可能エネルギー事務所（Regionalenergie Steiermark）が重要な役割を果たしている。シュタイヤマルク地域再生可能エネルギー事務所は1994年に設立されているが、同州の林家のためのマーケティング組織であるシュタイヤマルク森林連合と共同でチップボイラ、ペレットボイラ、薪ボイラ、そして250kW以下の森林マイクロ地域熱供給の導入事業に対するコンサルティングを行なっている。その他、セミナーの実施やパンフレットの発行などの普及啓発事業も行なっており、1994年から2009年の間に590回のセミナーを開催し、2万8千人が参加するという非常に精力的な活動を行なっている。そうした努力の成果もあり、その間にシュタイヤマルク州では170台だった木質自動燃焼ボイラが2,500台まで伸びている。

シュタイヤマルク州におけるマイクロ地域熱供給の普及はこうした農林業組織による強力な推進体制によって実現されたものであり、森林のエネルギー供給事業は農家や林家のための新規事業支援として位置づけられてきた。シュタイヤマルク州地域再生可能エネルギー事務所が作成している林家のための森林マイクロ地域熱供給事業のパンフレットもタイトルは「熱供給事業者としての農家」である。日本と同様に、オーストリアでも農業や林業での所得は低く、地方経済は疲弊している。その中、地方でもエネルギーは石油に依存し、それが経済的な流出になっている状況にある。森林エネルギーの利用はその状況を転換し、エネルギー経済の地域流出を地域内に戻すことで、雇用につなげていくことが大きなねらいになっているのである。

そのことを説明するために使われる人口1万人の町でのモデルでは、石油で暖房すれば地域の雇用は9人、森林エネルギーで暖房すれば135人という試算もされている。やはり森林のエネルギー利用は、山の伐採、運搬、燃料加工、設備導入など大きな雇用を生み出せることが分かる。

農山村が抱える課題はオーストリアも日本も共通する。森林マイクロ地域熱供給は環境と経済が結びついた自立型のまちづくり手法であるといえる。

（6）森林バイオマスの熱電併給

オーストリアや欧州の森林エネルギーは熱利用を中心に進められ、大規模なものは地域熱供給という形態で行なわれてきた。近年、ドイツでもオーストリアでも、バイオマスが電力の再生可能エネルギー固定価格買取制度の対象になり、バイオマス発電が増え始めている。しかし、バイオマス発電の効率は良いものでも30％程度であり、熱供給をしっかり行なわないと全体としてのエネルギー効率が上げられない。そのため、バイオマス発電の基本は熱供給を併せ持つ熱電併給、コー

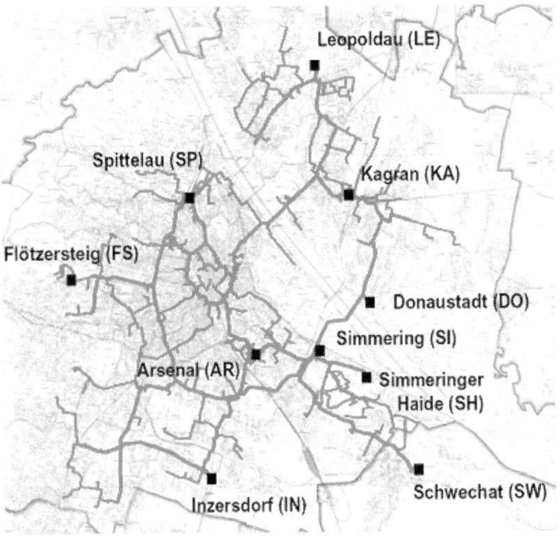

図6-7　ウイーンの地域熱供給ネットワーク

ジェネレーションシステムであり、地域熱供給プラントに導入されていく。

こうしたコージェネプラントは規模も大きく、大規模な製材所などが自社の廃材などを燃料にしている場合が多い。発電出力は数MWで、チップボイラによるオーガニック・ランキン・サイクル（ORC）システムを用いたものが多いが、ガス化燃焼方式を導入したプラントも出てきている。

また近年、ウイーン市（人口173万人）、リンツ市（19万人）という都市部でバイオマス・コージェネプラントが導入される例が出てきた（図6-7）。ウイーンでは5,200万ユーロ（約52億円）を要して2006年に発電出力24MWの欧州最大のバイオマス発電所を、リンツ市では2,600万ユーロ（約26億円）を要して2005年に発電出力9MWのバイオマス発電所を完成させ、市内に熱と電力を供給している。これらは燃料となる木材も国境を越えて100km圏から収集され、バイオマス発電所としては非常に大きなものだが、それでも一般の天然ガス発電所などと比べると規模は小さい。運営するのは市だが、環境政策として京都議定書の目標達成に向けた取り組みとして実施しているもので、固定価格買取制度によって経済性が確保されている事業である。また、両市とも市街地に既存の地域熱供給網が張り巡らされており、熱源の一部が入れ替わるというものである。ウイーン市の地域熱供給施設はヨーロッパ最大級の一つで、総延長1,100kmの熱供給導管によって約30万戸の住宅と約6,000の業務施設に暖房給湯用の熱を供給している。この一部に森林から生まれた熱が入っているのである。

（三浦秀一）

2. 木質燃料による冷暖房システム

（1）これからは暖房だけでなく冷暖房システムを

これまでの木質バイオマスのエネルギー利用は暖房・給湯が中心であった。しかし近年では暖房だけでなく、冷房も可能になっている。わが国でも比較的温暖な地域では夏場の冷房需要が大きく、暖房とともに冷房もできる空調方式が望ましい。また木質ペレットなどの燃料供給者からすると、冬場に需要が集中する暖房だけでなく、夏場の冷房需要がこれに加われば、年間を通しての安定した燃料の生産と配達ができるようになり、好ましいことである。

熱を直接利用した冷暖房の方式としては、吸収式冷温水機や吸着式冷温水機を使う方式のほか、除加湿によって冷暖房（空調）を補助するデシカント方式がある。木質バイオマスが燃料になっている場合は主に吸収式冷温水機が利用されているが、これにも温水を用いた冷暖房システムと直接燃焼による冷暖房システムがある。

比較的早くから普及していたのは温水を用いるシステムで、木質ペレットやチップを給湯用のボイラで燃やして70～90℃程度の温水を作り、この熱を一種の駆動力として吸収式冷水機（または冷温水機）で冷水（または冷温水）を作り、室内の空調機（ファンコイル）に送り込む方式である。

他方、直接燃焼のシステムは近年になって普及し始めたもので、木質ペレット焚きの「二重効用吸収冷温水機」として国内各地で導入されている。

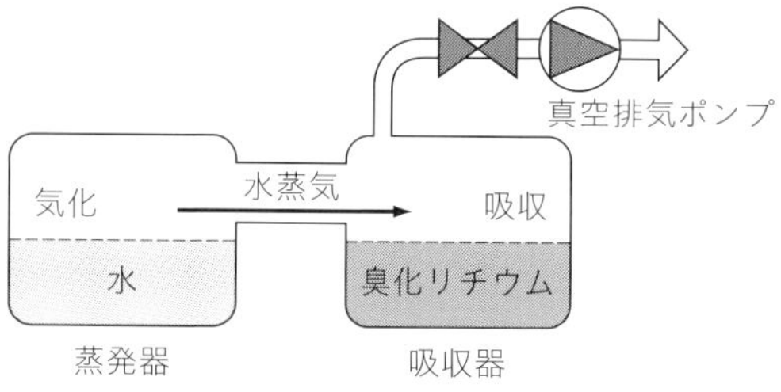

図6-8　吸収冷温水機の原理

直接燃焼のメリットは、ボイラ温水を用いた冷暖房システムに比べて、熱効率が大幅に改善される。その分燃料の消費量が少なくてすむ。ただし直火焚きの方式では、燃焼の安定性や制御性に優れた燃料でないと使えない。現在のところ木質燃料ではペレットに限られている。

(2) 温水を用いた冷暖房システム

①吸収冷温水機の仕組み

温水、直火焚きの両方式ともベースになっているのは吸収冷温水機である。吸収冷温水機というのは、ガスや灯油、重油を燃焼させて7℃の冷水や55℃程度の温水を作り、冷暖房を行なう熱源機である。その設置例をみると、事務所ビル、病院、学校、福祉施設、ホテルなど小型の建物から東京ドームや国技館など多くの大型ビルにまで及んでいる。環境負荷の少ない天然ガスやLPガスを利用して冷暖房を行なう例も多く、都市の地域熱供給の冷暖房では蒸気を使う超大型の吸収式冷凍機が使われている。

「熱駆動で冷房する」吸収冷温水機は、冷媒として水、吸収剤として臭化リチウム溶液を使用する。臭化リチウムには水（水蒸気）を強く吸収する性質があり、水は気化潜熱の大きい液体である。この2つの液体を別々の容器に入れて、図6-8のように連結すると、臭化リチウムは容器内の水蒸気を吸収し、蒸気圧を低下させる。蒸気圧が低くなれば水は気化して蒸発器内の水から気化潜熱が奪われる。さらに容器内を真空状態にすれば、水は5～6℃の低い温度で気化（沸騰）することになり、冷水がつくられるという仕組みである。しかし、この仕組みでは吸収剤の濃度が下がる一方で、水蒸気吸収能力を失い冷却を停止してしまう。そこでこの低濃度の吸収剤を加熱濃縮して吸収器に戻す工程と、加熱濃縮過程で蒸発される水蒸気を水の形に凝縮して蒸発器に戻す工程とを付け加えれば、連続的な吸収冷凍サイクルが完成する。

この原理を具体化したのが図6-9の温水焚き吸収冷温水機である。図では低濃度吸収剤を濃縮する部分を再生器、再生器から出た水蒸気を凝縮する部分を凝縮器と呼ぶと、このタイプの冷温水機は基本的には、①蒸発器、②吸収器、③再生器、④凝縮器の4つの部屋で構成されることとなる。熱源は再生器での吸収剤濃縮のために必要で、こ

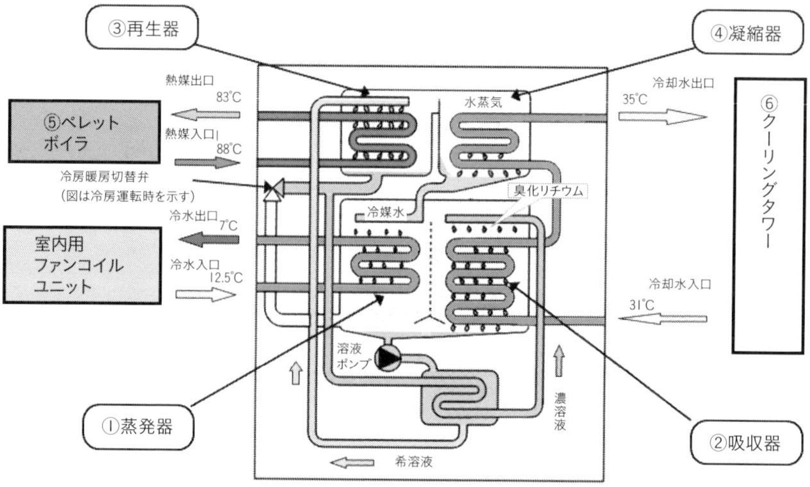

図6-9　一重効用型温水焚き吸収冷温水機の構造

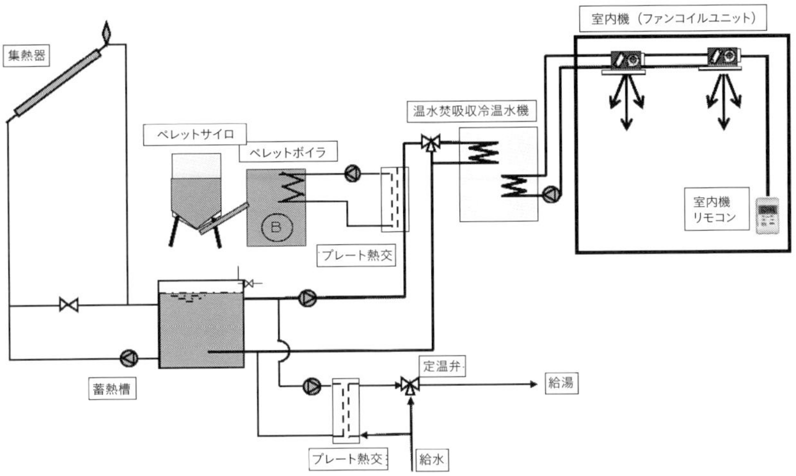

図6-10　太陽熱とバイオマスを併用した冷暖房給湯システム

こではペレットボイラからの温水（熱媒体）を熱源としている。そのほか、直火焚き、蒸気、高温排ガスなどを用いることもできる。それぞれの要素は次のような役割を担って吸収冷凍のサイクルを完成させている。

1）①の蒸発器では、真空に近い状態（1/100気圧程度）で水（冷媒）をパイプにかけると約5～6℃で気化して水蒸気になる。その時の気化熱によって室内機から運ばれてきた循環水は熱を奪われ7℃まで冷やされる。

2）蒸発器から送られた水蒸気は②の吸収器で吸収剤（臭化リチウム）に吸収される。吸収液は水蒸気を吸収して薄まり、温度も高くなる。温度上昇は吸収液の水蒸気吸収効率を下げるため、⑥の冷却塔（クーリングタワー）から運ばれてきた冷却水で冷やされる。それと同時に薄くなった吸収液は③の再生器に運ばれる。

3）再生器では、薄まった吸収液を⑤のペレットボイラで熱された熱媒体の循環パイプに噴霧して水分を蒸発、濃縮された吸収液を再び吸収器に戻すと同時に、蒸発した水蒸気を④の凝縮器に送る。

4）凝縮器に送られた水蒸気は冷却塔から運ばれてきた冷却水で冷やされて水（冷媒）に戻り、再び蒸発器に戻される。

②木質燃料を熱源とするシステム

木質バイオマスボイラの温水を熱源とする吸収冷温水機システムには次のような特徴がある。

1）冷温水機への熱源温水の供給温度は一般的に70～90℃だが、高温になるほど出力は大きい。定格仕様の温水温度は88℃、最高温度は95℃である。設備容量と空調負荷に合わせて最も効率の良い温水温度と冷房出力容量を選定することが望ましい。

2）冷温水、冷却水、熱源温水の流量は一定になるよう留意する。流量の範囲は、定格流量に対し、冷温水は80～120％、冷却水は100～110％、熱源温水は120％以下とする。

3）毎日の運転開始では吸収冷温水機の再生器温度が低く、設定した熱量以上の熱が入熱される。この場合、温水温度が急激に低下することがあるが異常ではない。吸収溶液の温度上昇には5～10分の時間を必要とし、その後冷水温度が下がり始める。

4）温水を熱源とするシステムは他の再生可能エネルギーとの組合わせが容易で太陽熱の利用を併用した事例が多数ある（図6-10）。昼間は太陽熱を活用し、夜間や雨天時の太陽熱が不足する場合には木質燃料を利用する温水型吸収冷温水機を稼働させればよい。

(3) 直接燃焼による冷暖房システム

①木質ペレット直火焚き吸収冷温水機

化石燃料を用いた直火焚き吸収冷温水機も多方面で採用されているが、木質ペレットを使う機種もY社が開発し、国内各地で導入されている(図6-11)。

同じ吸収冷凍サイクルでも一重効用型(図6-9)と大きく違うのは、木質ペレットを直接燃焼して加熱する高温再生器の部分と、低温再生器の部分である。高温再生器で発生した温度の高い水蒸気(冷媒)は低温再生器に導かれ自からの蒸気の凝縮潜熱によって再度吸収溶液を沸騰濃縮し冷媒を発生させる。図6-9では再生器で発生した蒸気の熱は凝縮器の冷却水に直接捨てられ無駄になっていたが、二重効用型では発生した蒸気が低温再生器で再度溶液を沸騰させ冷媒を発生させている。これによって冷凍効率が上昇する。

同じ木質燃料を使うタイプでも、給湯用のボイラで高温水をつくり吸収冷温水機を駆動させるシステムでは、熱利用効率を高めることが難しい。一般的なボイラの効率が0.8で、温水型吸収冷温水機の冷房運転効率が約0.7だとすると、木質バイオマスの投入に対する冷房出力の熱利用効率は0.56にしかならない。これに対して木質ペレット直火焚き二重効用冷温水機システムではペレット燃焼効率が0.87で、冷温水機の効率は1.2ほどになるから、冷温水機の冷房出力の効率(COP)は1.05になる。つまり100の投入熱量に対して出力は105になり、高効率で省エネ効果が大きい。

②冷暖房能力仕様と木質ペレット消費量

Y社製木質ペレット直火焚き二重効用吸収冷温水機には2機種あり、冷房能力は35kW(10RT)と105kW(30RT)である。ともに中型業務用クラスの冷暖房機で、その仕様を表6-6に示す。

暖房能力はペレット燃焼効率のままであり、冷房能力より若干小さい。冷房運転・暖房運転の最大燃焼量はどちらも同じである。木質ペレット消費量は、ペレットの低位発熱量を16.3MJ/kg(3,900kcal/kg)として算出している。

③運転制御

木質ペレット直火焚き二重効用吸収冷温水機は、High-Low-OFFの3位置燃焼制御である。3位置制御にすることによって、空調の快適性の改善、着火燃料の削減、冷房・暖房の部分負荷効率の改善の効果が得られる。またLow燃焼のターンダウンは50%、Low燃焼量を低くできれば、負荷が小さくなっても燃焼停止しにくいため、再着火時の化石燃料消費量が減少する。また冷温水機の部分負荷効率が高くなる。ペレットバーナの燃焼特性から、低いターンダウンでは燃焼性に問題が発生しやすいため最小燃焼量を50%としている。

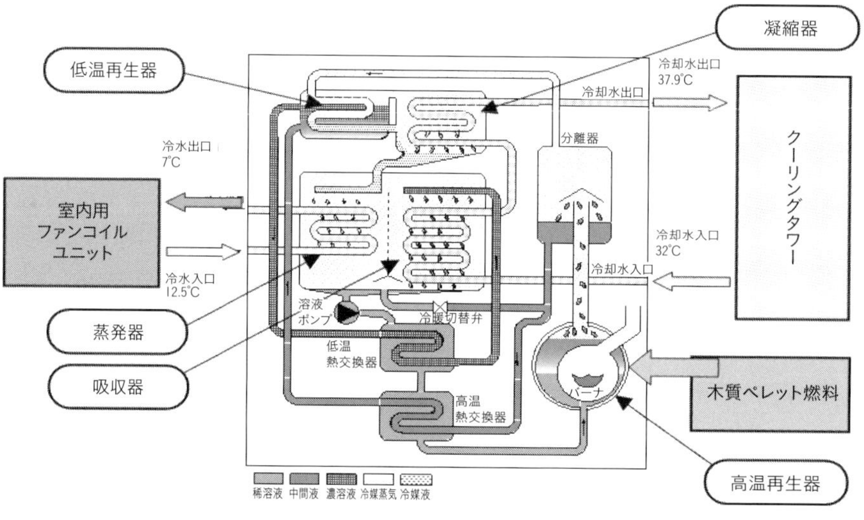

図6-11　直火焚き二重効用吸収冷温水機の構造

表6-6　木質ペレット直火焚き二重効用吸収冷温水機仕様表

仕様項目		型　式	CH-KP10	CH-KP30
冷凍能力		冷凍トン kW	10RT 35.2	30RT 105
加熱能力		kcal/h kW	24,490 28.5	71,710 83.7
冷房/暖房効率（COP）		―	1.0/0.81	1.05/0.83
木質ペレット消費量		kg/h	7.8	22.2
木質ペレット低位発熱量		Mj/kg	16.3（3,900kcal/kg）基準	
冷温水系	冷水出入口温度	℃	7.0←12.5	
	温水出入口温度	℃	55←50.5	55←50.5
冷却水系	冷却水出入口温度	℃	38←32	37.9←32
電源（相・電圧・周波数）			3相・200V・50/60Hz	
能力制御方式	冷凍時		燃焼段階制御（High-Low-off）および冷媒比例制御	
	加熱時		燃焼段階制御（High-Low-off）	
	Lowターンダウン	%	50	
着火燃料種			13A、LPG、灯油	

④着火方式

木質ペレットへの着火にはガスまたは灯油燃料を使用する。電気ヒータ着火では着火までの時間がかかり、早い立ち上がりが求められる業務用空調機にとっては好ましくない。またボイラでは最初手動で着火した後は消火せず常に種火を保持している種火方式がある。この方式では迅速な立ち上がりが可能だが、停止中高温再生器内で吸収溶液が過熱され過剰濃縮される恐れがある。着火にガスまたは灯油燃料を使用すれば、上記の問題は解決され、冷暖房需要の変化に即応した空調制御が可能になる。

しかし、空調負荷が小さくなってON-OFF制御が始まると、着火燃料消費量が増大する。そのため着火に必要な燃料消費量を可能な限り低く抑える工夫が重要となる。

（4）木質ペレット直火焚き吸収冷温水機のシステムと活用法

①システムの概要と特徴

図6-12は、木質ペレット直火焚き二重効用吸収冷温水機システムの概要である。これは屋外設置式を念頭においたシステムで、①ペレットサイロ（ペレットタンク）、②ペレット搬送装置（コンベア）、③ペレット直火焚き吸収冷温水機、④冷却塔（クーリングタワー）、⑤室内機（ファンコイルユニット）、⑥遠隔操作盤、⑦遠隔監視機器で構成されている。吸収冷温水機と室内ファンコイルユニットは、冷温水配管で連結されており、中を冷温水が循環している。また、冷却塔と吸収冷温水機とは冷却水配管で接続され、吸収冷温水機で発生した熱を冷却塔で放熱している。

②ペレット直火焚き吸収冷温水機の構成

直火焚き吸収冷温水機（③）は、ペレットバーナ、二次サイロとしてのホッパー（サービスタンク）、定量供給装置、サイクロン、誘引送風機、高温再生器、灰箱で構成されている。ペレットバーナでの燃焼で発生した燃焼ガスは、高温再生器で熱交換され、吸収溶液を加熱沸騰させる。その後この燃焼ガスはサイクロンで灰を分離し、吸収冷温水機上部の煙突から排出される。なお図6-12は冷房時の運転を示している。暖房時には④冷却塔と

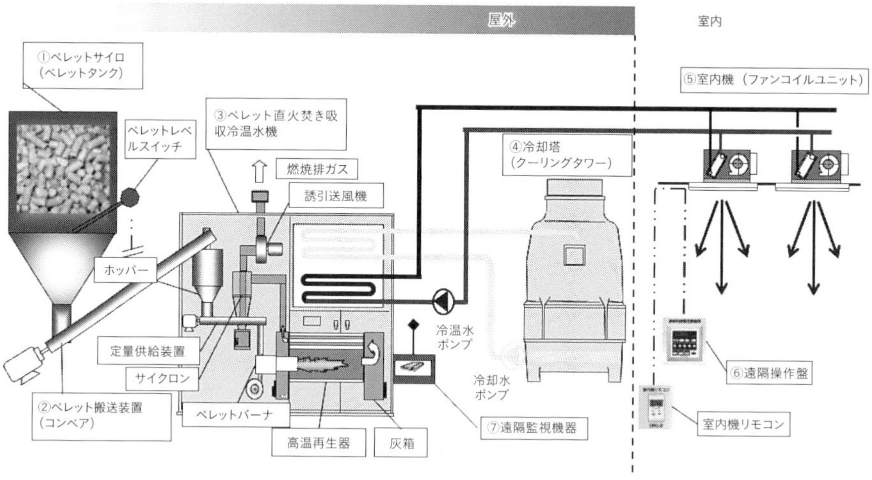

図6-12　ペレット直火焚き吸収冷温水機のシステム

冷却水ポンプは運転しない。暖房の場合は、吸収冷温水機で温水をつくり室内機（ファンコイルユニット）に温水を流すことになる。

③遠隔操作と遠隔監視

遠隔操作盤（⑥）では室内から運転発停、冷房運転・暖房運転の切替え、省エネ運転などの操作と運転監視が可能である。また⑦の遠隔監視機器を使うと、ペレットサイロの燃料残量や灰箱の灰だまりの状態を知ることができ、ユーザーや燃料供給業者にとっては便利である。さらにメーカーの監視センターでは24時間顧客の冷温水機を監視し、異常を検出したら状況を判断して対処することになっている。

④システム機器の機種構成

木質ペレット直火焚き吸収冷温水機は単体のほかに、直火焚き吸収冷温水機・ペレットサイロ・ペレット搬送機およびクーリングタワーがセットになったプラントタイプがある。プラントタイプは、システムに付帯設備をセット化したもので、設置スペースの最小化、搬送機器の省電力、設備設計・施工の簡素化が図られている。

⑤ペレット直火焚きシステムの運転

冷暖房運転に伴う日常管理と作業にはペレット燃料の補充と灰出し作業が必要になる。

ペレット燃料の補充

ペレットサイロ内のペレットが少なくなるとレベルセンサーによって感知され、遠隔操作盤に警報表示とともにブザーが鳴る。ペレットの不足情報は、機外に設置した遠隔監視機器から監視センターを通して使用者やペレット事業者などの関係者のパソコンあるいは携帯電話にメールが入る仕組みになっている。連絡を受けペレット事業者がペレットを供給することになる。

灰出し作業

灰を貯める箇所は、高温再生器の燃焼室後の灰箱と燃焼室前の灰箱、サイクロン灰箱の3カ所である。このうち日常的に灰を取り出す場所は、高温再生器燃焼室後の灰箱である。灰出し頻度は、ペレットの灰分率にもよるが、最大燃焼条件で約70時間（1週間に1回）ごとに行なうように灰箱容量を設定している。また、この時間は木質ペレットのサイロ投入作業者が灰の取り出し作業を行なうことを想定しており、冷温水機が運転中であっても灰出しが可能である。灰出しは手作業によるものと、自動で灰貯め容量の大きい缶に排出する装置がある。

（5）設置事例から学ぶ

①各地の設置例

屋久島での実証実験

2007年7月から2008年2月までに、鹿児島県屋久島で環境省補助事業「ゼロCO_2社会に向けた木

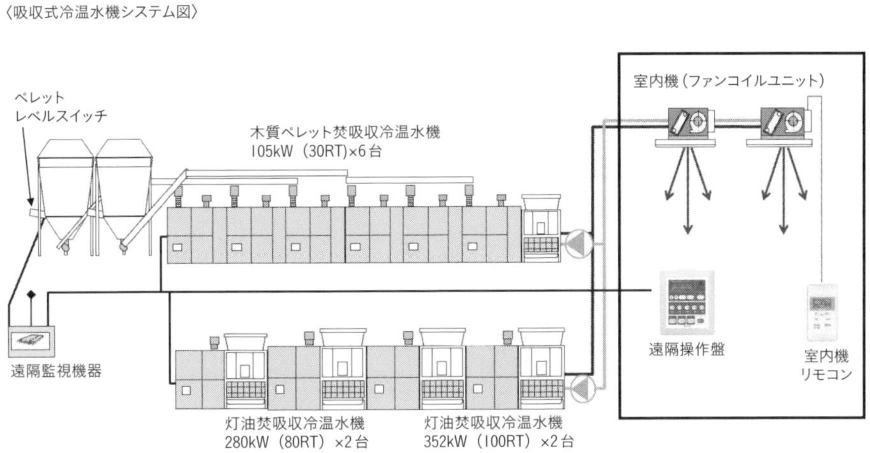

図6-13　JA岐阜厚生連・中濃厚生病院でのシステム構成図

質バイオマス活用技術開発と再生可能エネルギー融合システムの屋久島モデル構築」(環境省、鹿児島大学、矢崎総業、屋久町)として木質ペレット直火焚き吸収冷温水機35kW級(10RT)の実証試験が初めて実施された。

高知県の学生寮

高知県梼原町の梼原中学校に学生寮の冷暖房用としてペレット直火焚105kW(30RT)が2台設置された。通常はペレットタンク1基に対し吸収冷温水機1台の組合わせであるが、設置スペースやコスト削減の観点から、1基のペレットタンク($9.7m^3$)で2台の吸収冷温水機に燃料ペレットを供給する方式が採用された。

静岡県の事業所

牧之原市の製造工場で事務棟の冷暖房を目的として木質ペレット直火焚き105kW(30RT)が導入された。これはLPガス直火焚き105kW(30RT)と並列運転になっていて、ベースとなるのはペレット直火焚き機で、冷暖房のピーク負荷時にLPガス焚きが運転される。ペレットタンクは$6.6m^3$。

岐阜県JA中濃厚生病院

岐阜県関市にあるJA中濃厚生病院では、病院内の冷暖房を目的として木質ペレット直火焚き吸収冷温水機105kW(30RT)が6台、合計出力は630kW(180RT)が導入された。燃料はペレットタンク($19.3m^3$)2基から6台の冷温水機に供給する。これは、既設の冷暖房施設に木質ペレットの直火焚きをベース運転機として追加したもので、既設機合計容量は灯油焚き1,337kW(380RT)との並列運転となっている(図6-13、写真6-4)。

②木質ペレット単価とランニングコスト、CO_2の削減

冷暖房施設の熱源を化石燃料から木質燃料に換えることにより、大幅なCO_2の削減が期待できる。

写真6-4　JA岐阜厚生連・中濃厚生病院

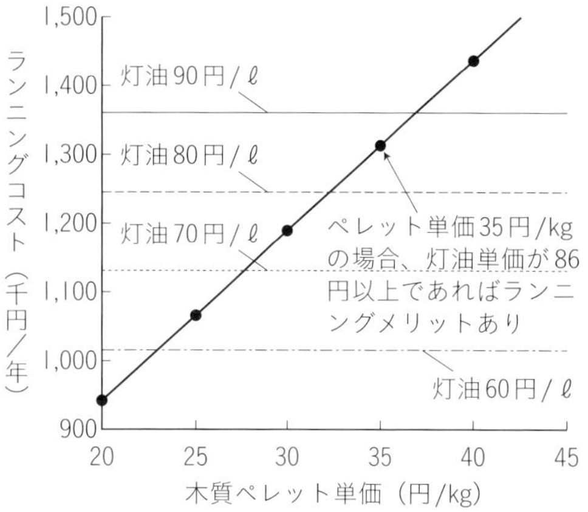

図6-14　木質ペレットの単価とランニングコスト

高知県の梼原中学校と岐阜県の中濃厚生病院で試算したところ、1年間の推定削減量はそれぞれ31トンと817トンであった。

冷暖房のランニングコストについては、燃料価格に依存するところが大きい。ここで関東地区の一般的な事務用ビルに前出の表6-6にある105kW（30RT）を導入するとしよう。この地域の平均的な年間冷房運転時間は1,400時間で、正味の全負荷相当時間に換算して720時間ほどである。また暖房の方は、年に1,350時間の運転で、全負荷相当で520時間程度である。これだけの冷暖房を賄うには、低位発熱量4,200kal/kgのペレットの場合では年当たり25トン必要とする。冷暖房のランニングコストは図6-14に示されるように、ペレットの調達単価に比例して急角度で膨らんでいく。

この図には、化石燃料焚きの機器と比較するために、一定価格の灯油を使った場合のランニングコストも示されている。昨今の灯油価格は90円/lを超えており、ボイラ用のペレットが35円/kg前後で入手できるなら、ペレットが有利である。

（頓宮伸二）

3 国内でも始まった地域熱供給

現在、バイオマスを燃料とする施設はさまざまな温浴施設や公共施設などを中心として広く普及してきた。しかし、複数の施設を対象とした地域熱供給の事例としてはまだ数少ない。主な地域熱供給としては、北海道下川町の町庁舎を中心とした複数公共施設への暖房用熱供給システム、山形県最上町での病院を中心とした老人ホームなどの複数の福祉施設への冷暖房・給湯用との熱供給システム、山口県下関市の集合住宅向けの暖房用熱供給システムなどの事例がある。

また、昨年の東日本大震災からの復興のために、再生可能エネルギーによる自立分散型のエネルギー供給体制の構築もめざし、東北を中心とし、また災害時対策としてその他の地域でもバイオマスによる地域熱供給が計画されており、全国に広がりをみせつつある。

ここでは現在稼働中のものと、現在計画中のものをいくつか紹介する。

（1）北海道下川町：役場と周辺公共施設

下川町は、冬はマイナス30℃以下になる日本でも有数の寒冷地。暖房には灯油や重油などの化石燃料が必要で、金額にして年間約5億円ものコストがかかっていた。町は、そのエネルギーを地域でつくり出せれば、その5億円は地元で循環できる、としてバイオマスタウン構想をつくってきた。公共温泉の五味温泉を端緒としてバイオマスボイラの導入を図り、さらに出力1,200kWの温水ボイラを導入して役場を中心とした消防署、総合福祉センター、公民館への複数施設へ温水による熱供給を行なっている。ただし暖房用途なので、利用期間は暖房期だけであるが、冬期間は長く、その効果は高い。

下川町では2013年に、同地区の「一の橋バイオビレッジ」での集合住宅、福祉施設、温浴施設を対象としたバイオマスボイラによる暖房・給湯

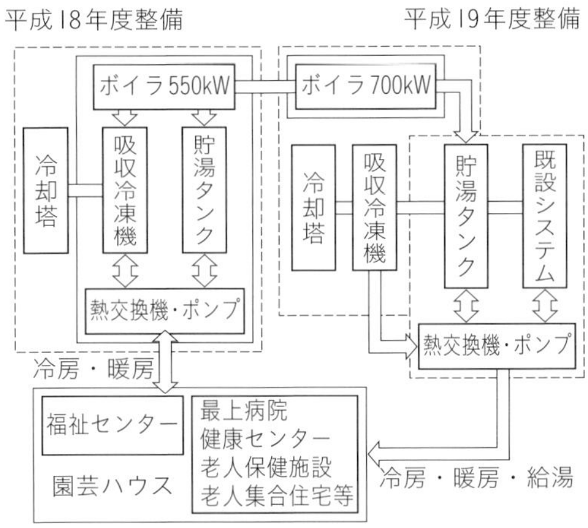

図6-15　ウェルネスタウン最上での地域熱供給システムの模式図

用の地域熱供給システムが完成し稼働を開始した。

(2) 山形県最上町：ウェルネスタウン最上

最上町は、町域の84%が森林。間伐と収穫、チップ加工システム、さらにエネルギー利用・最終利用システムを揃えてきた。

木質焚きボイラ3基（550kW：平成18年設置＋700kW：平成19年設置＋900kW：平成24年設置）で福祉施設地域のウェルネスプラザの冷暖房給湯利用に温水供給している。550kWシステムでは、福祉センターに暖冷房と冬季間には隣接する園芸ハウスの暖房の熱を単独で供給している。700kWシステムは、ウェルネスプラザ内の最上病院、健康センター、老人保健施設に冷暖房給湯を行なっている。ここでは重油ボイラをバックアップとして残している。

3基目の900kWシステムでは、特別養護老人ホームに冷暖房給湯を、隣接した給食センターに給湯を行なっている。ここでは3基のボイラの温水を受けるシステムタンクを設け、各回路の熱需要に応じて熱を出し入れするシステムで、バイオマスボイラ全体の出力を平準化させ、バックアップの油の消費量を抑えることができる（図6-15）。

(3) 山口県下関市安岡町：安岡エコタウン

民間会社が運営する安岡エコタウンの集合住宅で、開発当事者である株式会社安成工務店は、‘環境’をテーマにしたまちづくりと住宅建設を行なってきた。地域熱供給の対象である安岡エコタウンの21戸の集合住宅に対してペレットボイラによる冷暖房および給湯用途に温水を供給するシステムである（http://www.yasunari.co.jp/thought/ecotown/biomass/）。

暖房はペレットボイラを温水供給熱源とし、バックアップとしてのガス焚き温水機にはバッファタンク機能を持たせ、必要に応じて起動する（最大能力116kW）。冷房はペレットボイラとガス焚き温水機を組み合わせた熱源ユニットからの温水（温度88℃）で低温吸収式冷凍機を作動することで行なわれる（最大能力40冷凍トン＝140kW）。

熱源から、冷温水回路と給湯回路の2回路で住宅地域に温水を循環させ、各住宅には枝管から熱供給する。ここでは「熱管理システム」でボイラ熱出力、排ガス温度、燃料消費量、電力消費量などを計測し、各住宅ではカロリーメーターにより消費熱量を測定・記録する（図6-16）。

(4) その他の計画

これは現在構想中のものである。岩手県紫波郡紫波町では、あらゆる資源の循環を基本に施策を展開してきた。紫波中央駅前の計画的開発に伴い、役場などの公共施設、事業

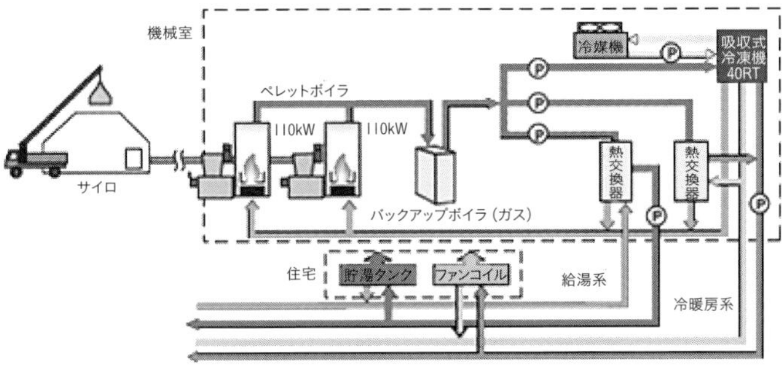

図6-16　ペレットボイラによる集中式冷暖房・給湯システムのフロー図

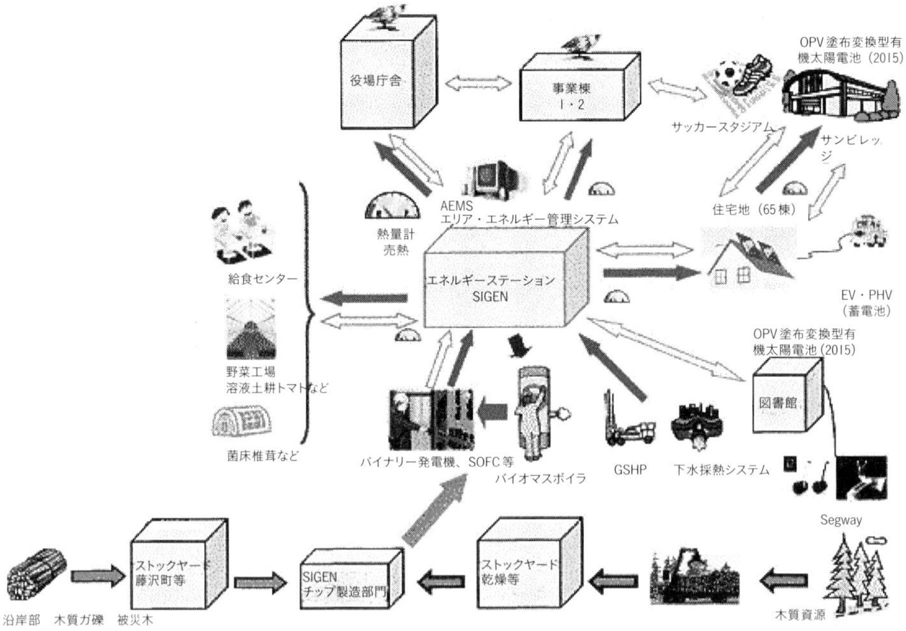

図6-17　紫波中央駅前地区熱電供給構想

施設、住宅団地が建設される。低エネルギー型建築を基礎としながら将来はスマートグリッド（熱、電気）化を図り、再生可能エネルギーを高度に活用し、融通できるスマートシティーを構築する、としている（図6-17）。

そのほかに、岩手県では、気仙郡住田町の新庁舎、和賀郡西和賀町の沢内病院の周辺施設などで準備が進められている。住田町では、新庁舎、特別養護老人ホーム等の建設にあわせ、それぞれの施設での熱利用に合わせた木質ボイラの導入が予定されており、将来的には町営住宅への地域熱供給システムの導入向けた検討が進められている。西和賀町では新設病院への熱供給に加え、周辺の福祉施設や園芸ハウスなどへの熱供給も企画されている。いずれもバイオマス利用施設の建築だけでなく、これらの施設への燃料供給体制の整備も併せて行なわれなければならない。

また自治体の積極的取組み事例として、離島である長崎県対馬市では島面積の90%を占める森林を生かし、本土よりもかなり高いコストの油燃料から安価な木質燃料の転換を図るため、現在2つの温浴施設（温水）と1つの製塩工場（蒸気）の計3か所にバイオマスボイラが導入されている。さらに対馬市によって、港湾ターミナル、ホテル、温水プールなどにも燃料として木質バイオマス利用が計画されており、地産地消と同時に離島としてのエネルギーの安全保障や安全調達に向けて取り組んでいる。

（岡本利彦）

VII

木質バイオマスによる発電

1 発電技術の現状と課題

（1）開発段階から見た木質バイオマスによる発電技術

この20～30年の間に、石炭や石油、天然ガスをベースにした発電の技術は目覚ましい進歩を遂げた。発電方式が多様化し、それとともに発電効率も大幅に引き上げられている。木質バイオマス発電の分野でも、新しい技術を取り入れながら改善の努力が続けられてきた。しかし、残念ながら、これまでのところ期待されたほどの成果が上がっていない。

もともとバイオマスは石炭などに比べてエネルギー密度が低く、均質性を欠く燃料である。例えば水分を含まない絶乾木材1トンの発熱量は20ギガジュール（GJ）ほどだが、石炭1トンはこの1.4倍、石油は2.1倍、液化天然ガスは2.7倍くらいになる。いずれの燃料もその主成分は炭素、水素、酸素の3元素だが、発熱量を決めるのは炭素と水素である。化石燃料はおおむねこの2つの元素だけで成り立っているのに、木材のほうは発熱と関係のない酸素が約45％も占めている。

高効率で発電するという観点からすると、エネルギー密度が高くて、水分が少なく、できるだけ組成と形状が均一な燃料が望ましい。場合によっては大量集荷の要件がこれに加わる。化石燃料も元をただせば生物起源だが、何千万年にもわたる化石化の過程で酸素が抜けて理想的な燃料に変化した。しかし、死んで間もないバイオマスは水分が多く、形質がさまざまで、かつ大量に集めるのが難しい。

このような制約があるなかでバイオマス発電の研究開発が行なわれてきた。図7-1を見ていただきたい。ここにある11の発電方式は、いずれもCHP、つまり熱電併給を前提としたものである。電気をとったあとの熱も利用しないとバイオマス発電は経済的に成り立たないという暗黙の前提がある。発電方式としては、木質バイオマスをそのまま燃やして発電に結びつけるやり方と、いったんガス化してタービンやエンジンで発電するやり方に大別される。

このうちA（成熟）にランクされているのは、直接燃焼で得た高温の蒸気でタービンかエンジンを回して発電する2つの方式に限られている。現実に稼働しているバイオマス発電プラントのほとんどは蒸気タービン方式である。出力規模が大きくなれば、40％の発電効率も夢ではない。その反面、熱電併給でも電気出力で2MW（2,000kW）が適正容量の下限になっている。プラントの出力がこれを下回るようであれば、もう1つのAラン

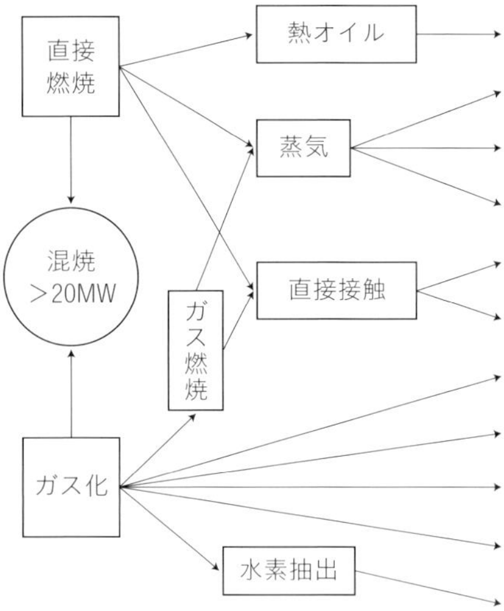

発電方式	開発段階	電気出力(MW)	発電効率(%)
ORC	B	0.3～1.5	10～12
スクリューエンジン	C	0.02～2	10～12
蒸気エンジン	A	0.2～2	10～12
蒸気タービン	A	>2	15～40
スターリングエンジン	C	<0.1	14～20
ホットエアタービン	C-B	0.4	25～30
IGCC	C-B	>10	45～50
インバースガスタービン	C	>1	18～22
内燃エンジン	C-B	0.1～2	27～31
マイクロタービン	D	<0.1	15～25
燃料電池	D	0.02～2	25～40

図7-1　木質バイオマスによるCHP技術の開発段階
A：成熟、B：商用間近、C：実地試験、D：理念段階、ORC：オーガニックランキンサイクル、IGCC：統合ガス化コンバインドサイクル
出典：J. Hugues. (2003), Cogeneration and on-site power production

クである蒸気エンジンが使える。出力当たりの資本費用が比較的小さく、導入例もあるが、発電効率が低くあまり普及していない。

(2) 課題の多い小規模CHP技術—当面は直接燃焼の蒸気タービン方式で

2MW以下のCHPで近年注目されているのは、オーガニックランキンサイクル（ORC）で、図7-1では商用間近のBクラスにランクされている。発電の原理は蒸気タービン方式と同じだが、水（蒸気）の代わりに、沸点の低いサーマルオイルを使用する。この数年の間に性能が良くなって、発電効率も20％近くにまで引き上げられた。導入例も増えており、Aの成熟段階に移行してきたと言えるかもしれない。

バイオマスをガス化して発電する方式は比較的新しい技術である。空気の供給を止めたまま木材に熱を加えていくと、メタンや水素、一酸化炭素などを含むガスが生成される。バイオマスをガスに変えること自体は比較的簡単で、石炭のガス化ほど手がかからない。ガス化炉から出てきたガスを浄化して、ガスタービンやガスエンジンを駆動させることから、比較的小規模なプラントでも高い効率が期待できる。この点で直接燃焼の蒸気タービン方式より優れていると言える。

ガス化方式のなかで、少数ながら実際に稼働しているのは内燃エンジンで発電する技術である。2MW以下の出力で30％前後の発電効率を確保しているのは注目に値する。ただしバイオマスからつくられるガスは都市ガスに比べてカロリーが低いうえに、タール分のような不純物を含んでいる。また原料となるバイオマスの含水率や組成が変化すると、それがガスの組成にも影響し、安定した燃焼ガスの流れが得られない。こうした難問に阻まれて、ごく最近までC-Bの開発ランクにとどまっていた。

1990年代初頭に脚光を浴びて登場したのが、統合ガス化コンバインドサイクル（IGCC）である。これはバイオマスをガス化してまずガスタービンで発電し、その排熱で蒸気タービンを動かす二段

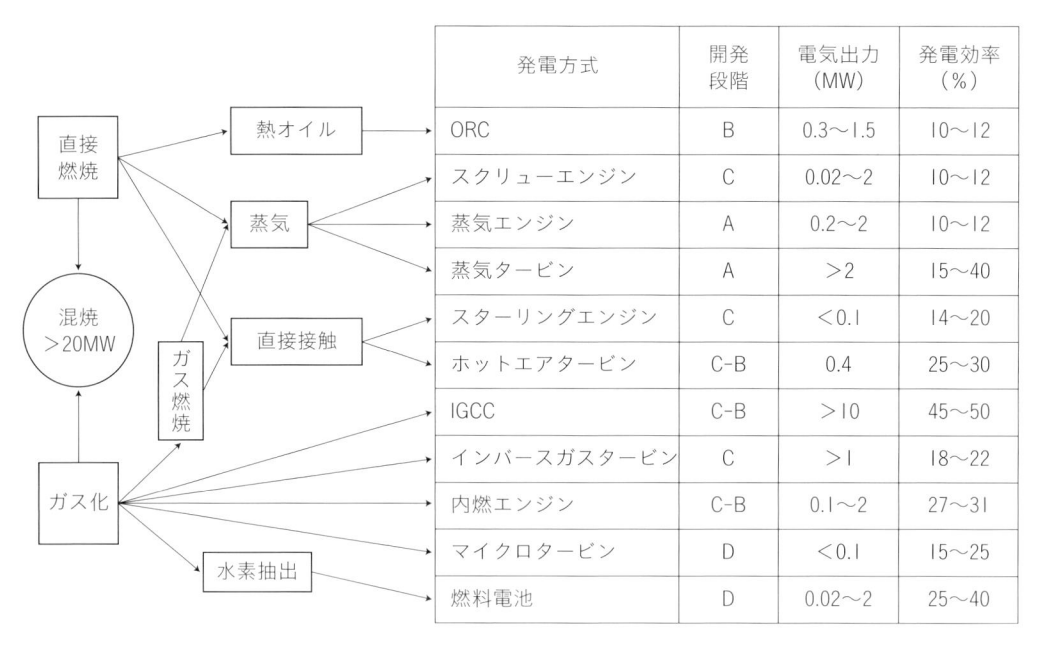

構えの発電方式である。発電効率は45～50%ときわめて高い。スウェーデンやイギリスで事業規模のテストプラントが建設されて、短期間運用されたものの、結局中止されることになった。均質な燃料が大量に集められれば、実用化するという見方もある。

いずれにせよ高効率の新しい発電技術の研究開発は期待したようには進展していない。ここしばらくは直接燃焼・蒸気タービンの時代が続くことになるだろう。

2 蒸気タービン発電の仕組み

(1) 発電専用プラント

蒸気タービン発電のエッセンスを模式的に描けば図7-2のようになる。蒸気ボイラから出てきた高温高圧の蒸気はタービン入口のノズルから噴射される。噴射と同時に蒸気の圧力と温度は急速に低下し、速度を増すが、この高速蒸気がタービンのブレードにあたって軸を回転させ、発電機を動かすのである。この種の蒸気タービンで肝要なのは、熱サイクルの最高温度と最低温度の比をできるだけ大きくして、熱効率を高めることである。

そのためタービンから出てきた蒸気は復水器で冷やされて水に戻される。この冷却のためには大量の水が要る。大型の火力発電所が海辺に立地するのはそのためだ。水のないところでは、効率は劣るが冷却塔をつくって空気で冷やすしかない。

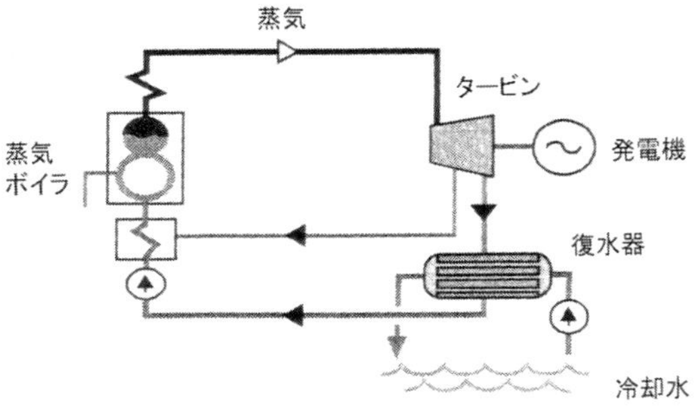

図7-2　復水タービンによる発電の原理
出典：Wood Fuels Basic Information Pack, BENET, 2000

どのような冷却方式をとるにせよ、熱サイクルの最低温度を常温以下に引き下げるのは非常に困難である。火力発電所の高効率化は、もっぱら蒸気タービン入口の蒸気温度を高めることで達成されてきた。今では信じられないような話だが、1950年代の半ばまでの石炭火力の発電所は、4MPa × 450℃程度の低い蒸気条件で運転されていた。発電効率も25%程度にとどまっていたと言われる。それが現在では25MPa × 600℃にまで高まって、発電効率も40%を優に超えている。技術的な可能性としては60%くらいにまで引き上げられるという。

もちろん蒸気の高温化は容易なことではない。装置が著しく複雑化する上に、タービンやボイラの耐熱性を大幅に高める必要があるからである。電気出力の小さいプラントでは経済的にみて高温化は難しいとされている。バイオマス専焼の発電プラントでは大型化が困難なことから、効率のよい石炭火力に「便乗」しようという動きが出てきた。石炭との「混焼」がそれである。

(2) 熱電併給プラント

発電効率の低さがバイオマス発電の弱みになっている。前出の表1-4（p.22）にあるように、1万kW以下のバイオマス発電の効率は20%に届かない。つまり木材の持っているエネルギーの80%が無駄に捨てられるということである。この捨てられる部分を熱として上手に利用すれば、電気と熱を合わせた総合効率を80%近くまで引き上げられる。小規模な木質バイオマス発電にも期待が持てるのはこの可能性があるからである。

熱電併給（CHP、コジェネレーション）というのは単一の発電プラントで熱と電気を同時に生産することである。その典型的なやり方は、図7-2の復水タービンに換えて、背圧タービンを使うことである。原理的に言えば、タービンから排出される蒸気を比較的高い圧力のまま地域熱供給や工業用に振り向けるのである。これによって蒸気の冷却は不要になるから復水器が装備されて

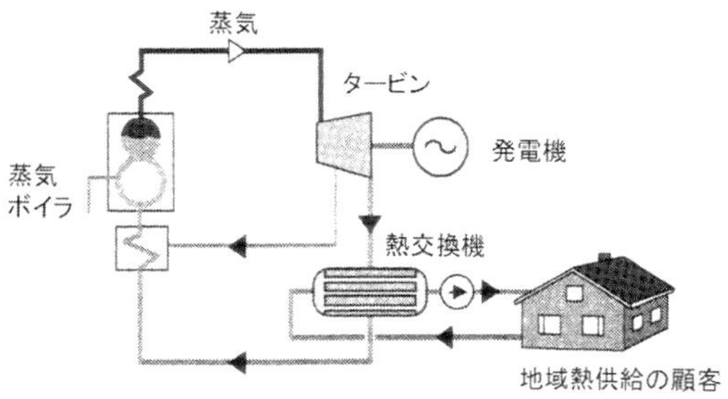

図7-3　発電と地域熱供給のCHP
出典：Wood Fuels Basic Information Pack, BENET, 2000

いない。その点では構造が単純になり、出力規模の小さいCHPプラントに向いている。その反面、タービン軸から得られる動力エネルギーは、復水式に比べてずっと少なくなる（6割程度）。

図7-3は北欧諸国でよく見られる地域熱供給のCHPプラントの模式図である。タービンから出た蒸気は、地域熱供給の熱交換機に送られているが、その圧力は大気圧に近い。北欧の熱供給システムでは75～120℃の温水が送り出され、35～55℃で戻ってくる。出てゆく温水の温度が比較的低いので、発電を犠牲にして背圧を高める必要がない。そのため、熱に対する電気の比率は0.45～0.55になるとされている。

背圧タービンの方式でも、タービン排気よりも高温高圧の蒸気を途中で取り出すことは可能である。これを「抽気」と呼んでいるが、復水タービンでも抽気ができる。ただ高温の蒸気を大量に取り出せば、発電に向けられる分がそれだけ減少する。工業用のプロセス蒸気をとっている場合、熱に対する電気の比率が0.2～0.3程度になるとされ、地域熱供給のCHPよりはかなり低くなっている。

このようにCHPプラントの場合は熱の使い方いかんで熱と電気の比率は変わってくるが、大局的には電気出力が小さいプラントほど電気の比率は小さくなるようだ。

3 多様な木質バイオマス燃焼炉

（1）直接燃焼による発電プラント

直接燃焼による発電プラントは次の5つのパートで構成されている（注1）。

1）前処理設備：燃焼炉の型式に応じて燃料の前処理（粉砕、乾燥など）を行なう。
2）燃焼炉：十分に高い温度と空気と攪拌で燃料を完全に燃焼させる。
3）ボイラ：燃焼炉で発生した高温の燃焼ガスを温水や蒸気などに変換すると同時に、ガスの冷却（熱回収）を行なう。
4）蒸気タービン・発電機：蒸気でタービンを回転させ、さらに電気エネルギーに変換する。
5）排ガス処理施設：燃焼ガスに含まれる煤じんなどの有害物を除去する。

（2）燃焼炉の方式

上記の5つの構成要素のうちとくに重要なのが燃焼炉である。バイオマスは石炭や石油、天然ガスなどに比べていささか取扱いにくい燃料であり、これをうまく燃やすためにさまざまなタイプの燃焼炉が工夫されてきた。大まかに分類すると、固定床（ストーカ）方式、流動床方式、噴流床方式の3つに分けられる。

固定床方式というのはストーカ（火格子）上に置かれたチップ状の燃料を少しずつ移動させながら順々に燃やしていくやり方である。これが流動床方式になると、通常のチップよりも細かい燃料を触媒粒子とともに浮遊混濁した状態で燃やすことになる。さらに噴流床方式ではごく細かい微粉化された燃料が浮遊した状態で燃やされる。

詳しい説明は省略するが、各方式の特徴や長所・短所は表7-1から読み取っていただきたい。大切な事項だけを以下に摘記しておく。

3方式を分ける重要なポイントは炉内のガス流速である。固定床の秒速1.5m以下から始まって

表7–1　木質バイオマス燃焼ボイラの4つのタイプ

燃焼方式	固定床 （ストーカ、火格子）	バブリング流動床	循環流動床	噴流（浮遊）床
ボイラ概略図 F：木質燃料 A：空気 G：燃焼排ガス	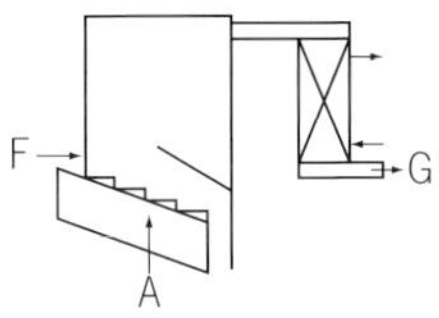	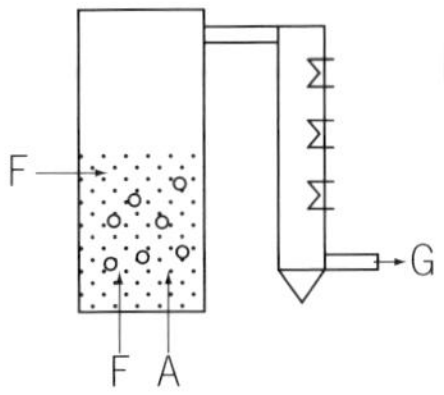	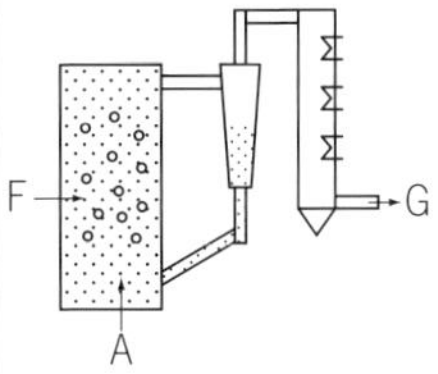	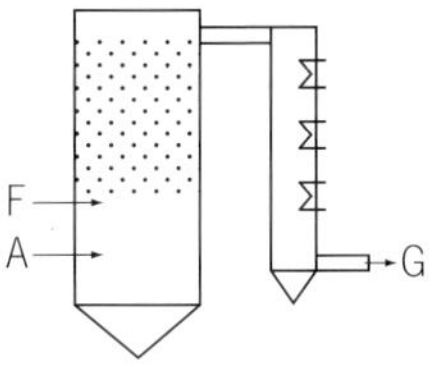
燃焼の態様	固体燃料の隙間を空気が上昇、火格子上で一次燃焼、上部空間で二次燃焼	固体燃料は媒体粒子とともに浮遊混濁した状態で燃焼	固体燃料は媒体粒子とともに浮遊混濁した状態で燃焼	微粉化された固体燃料はバーナで炉内に吹き込まれた状態で燃焼
炉内ガス平均流速	低　1.5m/s以下	中　1.5～3m/s	高　3～8m/s	高　7～10m/s
燃焼温度	850～1,400℃	750～950℃	750～950℃	1,200～1,600℃
燃料　寸法 水分	種々の寸法・形状のチップ 60%以下	普通のパルプチップ以下 60%以下	普通のパルプチップ以下 60%以下	微粉状 30%以下
特徴（長所と短所）	〈長所〉 ・多様な燃料に対応可能 ・設備が単純で建設費が安い ・運転費が安い 〈短所〉 ・燃焼効率、負荷追従性、エミッションに問題あり ・クリンカートラブル ・燃焼が不安定になりやすい	〈長所〉 ・高水分、低カロリー燃料まで対応可能 ・燃焼効率がよく、NO_2発生が比較的少ない ・大型化が可能で、負荷追従性がよい 〈短所〉 ・建設費、運転費が比較的高い ・ボイラ伝熱管の摩耗が速い ・起動に時間がかかる ・煤じん量が比較的多い		〈長所〉 ・燃焼効率が良い ・大型化が可能で、負荷追従性がよい 〈短所〉 ・運転費、保守費が高い ・煤じん量が多い ・伝熱管のファウリング、スラッギング

注　出典：西山明雄「木質バイオマスで電気をつくる」『季刊木質エネルギー』2004年春号をもとに作成

順に高まり、噴流床では7～10mに達している。ガスの速度が速くなれば、炉床面積当たりの燃料投入量を増やすことができ、プラントの大型化に対応しやすい。さらに炉床面積が小さければ、燃料の均一分散や燃料供給施設の簡素化も可能になる。規模の大きい石炭火力発電では循環流動床や噴流床が主流になっている。

燃焼温度で言うと、流動床方式は750～950℃という比較的低い温度で燃やしている。そのおかげで排ガスから窒素酸化物があまり出てこない。またこの温度域なら石灰石を投入して硫黄分を除去することができ、石炭火力に向いている。その反面、低い温度では完全燃焼が難しくなって未燃物や一酸化炭素が増えてしまう。その難点をカバーするために、炉内のガス流速を高めて燃料と空気をよく混ぜ合わせ、適当な流動媒体を選ぶことで難燃性の燃料にも対応できるようにしている。

流動床方式や噴流床方式を採用すると、燃焼効率は確かに高まるが、装置が複雑になって建設費が嵩み、運転や保守にも相当なコストがかかる。小出力の発電では構造の簡単な固定床方式を選ぶしかない。固定床の利点は、さまざまなサイズや形状の燃料を幅広く受け入れられることである。

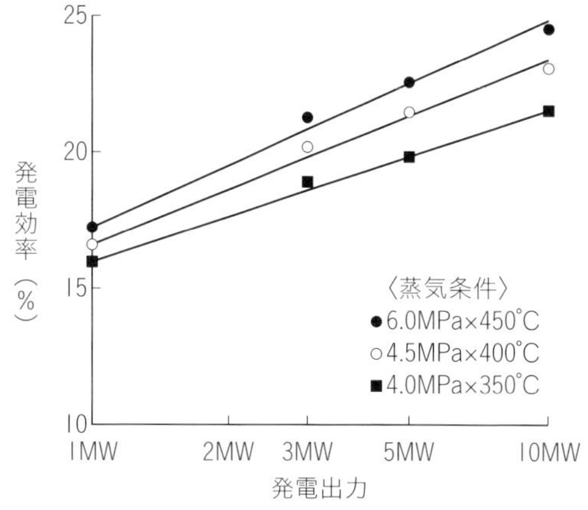

図7-4　発電規模（放射熱損失）がボイラ効率に及ぼす影響

出典：西山明雄「木質バイオマスで電気をつくる②」季刊『木質エネルギー』2004年夏号

反面、炉内のガス流速が遅いために、空気と燃料との混合が悪く、燃焼にむらができたり、燃えかすが凝縮するといったトラブルが起こりやすい。欧州などで開発された最新の固定床ボイラではこうした欠陥がある程度改善され、燃焼効率もかなり高まってきているが、燃料供給のサイドでも水分の多い燃料は自然乾燥させたうえで使用するといった配慮が望まれる。

電気出力が5MW以下のバイオマス発電プラントは、おおむね固定床方式を採用することになるが、この場合でも出力規模の違いが発電効率に強く効いてくることに注意したい。ボイラの容量が小さいとボイラの周壁から放射、伝導、対流によって外部に放散される熱の割合が高くなって、発電効率が落ちてしまうのだ。図7-4は数多くの事例をもとにした観測結果だが、出力の規模と蒸気条件によって発電効率がどのように変わるかを簡潔に示している。図の3本の線が示すように、同一の出力でも蒸気の圧力や温度を引き上げることで効率はある程度改善される。しかしいずれの蒸気条件においても出力が10MWから1MWに低下していくにつれて、効率は5%以上低下している。

4　分散型CHP技術の模索

(1) 運転実績に基づいた経済性評価－規模とコスト、効率

のちほど見るように、地域の木質資源を活用した製材工場や地域熱供給施設では、プラントの出力規模を大きくするわけにはいかない。蒸気タービン方式は成熟した技術ではあるが、小容量のバイオマスCHPでは資本コストと運転コストが割高になってしまう。中央ヨーロッパでは、蒸気タービン方式に代わるものとして、ガス化発電やオーガニックランキンサイクル、さらにはスターリングエンジン（シリンダー内のガスもしくは空気などを外部から加熱・冷却し、その体積の変化により仕事を得る外燃機関）などの実証実験が進み、実際に稼働している例も次第に増えてきている。

発電技術の選択において、まず優先されるべきは実績である。研究・開発の途上で運転実績の乏しい技術を導入して無残な失敗に終わった例は枚挙にいとまがない。技術的な安定性とともに重要なのは経済性である。オーストリアにあるグラーツ工科大学の研究グループは、具体的な運転事例をもとに経済性の評価を行なっている[注2]。その一例を表7-2としてまとめておいた。

対象となっているのは、100kW以下のスターリングエンジン、中規模のORC、5MWの直接燃焼・蒸気タービン、それにガス化方式で出力を異にする4つのガス化・ガスエンジン発電である。いずれもCHPのプラントであるが、この経済性計算で想定されているのは、熱供給のプラントがすでにあって、それに発電のための施設を付け加えた場合、付加的な投資額と発電コストがどれくらいになるかである。

発電コストのほうは水分40%の生チップが、トン当たり約64ユーロ（1ユーロ＝120円で換算すると7,680円）で入手できるという前提で計算されている。発電コストが最も低いのはやはり5MWの蒸気タービン方式で12.8ユーロセント/

表7-2　分散型バイオマスCHPプラントの投資額と発電コスト（既存の温水ボイラに発電装置を付設した場合の付加的投資額と付加的コスト）

		電気出力（kW）	投資/出力（ユーロ/kW）	発電コスト（ユーロセント/kWh）			
				設備費	燃料費	人件費	計
直接燃焼	スターリングエンジン	35	5,257	14.0	4.5	3.5	22.0
		70	4,571	12.2	4.5	2.5	19.2
	オーガニックランキンサイクル	650	3,605	9.4	5.6	1.8	16.8
		1,570	2,626	6.8	5.6	1.2	13.6
	蒸気タービン	5,000	2,390	6.3	5.0	1.5	12.8
ガス化	ダウンドラフト炉＋ガスエンジン	540[1)]	4,928	15.1	7.0	3.0	25.1
		600[2)]	5,687	16.6	6.6	2.5	25.7
	アップドラフト炉	2,076[3)]	4,120	12.4	4.2	2.0	18.5
	流動床炉	4,500[4)]	4,397	12.9	6.9	1.9	21.7

注　コスト計算の前提：①年間6,000時間全負荷で稼働、②燃料価格22セント/kWh（水分40%で2.9kWh/kgとすれば64セント/kg）、③補助金なし、④利子率7%、⑤耐用年数10年

ガス化発電技術の提供者：1）Biomass Engineering Ltd.UK、2）Pyroforce®、CH、3）Babcock & Wilcox Volund, DK＋ORC、4）Repotec/TU Vienna, Gussing, A＋ORC

出典：本文を参照のこと

kWh。他の発電方式ではどれもこれより高くなるが、注目されるのは1,570kWのORCが13.6セントで発電していることである。当時のオーストリアでは2,000kW以下のプラントの電気を15.65セントで買い取っていたから、この規模のORCの発電は十分に引き合う。

ところが、スターリングエンジンやガス化・ガスエンジンの発電では、発電コストが20セント前後かそれ以上になり、買取価格を大きく上回る。なぜコストが高くなるのか。コストの内訳をみると、燃料費ではほとんど差がなく、大きく効いているのは設備費である。ガス化発電では設備が複雑で、定格出力当たりの資本投資額が非常に大きい。そのうえ出力が大きくなっても出力当たりの投資額はあまり低下していない。

事例として挙げられている4つのガス化発電プラントは、それぞれイギリス、スイス、デンマーク、オランダで安定して稼働した実績があり、実用化に近づいていることは間違いないが、装置が複雑になって投資額が大きくなるのは避けられないようだ。ただ、最近のドイツからの報告によると、小型ガス化発電装置の量産が始まり、投資コストが3,000ユーロ/kWを下回るようになって、設置例が増えているという[注3]。

ガス化発電でもう一つ注意したいのは、燃料に対する要求が概して厳しいということである。求められるのは、含水率が比較的低く、形状の揃った燃料であり、使えるバイオマスが限られてくる。

（2）有望視される　オーガニックランキンサイクル（ORC）

グラーツ工科大学の研究チームは、電気出力200～2,000kWクラスではORC（オーガニックランキンサイクル）が最も有望な方式であると結論付けている。その理由は、技術的に成熟しているうえに、コストパーフォーマンスでも優れているからである。以下、ORCについて簡単に説明しておきたい。

ORCの技術はもともと高い温度が得にくい地熱発電のために開発された。これをバイオマス用に設計したのは、イタリアのミラノ工科大学とターボーデン社である。この機種の最初の実証実験がEUで行なわれたのは1999年のことだが、その後かなり早い速度で普及していった。ドイツを

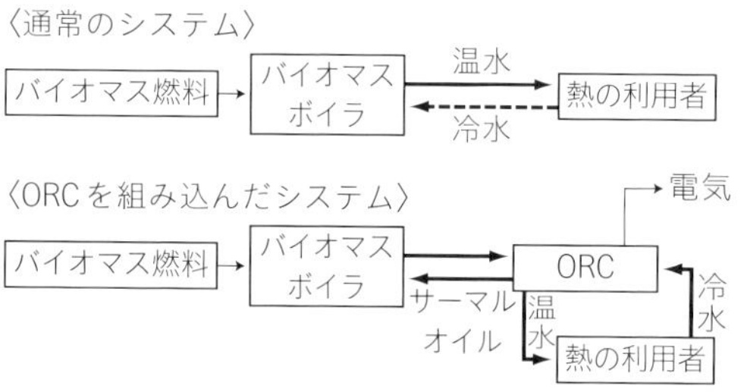

図7-5　ORCを組み込んだ地域熱供給システム

例にとると、バイオマスORCの1号機が入ったのは2002年だが、2011年末には85基が稼働していた。ちなみにこの時に動いていた蒸気タービンは145基で、今やORCタービンがバイオマス発電の重要な一翼を担っている。ただし日本に導入する場合には、電気事業法の認可を必要とし、国内に設置した例はない。

導入先を見ると、製材工場、ペレット工場、食品工場などのほか、地域熱供給施設にも入っている。図7-5は地域熱供給のネットワークにバイオマスORCがどのように組み込まれるかを模式的に示したものである。上段に描かれた通常のシステムでは、バイオマスボイラでつくられた温水が、直接顧客のところまでパイプで運ばれることになっている。暖房などの役目を終えた冷水は別のパイプで直接ボイラに戻される。

このシステムにORCが組み込まれると、下段にあるようにボイラとORCのユニットがサーマルオイルのループを介して結ばれる。熱交換の媒体として使われているのはシリコンオイルである。これがバイオマスボイラで300℃ほどに熱せられて、ORCユニットに入り、タービン発電機で電気に変換される。電気に換えられるのはサーマルオイルを介して入ってきた熱の20%ほどで、熱損失は2%程度。残りの78%は熱として利用できる勘定になるが、発電の後に残る温水は80～120℃で比較的低い。しかし地域熱供給であれば、これで十分だろう。温水はORCユニットから送り出され、冷水は同じところに戻ってくる。

ターボーデン社はORC発電の利点として次の点を挙げている。

○技術的な利点

・サイクルの温度と圧力が比較的低く機械的なストレスが少ない。
・タービンが低速で高効率である（85%まで）。
・水を使わないから腐食やタービンブレードの傷みがなく、排水処理がいらない。

○運転上の利点

・完全に自動化されていて、安全な連続運転が可能。監視員はいらない。
・実績があり、信頼性がきわめて高い。
・保守管理に手がかからず、設備の寿命が長い。

○蒸気タービンに比しての利点

・運転が容易でボイラ技師は不要（現在のところ日本ではこれが認められていない）。
・弾力的な対応ができ、ターンダウン比（バーナ1本当たりの定格燃料流量と制御可能な最小燃料流量の比）は10：1。低負荷でも高効率を維持。

5. わが国における木質バイオマス発電の現状と課題

木質燃料を用いて発電しているプラントが国内にどれくらいあるか、正確なことは分からない。休業中のものや計画・建設中のものも含めて大小もれなく数え上げれば、全国でおそらく数百のオーダーに達するであろう。木質バイオマス発電を特徴づけているのは、驚くほどの多様性である。電気出力で言うと、100kWにも満たない小さなプラントから、バイオマスを混焼する数十万kWの火力発電所まで広い幅がある。また発電プラントとはいえ、電気の生産だけというのはごく少ない。むしろ工業用のプロセス蒸気の取得を主眼にして、ついでに発電するケースが圧倒的に多いのである。生産される熱と電気の比率もさまざまだ。木質バイオマス発電が多様になるのは当然だろう。

表7-3は、国内で稼働している発電プラントの代表的な事例を列挙したものである。すべて直接

表7-3　木質バイオマス発電の国内の事例

		発電出力（MW）	燃焼炉の種類	ボイラ容量（トン/h）	定格圧力（MPa）	蒸気温度（℃）
(1) 製材工場に設置されたプラント	事例 1	0.6	FBC	7.5	2.0	223
	2	1.3	FBC	8.9	3.6	320
	3	3.0	FBC	34.0	7.2	450
	4	4.7	FBC	70.0	7.0	435
(2) バイオマス専焼で発電中心のプラント	事例 1	5.0	BFBC	25.5	6.4	425
	2	10.0	CFBC	45.0	5.4	453
	3	50.0	CFBC	196.0	10.2	513
(3) 製紙工場やセメント工場に設置されたプラント	事例 1	16.0	CFBC	105.0	6.4	460
	2	25.0	CFBC	200.0	11.6	541
	3	40.0	CFBC	180.0	8.3	505
	4	41.0	CFBC	195.0	10.2	513
	5	45.0	CFBC	250.0	13.1	515
	6	77.3	CFBC	260.0	12.3	569
(4) バイオマス混焼の石炭火力プラント	事例 1	156.0	PFC	520.0	17.1	571/543
	2	175.0	PFC	540.0	17.2	569
	3	250.0	PFC	840.0	17.2	571/541
	4	700.0	PFC	2,120.0	25.0	597

注　FBC：固定床燃焼、BFBC：バブリング流動床燃焼、CFBC：循環流動床燃焼、PFC：噴流床燃焼
　　出典：火力原子力発電技術協会『国内のバイオマス発電の現状調査報告書』2008年

燃焼・蒸気タービンによるもので、おおむね出力規模1MW以上のプラントに限定した。17の事例は次のいずれかのタイプに類別されている。すなわち（1）木材加工場などに設置されたプラント、（2）バイオマス専焼で発電中心のプラント、（3）製紙工場やセメント工場に設置されたプラント、および（4）バイオマス混焼の石炭火力プラントがそれである。

各事例について電気出力、燃焼炉の型式、ボイラの容量、ボイラの定格圧力と蒸気温度を比較してみると、タイプごとの特徴が鮮明に浮かび上がってくる。タイプが（1）から（2）、（3）、（4）へと移るにつれて、出力の規模が急角度で大きくなっている。出力が増すにつれて、燃焼炉は固定床→バブリング流動床→循環流動床→噴流床へと変化し、同時に1時間当たりの蒸気量で示されるボイラの容量も大きくなる。各プラントの発電効率は明記されていないが、ボイラの定格圧力と蒸気温度が高いほど効率よく発電していると見てよい。

ここに示した木質バイオマス発電の4つのタイプは、発電出力や技術の違いにとどまらず、燃料の調達や熱利用などにおいても、それぞれがユニークな特徴を持っている。新しく提示された電力の買取価格に対しても異なった対応を見せるであろう。こうしたことを念頭に置きながら、それぞれが当面する課題を探り、若干の将来展望を試みたいと思う。

6. 木材加工場などに設置されたプラント

（1）木屑類のエネルギー利用は製材工場が理想的

比較的大型の製材工場、合板工場、集成材工場などは、通常、木屑焚きのボイラを備え、木材乾燥用の熱を得ている。ボイラの容量が大きければ、高温・高圧の蒸気を発電に振り向けることもできるであろう。ただし木材乾燥に重点が置かれている限り、発電効率自体はそれほど高くはならない。発電プラントの出力規模は、木材加工場から出て

くる木屑の量に左右されることが多く、おおむね5MW止まりである。林産業以外にも木屑焚きのボイラを備えて自社で必要なプロセス蒸気を得ている事業所が少なくないが、その一部では発電も行なわれている。

木質バイオマス発電の観点からすれば、製材工場のような木材関連産業は最も恵まれた条件にある。というのも、木材加工のプロセスから出てくる残廃材がそのまま燃料になるからである。残廃材の発生個所から直接ベルトコンベアで発電プラントに送り込むこともでき、輸送費もほとんどかからない。燃料の調達コストが最も安くなるケースと言っていいだろう。そしてもう一つの強みは工場内に比較的大きな熱の需要があることである。発電で生じた排熱を木製品やペレット原料の乾燥に回すようにすれば､簡単に熱電併給が実現する。これによって、木質バイオマスのエネルギー変換効率は大幅に高まり、コストパーフォーマンスが格段に良くなる。

中欧や日本の林業は、比較的伐期を長くして構造用木材の生産をねらっている。つまり最初にあるのは構造用木材の生産と加工であり、それに付随する形でエネルギー用のバイオマスが発生するのである。山から太い丸太が伐り出されて、どんどん製材工場に入るようになれば、バイオマスによる電気も熱もおのずと増えていくだろう。これが最も確実な木質エネルギーの振興策である。

ここで問題になるのは、原木消費量の相当大きい木材加工場でないと発電できるだけの木屑が出てこないということである。わが国の場合、電気出力で5MWの発電ができる工場はごく限られ、比較的大型の工場でもせいぜい2MW程度ではないか。もちろん燃料用チップを外部から購入すれば出力は高められるが、そうすると大量の排熱が出て、工場内の木材乾燥施設では使いきれなくなってしまう。

表7-4　ORCによる発電と熱利用の一例

ORCの型式	T600	T1100	T1500	T2000
ネットの発電量（kW）	641	1,155	1,674	2,079
発電効率（%）	16.4	17.2	17.1	17.3
温水（90℃）出力（kW）	2,637	5,426	7,920	9,700
適用例　製材品乾燥　1,000m³/年	86	147	215	263
ペレット乾燥　1,000トン/年	20	34	50	61
チップ消費量　1,000トン/年	9.5	15.6	20.8	28.1
収支関係　売電収入　100万円/年　A	100	180	261	324
B	133	240	348	432
熱収入　100万円/年	86	176	257	315
燃料費　100万円/年	76	125	166	225

注　計算の前提は以下のとおりである
①年間稼働時間：6,500時間/年、②販売価格：電気A（一般木材）；24円/kWh、B（未利用材）；32円/kWh、熱；5円/kWh、③燃料チップ：水分；40%、低発熱量；2.6kWh/kg、価格；8,000円/トン
出典：Turboden社の公表資料から概算

（2）ORCを導入したい

表7-3でいささか気がかりなのは、製材工場に設置されたプラントのうち最初の2つの事例で定格圧力と蒸気温度が著しく低いことである。わが国では長らく木屑類は処理すべき廃棄物とみなされていた。そのため発電プラントをつくる場合も、焼却処理が優先されて熱効率は二の次になり、定格圧力が1～3MPaで蒸気温度が300℃に満たないプラントも設置されてきたとも言われている。電気が比較的高い価格で売れるようになれば、効率への関心は一段と高まるだろう。

蒸気タービン発電の適正規模の下限は2MWである。木材乾燥に常時熱を使う製材工場やペレット工場などではORCが適しているように思う。ただし木材乾燥の場合は蒸気による高温乾燥から温水による低温乾燥に切り替える必要がある。またおが屑状に破砕したペレット原料の乾燥では、高い温度を要求するキルンドライヤーではなく、低温のベルトドライヤ―が望ましい。

ターボーデン社が公表している資料から、製材工場とペレット工場に導入した場合の収支を試算してみよう（表7-4）。例示したのは電気出力600kWから2,000kWまでの4機種で、いずれもネットの発電効率は17%前後（最新鋭の機種

では20%近くなっている)。電気と同時に出てくる温水(90℃)は熱量にして電気の4倍以上ある。この熱を全部木材乾燥に振り向けるとしたら、600kWクラスの機種でも1年間に8万m^3の製材品を処理することができ、2,000kWなら28万m^3という大きな値になる。またペレットであれば2～6万トン分の処理が可能で、国際標準の中規模工場が運営できる。

その一方で、燃料の年間使用量は、水分40%の生チップで1～3万トンほどである。チップ価格がトン当たり8,000円としても、燃料費は0.8～2.4億円。発電した電気をすべて一般木材の買取価格24円/kWhで売れるとすれば、年間の収入額は1～3.3億円になるだろう。未利用木材の32円ならこの33%増しになる。さらに熱を5円/kWhで評価すると、売電収入には及ばないものの、相当な額になることは間違いない。この限りでビジネスとしても十分成り立つように思われる。

7. バイオマス専焼で発電中心のプラント

(1) 安価な燃料確保が絶対の条件

木質バイオマスによる発電では、燃料の大量集荷が困難なため、出力規模をあまり大きくすることができず、発電効率も概して低い。発電だけでプラントを運営するには、安価なバイオマスを入手できるかどうかが鍵を握ると言われてきた。わが国の場合、建築廃材など廃棄物系の低質バイオマスが比較的安い値段で出回っていた時期があり、たまたまそれとRPS法(電気事業者による新エネルギー等の利用促進に関する特別措置法)の施行(2003年)が重なったため、バイオマス専焼の発電プラントがいくつか誕生することになった。出力規模は5～50MW程度。ただその後安価なバイオマスが得られなくなり、燃料集めに苦労する状況が続いてきた。

2000年にFIT(固定価格買取制度)を導入したドイツでは、固定価格買取がバイオマス発電の推進に与えた影響を定期的に追跡しているが、最近公表された報告書によると[注4]、2011年末現在でFITの対象となったプラント数は258カ所で、総電気出力は126万MWとなっている。そのうち出力10～20MWのプラントが40あり、総出力の54%を占有する。これは相当なウェートだ。ところが燃料の大部分は質の低いリサイクル材で、森林チップやクリーンな製材残材は絶乾ベースで十数%しか使われていない。その一方で、0.5～5MWのクラスでは森林チップや製材残材が燃料の約8割を占める。

ここで問題になるのは木質燃料の種類別の価格だが、観測されたデータにはかなりのバラツキがある。これをドイツ全体で平均すると、2011年の時点でトン当たり平均価格は森林チップ(水分35%)が10,800円、上質の残廃材が4,800円、低質の残廃材が3,000円ほどになる(1ユーロ=120円)。燃料の価格差が電気の買取価格にも反映しているとみてよいであろう。大規模プラントの基本レートはわずか7.2円/kWhであるのに対し、小規模プラントのそれは13.2円で、林地残材を使えば割増し(3.0円)もつく。

ドイツの場合、出力規模による買取価格の差別化が結果として、さらなる二極化をもたらしていると言えるかもしれない。電気の買取価格が安ければ、廃棄物系の安価な燃料を使わざるを得ないからである。わが国のFITでは出力規模による差別化がなされていない。これまでは森林チップのコストが高すぎて発電専用には使えなかったが、今回、間伐材や林地残材から生産された電気が32円/kWhで買取られることになった。この買取価格で発電事業が単独で成り立つかどうか。おそらく、電力の販売だけを頼りにして、これまで伐り捨てられてきた間伐木や林地残材を山から下ろしてくるのは難しいだろう。

40年生、50年生の人工林を間伐すれば、相当量の製材用材や合板用材が出てくるはずだが、それが出てこないのは伐出のコストが嵩むうえに木材の売値が安いからである。発電でカバーするには、間伐材を構造用材として出荷するよりも発電用燃料として売る方が有利になるレベルまで電気の買取価格を引き上げなければならない。再生可能エネルギーが重要であるとはいえ、これはいささか非現実的な発想である。現に、調達価格等算定委員会においても「既存用途との競合回避」を基本方針としてバイオマス発電の買取価格を決めたとされている。

(2) 集積基地による低質材の分別

一般論として言えば、構造用の木材とエネルギー用の小丸太・林地残材を一体として山から下ろしてくるのが原則である。幹の太い部分は製材工場や合板工場に運ばれていくだろう。問題はそれ以外の木質バイオマスをどのように集荷するかである。わが国でも近年、森林のある「川上」と木材加工場のある「川下」の結節点あたりに「中間土場」を設けて、製材や合板に向かない低質材を一括して買い取るビジネスが台頭している。森林バイオマスを有効に利用するには、この種の「集積基地」がどうしても欠かせない[注5]。基地が果たすべき役割は3つある（図7-6）。

第1の役割は、多種多様な木質バイオマスを一定の価格で買い取って集積することである。対象となるのは、森林伐採にともなって発生する小丸太や端材、末木枝条のほか、森林開発や景観整備から出てくる生木類なども入ってくる。通常一般廃棄物として扱われるようなものでも、基地に集めて類別すれば有用な資源になるだろう。

第2の役割として挙げられるのは、チップ化、乾燥、貯蔵などを通して燃料としての価値を高めること。集積基地にある程度まとまった量のバイオマスが集まれば効率のよい大型の破砕機を入れて、チップ化のコストを引き下げることができる。さらに燃料用のチップではある程度の乾燥が欠かせない。入荷した原料を基地内の土場で数カ月自然乾燥するケースと、破砕したチップを屋内で乾燥するケースがある。

基地の第3の役割は、形質によって類別・加工されたチップの各々についてできるだけ高く買ってくれる需要者に見つけることである。集積された木質バイオマスはまさに玉石混淆、これから生産されるチップもさまざまで、供給先も当然多様になってくる。通常、形質に最もうるさいのはパルプ用チップで、逆に木質であれば何でも受け入れるのが発電用の大型ボイラである。この中間にあるのが小型ボイラ用のチップやペレット生産用の原材料（チップや丸太）であろう。

用途に応じた適切な販売で総売上額が大きくなれば、バイオマスの買取価格を高めて集荷量を増やすこともできる。今後、森林チップの奪い合いが激しくなるにしても、集積基地を媒介にして価格メカニズムがうまく働けば、それなりの秩序がもたらされると思う。

発電用の森林バイオマスをリーズナブルな価格で入手するには、集積基地を経由して調達するに限る。パルプ用チップや小型ボイラ用のチップまで全部取り込もうとすると、燃料の調達コストが跳ね上がってしまう。

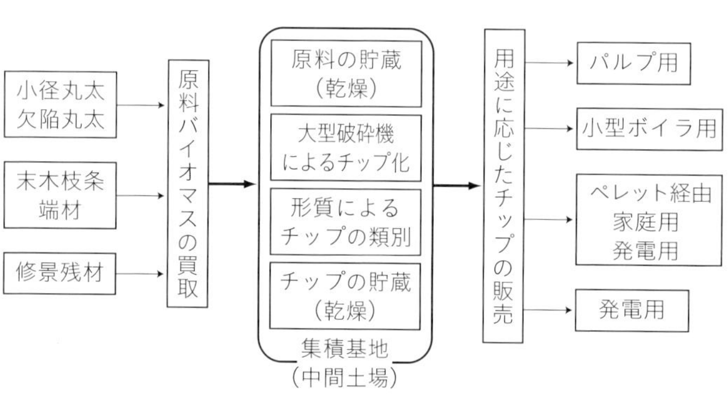

図7-6　集積基地を軸にした森林系バイオマスの収集・加工・販売

(3) シマリング・バイオマス発電所の経営不振から学ぶべきこと

バイオマス発電の難しさを暗示する事例として、よく引き合いに出されるのがオーストリアのウィーン市にあるシマリングの発電所である。これは火力発電所を改造したもので、ウィーン電力公社、地域熱供給公社、連邦森林局の3者が1/3ずつ出資して建設された。最先端の技術を結集したプラントは2003年に運転を開始している。その発電出力は熱利用のない夏期で23.5MW（発電効率36％）、冬期には地域の暖房需要が増え、電気出力は15.1MWにまで低下するが、熱を含めた総合効率は80％になる。燃料チップの消費量は年に60万m^3。

期待されたこの最新鋭プラントも近年経営不振に陥っている（電力は一定価格で買取られているが日本に比べるとかなり安い）。それには2つの理由があるようだ。まず、間伐小径木などをかなり広い地域から集めてプラントまでトラックで運び、土場で破砕しているが、調達コストが予想外に嵩んでいる。また熱電併給を標榜しているものの、年間の稼働時間（8千時間）のうちCHP稼働は31％しかなく、全体を通しての効率は50％以下に低下しているらしい。

シマリングの発電所から学ぶべき教訓は、木質バイオマスのカスケード利用を徹底させ、かつ排熱の全面的な活用を考えないと、バイオマス発電はビジネスとして成り立たないということである。

8 紙パルプ工場などに設置されたプラント

（1）かつては公害の原因になっていた黒液利用と燃料の多角化

紙パルプ産業は、木質バイオマスのエネルギー利用に早くから着手し、顕著な成果を収めたことで知られている。初期の紙パルプ製造と言えば、天然林から針葉樹の太い丸太を伐り出し、惜しげもなくそれを潰して紙をつくっていたものである。しかも木材の3大成分のうちパルプになるのはセルロースだけ。ヘミセルロースとリグニンは黒液のかたちで垂れ流しにされ、公害を生んでいたのである。

その後、パルプの原料が低質の木材に移行し、捨てられていた黒液が貴重なエネルギー源に変わっていった。紙パルプの製造工程では、加熱や乾燥用の蒸気のほか、製造施設を駆動するために電力を必要とするが、そうしたエネルギーを自社のパルプ・抄紙（しょうし）製造工程から出てくる黒液、ペーパースラッジ、木屑などで賄うことに成功したのである。近年では効率の良い発電施設を独自に備え、燃料の多角化を図っているケースが目立つ。木質バイオマスも自社の黒液や木屑にとどまらず、外部からの購入が多くなり、さらには化石燃料（石炭、重油・灯油、都市ガス・LPG）や廃タイヤ、RPFも積極的に利用している。

セメント産業でもこれと同じような発電プラントを併設する例があちこちでみられるが、紙パルプ産業と同様、出力規模が大きく発電効率が比較的高いこと、化石燃料を含め多様な燃料を受け入れられること、発電廃熱の出口を工場内に持っていることなどの有利な条件を備えている。電力の固定価格買取を契機にして発電量を大幅に伸ばすことになるかもしれない。

（2）カスケード（多段階）利用の新しいイメージ

紙パルプ産業はこれに加えて、木質バイオマスのカスケード利用を徹底できるという強みがある。北米や北欧に見られる巨大な紙パルプ会社を思い浮かべよう。紙パルプの製造だけでなく、製材などの木材加工から木質エネルギーまで関連する全分野を取り込んでいる。そのうえ広大な森林を所有して、森林伐採まで手掛けていることも珍しくない。森林で伐採された木質材料は枝葉も含めてこの工場群に一括して運び込まれるから、思い通りの徹底したカスケード利用が可能になる。

アメリカなどではパルプ工場を軸にした「統合的な森林バイオリファイナリー（再生可能資源バイオマスから化学品やエネルギーを生産）」構想が持ち上がっている。たとえば黒液として出てくるヘミセルロースから輸送用燃料のエタノールをつくることができる。ヘミセルロースを加水分解して糖類に変換し、発酵させればエタノールになる。このプロセスの特徴は、これまで単純に燃やされていたヘミセルロースと酢酸を有用な副産物に変え、しかもセルロースパルプの収量をさほど落とさないことである。リファイナリー構想のもう一つの行き方は黒液のガス化である。黒液をそのまま燃やさないでガス化すると、水素と一酸化炭素からなる合成ガスが生産される。これを触媒で改質すれば多様な化学製品や輸送燃料（エタノール、メタノール、ディメチルエーテル、FTディーゼル）になる。

わが国の製紙会社のいくつかは国内に相当な面積の森林を所有している。この森林をうまく活用しながら、木材の統合利用を進めるのがこれからの方向ではないだろうか。その先にバイオリファイナリーも見えてくる。

9 バイオマス混焼の石炭火力プラント

(1) CO_2排出量削減と窒素酸化物や硫黄酸化物の削減にも貢献

大型の火力発電所で石炭とバイオマスとを混焼するケースが世界的に増えている。石炭火力は発電1kW当たりのCO_2排出量が他の化石燃料に比較してとりわけ大きい。CO_2排出量の削減がバイオマス混焼の一つの動機となっている。さらに木質バイオマスは窒素分や硫黄分の含有率が低いから、発電所から大気中に出ていく窒素酸化物や硫黄酸化物の削減にもつながる。

バイオマス発電の観点からすると、安いコストですむというメリットが大きい。バイオマス混焼の発電コストは、石炭火力本体のそれとあまり変わらないという試算もある。というのも既存の発電施設に大きな変更を加えなくとも混焼が可能であり、バイオマスの持つ化学エネルギーの40%近くを電気に換えることができるからだ。

混焼のやり方にはいくつかの方式がある（注6）。熱量で10%くらいまでの混焼なら、既存の石炭火力のシステムにバイオマスを投入するだけでよいとされている。ただし噴流床ボイラだから、燃料は微粉化（10ミクロンから数百ミクロン）されていなければならない。また燃料の含水率も問題で、水分の多いチップでは投入量が厳しく制限される。木質ペレットは水分が10%以下で、問題なく石炭と一緒に微粉炭機に入れることができ、熱量で20～30%の混焼率ならバーナの調整もいらない。石炭火力と相性の良い燃料と言える。

ボイラの容量が大きくなると、一般には受け入れられるバイオマスの範囲が広くなる。燃えにくいものを完全に燃やす技術を取り入れたり、あるいは排ガス中の環境汚染物質を除去する装置が付けられるからである。しかし、多種多様な低質のバイオマスがそのまま受け入れられるわけではない。一定の前処理を加えて燃料の形状や含水率を整えることが高効率発電の絶対の条件である。また水分を含んだ生のままのバイオマスは遠距離輸送や貯蔵がきかず、広い地域から大量に集めるのは不可能と言ってよい。各地でペレット化やトレファクション（半炭化）のような前処理を施して、火力発電所に持ち込むことになろう。

(2) 輸入燃料による大規模発電と地場燃料による分散型CHP

わが国の場合、専焼でも混焼でも出力の大きいバイオマス発電は海外の燃料に依存する度合いが高まるであろう。単位面積当たりの物質（バイオマス）生産量が高いのはやはり熱帯や亜熱帯である。この地域に早生樹種のエネルギープランテーションが造成されれば、比較的短い伐期で更新が繰り返され、形質の揃った小径木が大量に生産される。これを乾燥チップにしたりペレットにしたものが海を越えて運ばれてくる。国内の生チップよりも調達コストが多少高くなるのは避けられない。また大規模発電では排熱の利用も難しいが、そうした不利を高い発電効率でカバーするという魂胆である。

他方、温帯の地域では構造用材の生産をねらった伐期の長い林業が営まれている。エネルギーに向けられるのは林業・林産業の残廃材が中心で、均質の木質燃料を大量に集めるのが難しい。勢い「地産地消」にならざるを得ないであろう。つまり輸送費のかからない近隣から雑多なバイオマスを集め、しかも人工乾燥やペレット化のような前処理はやらないで地域の小規模なプラントでエネルギーに変換する方式である。発電効率の低さは熱の有効利用でカバーされる。

将来的には、沿岸部では輸入燃料による大規模発電、内陸部では地場燃料による分散型CHPという分極化が鮮明になるかもしれない。

（熊崎　実）

注

1）西山明雄「木質バイオマスで電気をつくる①」、『季刊・木質エネルギー』2004年春号.

2）Obernberger, I. and G. Thek, (2008). Cost assessment of selected decentralized CHP applications based on biomass combustion and biomass gasification. In: Proceedings of the 16th European Biomass Conference & Exhibition, June 2008, Valencia, Italy.

3）Deutsches Biomasse Forschungs Zentrum, (2012). Stromerzeugung aus Biomasse, Endbericht zur EEG-Periode 2009 bis 2011.

4）同書.

5）熊崎　実『木質エネルギービジネスの展望』、全国林業改良普及協会（2011）、112-114頁.

6）同、147-150頁.

編著

熊崎　実（くまざき　みのる）

筑波大学名誉教授。1935年、岐阜県生まれ。農林省林業試験場（現・独立行政法人森林総合研究所）林業経営部長、筑波大学農林学系教授、岐阜県立森林文化アカデミー学長などを歴任。専門は森林経営論、国際森林資源論。

現在、日本木質ペレット協会会長、木質バイオマスエネルギー利用推進協議会会長。

主な著書に『林業経営読本』（日本林業調査会）、『森と人の歩み』（文研出版）、『木質バイオマス発電への期待』（全国林業改良普及協会）など。

〈執筆分担〉Ⅰ、Ⅱ－2、Ⅶ

沢辺　攻（さわべ　おさむ）

岩手大学名誉教授。1942年、京都府生まれ。昭和57年度日本木材学会賞、平成10年度日本木材学会地域学術振興賞、専門は木材工学、木質材料学。

現在、日本木質ペレット協会アドバイザー、木質バイオマスコーディネータ（岩手県）、木質バイオマスエネルギー利用推進協議会幹事など。

主な著書（いずれも共著）として、『新編木材工学』（養賢堂）、『木材工学辞典』（泰流社）、『木材科学講座2　組織と材質（編者）』（海青社）、『木材科学講座3「物理」』（海青社）、『木材科学講座8「木質資源材料」』（海青社）など。

〈執筆分担〉Ⅱ－1、Ⅳ－2～3、Ⅴ－2

執筆

酒井秀夫（さかい　ひでお）

東京大学大学院農学生命科学研究科森林利用学研究室

1952年、茨城県生まれ。1975年、東京大学農学部卒業、1979年、東京大学農学系研究科博士課程中退。

〈執筆分担〉Ⅲ

木平英一（このひら　えいいち）

株・ディーエルディー

1965年、長野県生まれ。1997年、東京農工大学大学院連合農学研究科博士課程修了。

〈執筆分担〉Ⅳ－1

白鳥政和（しろとり　まさかず）
株・ディーエルディー
1962年、長野県生まれ。1985年、中央大学経済学部卒。
〈執筆分担〉Ⅴ－1

安達洋一（あだち　よういち）
株・山本製作所
1960年、山形県生まれ。1983年、山形大学農学部卒。
〈執筆分担〉Ⅴ－2

岡本利彦（おかもと　としひこ）
株・トモエテクノ
1947年、東京都生まれ。1971年、東京大学工学部卒、1972年、米国スタンフォード大学大学院工学部修士号取得。
〈執筆分担〉Ⅴ－3、Ⅴ－4－（4）、Ⅵ－3

馬場　勝（ばば　まさる）
ネポン・株
1959年、東京都生まれ。1982年、千葉大学園芸学部卒。
〈執筆分担〉Ⅴ－4－（1）～（3）

三浦秀一（みうら　しゅういち）
東北芸術工科大学環境デザイン学科
1963年、兵庫県生まれ。1992年、早稲田大学大学院博士課程修了。
〈執筆分担〉Ⅵ－1

頓宮伸二（とんぐう　しんじ）
矢崎エナジーシステム・株　環境システム事業部
1950年、岡山県生まれ。1973年、岡山理科大学卒。
〈執筆分担〉Ⅵ－2

木質資源　とことん活用読本
薪、チップ、ペレットで燃料、冷暖房、発電

2013年3月31日　第1刷発行
2013年7月10日　第2刷発行

編著者　**熊崎　実・沢辺　攻**

発行所　一般社団法人 農山漁村文化協会
郵便番号 107-8668　東京都港区赤坂7丁目6－1
電話　03(3585)1141(営業)　03(3585)1147(編集)
FAX　03(3585)3668　振替　00120-3-144478
URL　http://www.ruralnet.or.jp/

ISBN978-4-540-12117-3　DTP製作／(株)農文協プロダクション
〈検印廃止〉　印刷／(株)光陽メディア

製本／根本製本(株)
Printed in Japan　定価はカバーに表示
乱丁・落丁本はお取り替えいたします。